中国石油大学（北京）学术专著系列

二连盆地白垩系特殊岩类储层特征与成因机制

朱筱敏　张锐锋　朱世发　魏　巍　史原鹏　降栓奇　著

U0287313

科学出版社
北　京

内 容 简 介

特殊岩类储层已经成为全球非常规油气勘探的重要对象。本书追踪国际非常规油气储层研究前缘,结合二连盆地中生代特殊岩类(致密)储层油气勘探实践,开展特殊岩类储层特征和形成机制综合研究。主要基于二连盆地勘探程度较高的阿南凹陷、巴音都兰凹陷、额仁淖尔凹陷及吉尔嘎郎图凹陷4个凹陷的钻测井和录井资料,采用岩石学和岩石地球化学相结合的分析手段,利用了恒速压汞、核磁共振等多种现代分析测试技术,对特殊岩类致密储层的岩石学特征、储集空间、孔隙结构以及储层的成因机制进行了研究,建立了二连盆地下白垩统复杂岩性划分方案;明确了特殊岩类储层发育特征、分布规律、储层发育差异的控制因素及孔隙成因机理;建立了评价标准,预测了有利储层"甜点"分布。

本书反映了二连盆地特殊岩类(致密)储层研究的最新进展,可作为其他特殊岩类储层分布区勘探开发的参考资料,同时对中国陆相沉积盆地的油气勘探与储层预测以及致密储层研究具有重要的借鉴与参考价值。本书既可作为石油院校相关专业的教学参考书,也可供油田等生产单位参考使用。

图书在版编目(CIP)数据

二连盆地白垩系特殊岩类储层特征与成因机制/朱筱敏等著.—北京:科学出版社,2018.6

ISBN 978-7-03-057431-2

Ⅰ.①二… Ⅱ.①朱… Ⅲ.①含油气盆地–白垩纪–储集层–研究–二连浩特 Ⅳ.①P618.130.2

中国版本图书馆 CIP 数据核字(2018)第 102055 号

责任编辑:韦 沁/责任校对:张小霞
责任印制:肖 兴/封面设计:北京东方人华科技有限公司

科学出版社 出版

北京东黄城根北街 16 号
邮政编码:100717
http://www.sciencep.com

中国科学院印刷厂 印刷
科学出版社发行 各地新华书店经销

*

2018 年 6 月第 一 版　开本:787×1092 1/16
2018 年 6 月第一次印刷　印张:15 1/2
字数:367 000

定价:**168.00** 元
(如有印装质量问题,我社负责调换)

前　　言

特殊岩类（致密）储层是指一套岩性复杂的致密油储层——包括碎屑岩、碳酸盐岩储层以及由陆源碎屑、碳酸盐矿物和火山碎屑混合沉积形成的储层，是当今非常规油气勘探的主要对象。因而，在现今非常规油气资源勘探开发不断受到世界多国石油公司高度重视过程中，特殊致密储层已经成为世界石油勘探开发和地质学领域主要的研究热点和发展方向。二连盆地巴音都兰凹陷、额仁淖尔凹陷、阿南凹陷、吉尔嘎郎图凹陷发育了一套富集油气的特殊岩类储层，具有"岩性类型多，岩类变化快，矿物种类多、白云石产状各异"的特征。中国石油大学（北京）与中国石油华北油田公司承担了校企科研合作项目"二连盆地特殊岩类储集层特征及其成因机制研究"（2015～2017 年），其科研成果不仅探索了特殊致密储层的形成机制，而且有效指导了非常规油气勘探。

二连盆地位于内蒙古的中北部，是发育在大兴安岭海西褶皱基底上的中、新生代断陷盆地，由数十个小型断陷湖盆组成，可划分出 68 个凹陷和 21 个凸起，具有独立性强、凹陷规模小、发育时间短、物源多而近、快速堆积和沉积相带变化快的特点。自 1955 年，经过数十年的油气勘探，二连盆地已探明地质储量 $2.4 \times 10^8 t$，年产油 $0.8 \times 10^7 t$。2000 年以前，以构造油藏和潜山油藏勘探为主。2000 年以后，二连盆地进入隐蔽油气藏勘探阶段，主要勘探白垩系自生自储的碎屑岩储层。目前已发现十余个富油凹陷，阿南凹陷、额仁淖尔凹陷和巴音都兰凹陷勘探程度较高。随着对储层勘探的深入，华北油田从 2011 年开始对二连盆地的致密油藏进行梳理，在下白垩统发现了一套岩性复杂的致密油储层-陆源碎屑、碳酸盐和火山碎屑的混合沉积（同一岩层内），这套特殊岩类致密储层在多个凹陷获得油气突破，油气显示活跃，取得较好的勘探成果。

但由于特殊岩类储层复杂，不同岩类储层的储集空间、孔隙结构、储集性能、形成机理及甜点分布规律，都制约了该地区的勘探。本书基于二连盆地 4 个主要凹陷 200 余口井的岩心及 500 余口钻测井资料，采用岩石学和岩石地球化学相结合的分析手段，利用恒速压汞、核磁共振等多种现代分析测试技术，搞清特殊岩类储层发育特征、分布规律、储层发育控制因素，建立标准，预测有利储层"甜点"的分布，对该领域勘探有重要意义，为华北油田增储上产提供技术支持，从而达到提高勘探成效的目的。

本书内容选取二连盆地勘探程度较高的 4 个凹陷重点分析特殊岩类致密储层的岩石学特征、储集空间、孔隙结构表征以及储层的成因机制。通过岩心观察和多种显微镜（偏光显微镜、SEM、阴极发光及荧光显微镜）镜下分析，采用宏观和微观相结合的手段，研究特殊岩类致密储层岩石学特征及时空分布。通过岩心样品的 X 衍射全岩矿物组成分析、电子探针分析（SEM 能谱）、主-微量及稀土元素分析以及氧、碳及锶稳定同位素分析等，研究云质岩元素组成和同位素地球化学特征，厘定交代原岩类型及组分；分析特殊岩类致密成因，明确火山作用和沉积作用对储层成因和分布的控制作用。基于碳、氧及锶同位素和流体包裹体分析，明确富镁流体来源、白云石化发生时间及地质环境。结合火山作用及断裂活动特征，分析白云石化流体驱动机制。综合岩石学和地球化学分析，考虑区域构造背景，明确研究区云质岩类储层成因，建立特殊白云石化模式；分析特殊岩类致密储层分布规律及其控制因素（包括火山作用、沉积作用、构造作用和成岩作用等）。基于铸体薄片及物性、含油气性数据分析，明确储集空间类型及孔隙演化规律，再结合孔喉结构和渗流特征分析，确定致密油储层质量控制因素，建立特殊岩类储层分类评价标准。综合确定特殊岩类致密储层"甜点"发育的主要控制因素，预测有利储层分布。

具体来说，本书①建立了二连盆地下白垩统复杂岩性划分方案，明确其空间展布特征；在层序地层格架、沉积体系和火山活动研究的基础上，宏观和微观相结合，综合分析复杂致密储层的岩类学特征；并通过综合考虑陆源碎屑岩、（沉）火山碎屑岩及混积岩的岩性分类，结合岩石学和矿物组分特征，建立复杂致密储层的岩性划分方案。②识别了各类复杂致密储层在储集性能方面的差异及其孔隙成因机理。通过对储层储集空间的宏观和微观观察，明确复杂致密储层的储集空间类型；综合利用常规和非常规储层技术，对储层进行毫米、微米、纳米级储集空间的定量表征，研究致密储层的孔隙结构及物性特征，确立各类储层储集空间及物性的主控因素，为寻找有利储集空间提供依据。③确立了各类复杂致密储层的主要成岩作用类型及成岩阶段划分。应用薄片、扫描电镜和阴极发光观察，识别储层的成岩作用类型、成岩矿物及相互之间的接触关系；基于碎屑岩储层成岩阶段划分标准，通过复杂致密储层的 R_o、黏土矿物转化等参数，制定相应的成岩阶段划分标准，结合自生矿物的产状和岩石学特征，恢复成岩演化过程，从而有利于剖析致密化过程，判断有利储层的形成时间。④创建了二连盆地复杂致密储层的多期白云石化成因模式。在微观岩石学和微区岩石地球化学分析的基础上，分析储层的沉积环境，结合白云石矿物学特征和碳氧同位素特征，讨论白云石的形成温度、流体来源、成因机理，建立火山灰影响下的湖相白云石化成因模型。该模型可用于解释其他具有相似沉积背景的陆相湖盆的白云石成因。

本书是近年来中国石油大学（北京）与中国石油华北油田公司合作的研究成果。全书共分七章，第一章由朱筱敏、魏巍编写；第二章由张锐锋、史原鹏编写；第三章由魏巍、朱筱敏编写；第四章由朱世发、降栓奇和魏巍编写；第五章由朱世发、史原鹏编写；第六章由张锐锋、魏巍编写；第七章由朱筱敏、魏巍编写。全书最后由朱筱敏教授统稿和修订。本书的出版得到了中国石油大学（北京）学术专著出版基金的支持，在成果推广应用过程中得到了中国石油华北油田公司的支持和相关领域的专家的帮助，在此一并表示衷心的感谢。作者力求言简意赅，特色鲜明地阐述各部分内容，也希望书中反映出来的技术思路、学术观点、研究方法以及相应的科学结论，可作为其他特殊岩类储层分布区的借鉴和参考。此外，本书在中国陆相湖盆二连盆地白垩系致密储层岩性学特征、时空分布演化、储层致密化机理等方面具有创新认识和学术价值，对中国陆相沉积盆地的油气勘探与储层预测以及致密储层研究具有重要的借鉴与参考价值。

目　　录

第一章　绪　论

二连盆地下白垩统特殊岩类致密储层表现为陆源碎屑–碳酸盐–火山碎屑混合岩性，涉及的科学问题广泛且复杂。本书主要侧重研究这套特殊岩类致密储层的岩石学特征、储集空间及孔隙结构表征以及储层成因机制。基于前人研究，根据填隙物类型，这套特殊岩类致密储层可以划分为云质岩和凝灰质岩类储层两大类。针对这两大类岩类的地质认识和研究现状，本书调研了国内外相关文献得出如下结论和认识。

第一节　特殊岩类致密储层类型

随着油气勘探开发的发展，我国各大油区勘探开发难度不断加大。勘探目标由构造油气藏勘探为主转向隐蔽油气藏勘探为主。在油气勘探评价目标中，深层和深水砂体、断块、潜山以及各种非均质性极强的复杂地质体日趋占据主导地位。我国油气勘探不可避免的进入"特殊岩类储层"为对象的油气勘探开发阶段。

一、混合岩类储层

混合沉积是源自不同沉积环境的碎屑岩与碳酸盐岩在同一沉积环境下的混合。最初Mount（1985）提出的混合沉积概念是碳酸盐矿物与硅质碎屑在结构或成分上的互层或侧向彼此交叉。随后国内学者张锦泉和叶红专（1989）将沉积环境加入到定义之中，认为混合沉积就是在同一沉积环境中，碳酸盐矿物与陆源碎屑的相互掺杂。

从狭义上讲，混合沉积是由硅质碎屑与碳酸盐矿物在同一岩层内发生了结构上的混合，即为混积岩。最初，混积岩比较详细的结构–组分划分方案是由 Mount（1985）提出的，他采用硅质碎屑砂、碳酸盐异化粒、灰泥以及泥质黏土四端元立体图法进行分类，但是他的分类方案比较繁琐，不够直观，引用和使用起来都比较困难。中国学者杨朝青和沙庆安（1990）在 Mount 四端元立体图法分类的基础之上，采用黏土、陆源碎屑、碳酸盐组分的三端元进行分类，将碳酸盐组分大于 25%，陆源碎屑大于 10% 的混合沉积归为混积岩。而张雄华（2000）提出的方案划定的混积岩的范围更大，采用黏土、陆源碎屑、碳酸盐（颗粒或灰泥）三端元，除了将黏土大于 50% 的部分称为黏土岩之外，将碳酸盐组分含量为 5%～95%、陆源碎屑含量 5%～95% 的混合沉积称混积岩。

从广义上讲，除了混积岩以外，混合沉积也可以是不同岩层的碳酸盐组分与硅质碎屑的互层、夹层及横向相变，即混积层系。最初是由郭福生研究提出的，他将陆源碎屑与碳酸盐组分的互层与夹层现象命名为混积层系，并分为两类：陆相碎屑岩与海相碳酸盐岩的交互沉积、滨浅海环境下碎屑岩与碳酸盐岩的互层；随后董桂玉等（2007）将混积层系的概念作了进一步的延伸，在郭福生的命名基础之上，又将混积物本身的交互沉积、混积物与陆源碎屑的交互沉积及混积物与碳酸盐岩的交互沉积加入到混积层系的概念中，将混积层系分为了四类。这种混积层系的分类更加贴合实际，应用范围更广。

二、云质岩类储层

近年来，云质岩类储层作为新的油气勘探领域，受到越来越多的专家重视，在准噶尔盆地、酒西盆地青西拗陷、二连盆地等多地区均发现了云质岩类油藏。但对于云质岩类储层的概念并没有明确和统一的认识，白云石成因等问题众说纷纭。关于云质岩的研究工作，学者们主要是基于研究区地质环境，依据主流白云石化的成因机制，修改成适应研究区的白云石成因模式。

张杰等（2012）针对准噶尔盆地西北缘的乌尔禾–风城区的二叠系风城组云质岩类的成因，进行了详尽的研究。作者认为风城组云质岩类并非常规的白云岩，其白云石含量主要分布于5%～45%，属于云质岩类（白云石含量25%～50%），以泥质白云岩、云质泥–粉砂岩为主，其次发育凝灰质白云岩和云质凝灰岩。白云石化的成因主要为两类，第一类为早成岩阶段回流渗透白云石化作用成因，主要形成了泥质白云岩、云质泥–粉砂岩中白云石；第二类为中、晚成岩阶段埋藏作用成因，主要形成了云质碎屑岩中自形、半自形、细–中晶的白云石。朱世发等（2014）也对这套云质岩成因开展了研究，作者认为云质岩中的白云石主要形成于成岩作用晚期，源于凝灰物质和陆源凝灰岩碎屑的蚀变和方解石化，深埋后发生白云石化。

匡立春等（2012）对准噶尔盆地二叠系云质岩类储层进行了讨论，作者认为研究区这套云质岩主要形成于封闭的咸化湖盆沉积环境，具有源储紧邻、近源成藏的特征。有效储集空间以溶蚀孔与裂缝–孔隙为主。史基安等（2013）对这套云质碎屑岩的岩石学特征及成因做了进一步研究，认为这套云质岩主要为云质碎屑岩，包括云质泥–粉砂岩及白云石化凝灰质泥–粉砂岩等。云质岩主要形成于水动力较弱、水体较深、半闭塞的微咸–咸水湖湾，发育准同生白云石化、埋藏白云石化和热液白云石化3种成因的白云石。

谢全民等（2002）提出酒西盆地青西拗陷的青西油田下白垩统下沟组发育云质岩类储层，包括云质泥岩和泥质云岩两类，储集空间以裂缝和溶蚀孔、洞为主，是一套典型的低孔、特低渗储层。此外，这套云质岩类储层富含铁白云石和方沸石，具有良好的油气勘探潜力；郑荣才等（2003）对这套云质岩类储层也进行了研究，认为白云石属于湖相"白烟型"喷流岩。

王会来等（2014a）针对二连盆地下白垩统的云质岩类储层进行了初步研究，认为该区云质岩类储层主要是一套由陆源碎屑和碳酸盐矿物混合而成的混积岩，发育云质泥–粉砂岩和白云岩。作者以巴音都兰凹陷为研究重点，认为云质岩是埋藏白云石化作用的产物，Mg^{2+}、Fe^{2+}主要来自凝灰物质蚀变作用。

综上所述，国内学者在云质岩类储层的岩石学特征、白云石成因等方面做了大量工作，但是研究结论尚不统一，对云质岩类储层的岩石类型、物性特征、形成机制等研究尚不够深入和透彻，使得目前国内的云质岩类储层的勘探受到制约。

三、凝灰质岩类储层

与云质岩相比，国内凝灰质岩的研究相对深入一些，在鄂尔多斯盆地、海拉尔盆地、准噶尔盆地等地区均发现凝灰质岩储层。

宫清顺等（2010）针对准噶尔盆地西北缘乌夏断裂带乌尔禾组凝灰质岩储层的岩石学特征及成因，研究表明这套凝灰质岩包括（沉）凝灰岩和凝灰质砂砾岩，发育在封闭-半封闭的湖湾，由火山灰和陆源碎屑混合堆积、固结而成，发育溶蚀孔、泄水道孔和微裂缝。

王宏语等（2010）对二连盆地贝尔凹陷苏德尔特构造带中生界凝灰质岩储层特征及物性主控因素进行了分析，结果表明中基性火山成因的凝灰质比酸性凝灰质更易发生溶蚀，从而形成次生孔隙，以长石和铁镁矿物晶屑溶蚀孔为主，岩屑溶孔次之。

焦立新等（2014）研究三塘湖盆地条湖组二段凝灰质岩的储集层特征及形成条件，表明该套凝灰质岩储层主要由沉凝灰岩构成，是空降和水流成因共同作用的产物，发育在相对稳定的滨浅湖沉积环境，发育火山灰杂基微孔、有机孔、脱玻化孔等，具有中高孔、特低渗的物性特征；朱国华（2014）以三塘湖马朗凹陷二叠系芦草沟组的凝灰质岩为例，指出芦草沟组沉凝灰岩具有有机质丰度高、类型好的特征，可作为一种有效的烃源岩。

综上所述，国内大量学者主要针对凝灰质岩储层的物性特征展开了工作，对岩石类型、形成机制以及凝灰质对储层成岩作用、物性特征影响等方面的研究较少，制约了这类储层的进一步勘探。

第二节 国外典型白云石化模式

20 世纪 60 年代，国外首次提出白云石成因机理，至今已经建立 20 余种白云石成因模式，并获得了不同程度的认可：萨布哈蒸发泵白云石化和回流渗透白云石化模式已受到普遍认可；混合水白云石化模式；海水泵吸白云石化模式、埋藏白云石化模式、构造挤压白云石化模式受到广发关注；热液白云石化模式（构造热液、火山热液、变质热液）和微生物白云石化模式已经作为新的主流模式成为人们关注的热点，尤其是微生物白云石化模式为今后解决"白云石"问题提供了全新的视角。

一、与盐度变动有关的亚咸水环境白云石化模式

20 世纪 70 年代，关于白云石化的成因，国外学者们认为主要与盐度混合变化有关，并先后提出了混合水、大气水、调整和盐度变动等白云石化成因模式，指示白云石是从亚咸水环境中缓慢结晶、沉淀而成。亚咸水环境是指盐度低于正常海水（35～36g/L）的沉积水体，以沿岸的淡水-海水混合区为代表。混合带白云石化模式主要发生在沿岸环境，最早由 Hanshaw 等（1971）在研究美国佛罗里达古近纪-新近纪碳酸盐岩时提出，而后

Badiozamani（1973）根据古代有序白云石的溶度积，指出仅混合水才使白云石过饱和、方解石不饱和，进而将其发展为一种白云石化成因模式（图1.1、图1.2）。

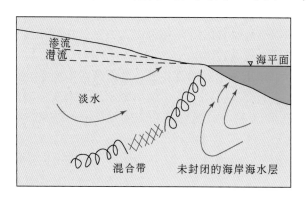

图1.1　混合水白云石化模式图

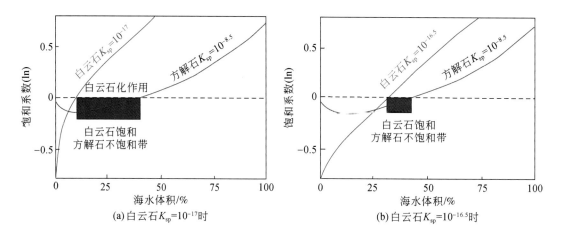

图1.2　地下水与海水的混合水对方解石和白云石饱和程度的影响

需要注意的是，混合水白云石化模式主要用来解释与蒸发盐岩无关的白云岩的成因。这种混合带主要发育在近海岸的陆源淡水与海水混合潜水区，方解石等钙质沉积物发生溶解，白云石沉淀，形成白云岩。典型的混合水成因的白云石体积相对较小，很难形成块状白云岩。

二、埋藏白云石化模式

20世纪80年代，随着热力学和化学动力学的发展，学者们逐渐关注深层热卤水、黏土蚀变和有机质热成熟作用对白云石化作用的影响，提出了埋藏白云石化模式（图1.3）。这类埋藏白云石主要形成于深层，Mg^{2+}主要来自天然盐卤、黏土矿物转化、海相孔隙水及高镁方解石颗粒溶解，受埋藏压实、区域地势驱动力和热对流3种驱动控制。典型的埋藏白云石晶体发育非平直晶面或粗的平直晶面，形成温度高于60℃。当高于80℃时，白云石晶体呈鞍形，具有较低的 $\delta^{18}O_{PDB}$ 值、均一的阴极发光性等特征。

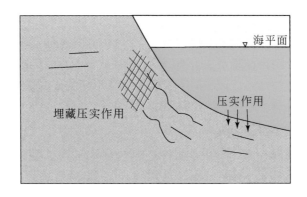

图 1.3 埋藏白云石化模式

三、构造–火山–变质热液白云石化模式

20 世纪 90 年代，随着学科间的相互渗透，提出热液白云石化成因模式。Hardie（1987）提出了与区域构造运动有关的构造热液白云石化模式，Cervato（1990）提出了与火山运动有关的火山热液白云石化模式，Mountjoy（1991）提出了与变质作用有关的变质热液白云石化模式。21 世纪，热液白云石化模式逐渐取得认可并发展为主流模式，Davies 和 Smith（2006）基于经典热液白云石化成因模式，深化和完善了白云石化机理和应用条件，使该模式更全面和系统（图 1.4）。

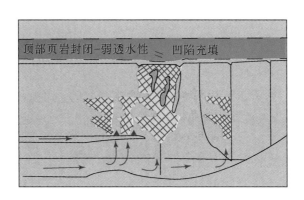

图 1.4 热液白云石化模式

与埋藏热液有关的白云石主要表现为基质交代型和裂缝、孔洞内衬壁胶结鞍型，与断裂伴随的热液白云石呈角砾状或斑马状等构造。当温度高于60℃时，白云石晶体呈中–粗晶、非平直–平直晶面、包裹体均一化温度较高（一般高于相应的宿主围岩），$\delta^{18}O$ 的值较低的特征。

四、微生物白云石化模式

20世纪90年代后期至今，随着研究深入，学者们发现微生物活动与白云石化作用和原生白云石沉淀作用之间存在联系。近30年，众多学者在自然条件下和实验室中，证实了厌氧微生物（包括硫酸盐还原菌和产甲烷菌等）及中度嗜盐需氧细菌的代谢活动有利于白云石的低温沉淀。目前可分为3种成因模式：

1. 厌氧模式–硫酸盐还原细菌

Vasconcelos和McKenzie等（1995，2005）最早提出了与硫酸盐还原菌有关的微生物白云石化模式（microbial dolomite model）（图1.5），学者认为在硫酸盐还原菌作用下，SO_4^{2-}作为硫酸盐还原菌的电子受体供应充足，不仅维持微生物的代谢，还为白云石沉淀提供了充足的Ca^{2+}、Mg^{2+}和HCO_3^-。Warthmann等（2000）通过模拟巴西的Lagoa Vermelha潟湖，在缺氧沉积环境下沉淀出白云石，指出硫酸盐还原菌在低温、缺氧条件下有利于白云石沉淀。

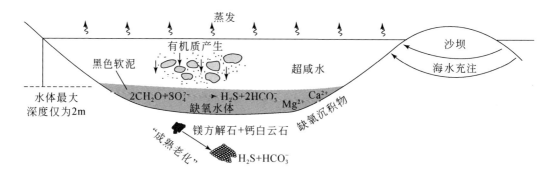

图1.5　巴西Lagoa Vermelha微生物白云石的形成示意图

2. 厌氧模式–甲烷厌氧细菌

Roberts等（2004）针对淡水条件下的微生物作用对白云石沉淀的影响，进行了野外观察和实验模拟，指出微生物与Columbia River玄武岩反应为白云石沉淀提供Ca^{2+}、Mg^{2+}，微生物主要是铁还原细菌，其次是产甲烷菌。此外，白云石的沉淀既不需要过饱和Mg^{2+}也不需要高的镁钙比。Kenward等（2009）的实验发现，在低温、淡水环境中，产甲烷菌的新陈代谢作用越繁盛，白云石越易沉淀。

3. 需氧模式

Sánchez-Román等（2008）在细菌培养实验中发现异养的中度嗜盐好氧菌的有氧呼吸作用有助于白云石沉淀。这一原理是细菌代谢作用转变pH，增加EPS基质中的碱度，促进白云石沉淀，进而提出嗜盐需氧菌发育的氧化环境中，也可沉淀有序的微生物白云石。这类与微生物作用有关的白云石大多呈胶结物产状，少量发生交代，晶体主要为细–微晶（小于10μm），具有球粒状、哑铃状或是花椰菜状的外形以及放射纤维状的内部构造，随埋深的增加，白云石从球状无序向菱形有序转化。

由于白云石产出环境、产状多样，导致"白云石化问题"一直未解决。但在近期的探索和研究过程中，学者们已做了大量工作并取得了很多认识，由早期蒸发白云石到原生白云岩和次生白云岩的划分，从白云石化作用的多重模式到热液白云石化作用的提出，从有机成因白云石到微生物白云石成因模式，为下一步的深入研究奠定科学依据和研究基础。

第三节 国内典型陆相白云石化模式

在典型白云石化模式基础上，国内大量学者根据国内盆地的地质特征，结合白云石岩石学、矿物学和地球化学特征建立相应的白云石化成因模式。

一、准同生–后生交代白云石化模式

冯有良等（2011）通过对准噶尔盆地西北缘风城组白云岩成因的研究，提出该地区白云岩具有准同生和后生交代两种成因。准同生白云岩形成于咸化的半深湖环境，后生交代白云岩由泥晶灰岩发生白云石化作用而成，Mg^{2+}来源于中基性火山岩的风化和水解作用产物，主要分布在水下斜坡区或隆起区（图 1.6）。

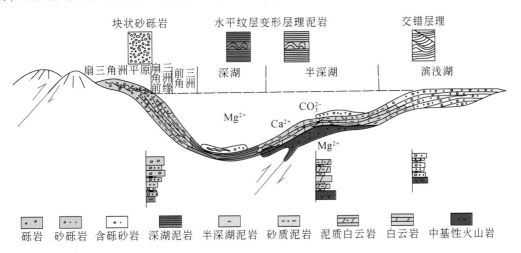

图 1.6 准噶尔盆地西北缘风城组白云岩成因模式

二、混合白云石化模式

朱玉双等（2009）通过对三塘湖盆地中二叠统芦草沟组白云岩的矿物学、地球化学等特征进行了研究，指出芦草沟组白云岩主要发育纹层状和斑块状，前者白云石自形程度较好，后者晶体粗大，自形程度差，形成相对较晚。这类白云岩主要为混合白云石化成因，受湖平面升降和大气淡水淋滤影响，Mg^{2+}主要来源于伴生的火山碎屑（图 1.7）。

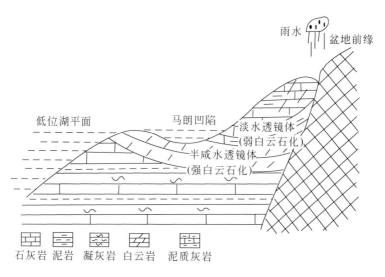

图 1.7　三塘湖盆地中二叠统芦草沟组白云石化成因模式

三、热液白云石化模式——湖相"白烟型"热液喷流岩

郑荣才等（2003）认为酒西盆地青西凹陷下沟组中广泛发育的纹层状云质泥岩和泥质白云岩属于湖相"白烟型"喷流岩。白云石主要以铁白云石为主，伴生钠长石和方沸石等矿物，并可见大量重晶石、地开石和微量闪锌矿、方铅矿等热液矿物（图 1.8）。

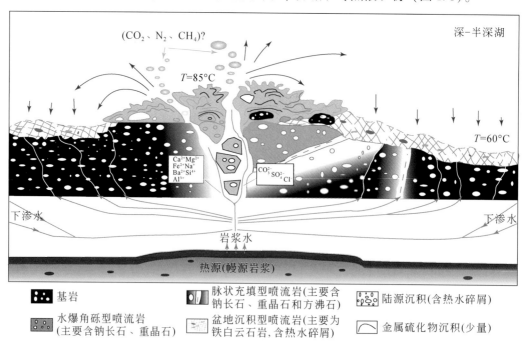

图 1.8　酒西盆地下沟组湖相"白烟型"喷流岩沉积模式

四、火山作用下的白云石化模式

朱世发等（2013）针对准噶尔盆地西北缘二叠系风城组白云石的地球化学和岩石学特征，指出风城组云质岩类形成于干旱气候条件下的咸化滨浅湖环境，Mg^{2+}来源于下伏佳木河组和石炭系残留的海水，受火山喷发产生的热流驱动控制（图1.9）。

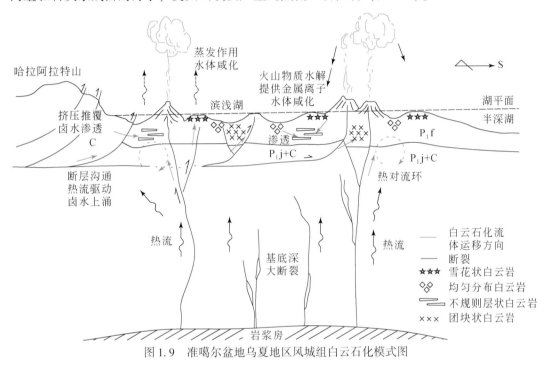

图1.9 准噶尔盆地乌夏地区风城组白云石化模式图

王会来等（2014a）针对二连盆地巴音都兰凹陷烃源岩层内发育的一套云质泥-砂岩，局部夹薄层泥质白云岩、云质灰岩，指出这套云质岩的形成与火山物质蚀变有关，蚀变产物斜长石和 Ca^{2+}、Mg^{2+} 与 CO_2 发生水解反应，形成白云石（图1.10）。

五、微生物白云石化模式

雷川等（2012）针对新疆乌鲁木齐地区二叠系芦草沟组湖中、薄层白云岩和石灰岩进行研究，指出泥晶白云岩中的白云石发育微球状、微簇状及他形3种显微形态，具有 $\delta^{13}C$ 值偏高的特征，是与产甲烷菌有关的微生物白云石；李红等（2013）研究新疆乌鲁木齐地区二叠系芦草沟组湖相微晶白云岩，认为研究区微球状和微棒状等特殊形貌的白云石与产甲烷菌有关。

综上所述，关于国内陆相云质岩的白云石成因已经开展了大量工作，但研究结论尚未统一，需要基于地质背景，结合构造、沉积和层序特征，综合应用岩石学、矿物学、地球化学等手段，详细分析白云石成因机理。

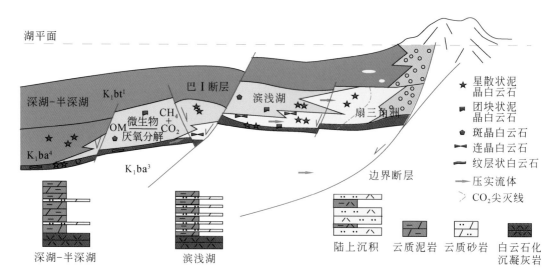

图 1.10　二连盆地巴音都兰凹陷下白垩统白云石化模式图

第四节　二连盆地油气地质研究现状

近几年，许多学者对二连盆地构造、层序、沉积、储层和石油地质条件等方面开展了研究工作，并取得了系统的研究成果。

一、构造和沉积特征

于福生[1]主要研究了二连盆地富油凹陷的构造、沉积演化特征，指出下白垩统充填在一系列 NE-NNE 向基底断裂控制的地堑、半地堑断陷中，可划分为 5 个拗陷和 4 个隆起，由于断陷的分布受海西期基底软弱带控制，导致 5 个拗陷的延伸方向各不相同。根据断陷及主控断层的组合方式，复式断陷划分为串联式、并联式、斜列式和交织式，每一类又可以分为半地堑同向复合、相向复合、背向复合和无序复合。下白垩统主要发育扇三角洲相、辫状河三角洲相、近岸水下扇相和湖底扇相。

漆家福[2]主要讨论二连盆地复式断陷结构样式及其与富油凹陷的关系，指出二连盆地的基底经历了加里东期、海西期、印支期和早燕山期多期构造演化，形成强变形带分隔弱变形域的不均一的褶皱造山带基底构造。二连盆地的沉积盖层包括侏罗系、下白垩统、上白垩统 3 个构造层，其中下白垩统充填在 NNE-NE 向正断层基底上，以不同形式复合叠加构成的复式断陷。腾格尔组沉积时期，断陷具有基底断层密度大、断陷连通性好的特征。阿尔善组沉积时期，断陷具有边界断层陡倾且位移量大的特征，有利于优质烃源岩发育。

---

① 于福生，2014，二连盆地富油凹陷构造沉积演化特征，中国石油大学（北京）内部报告。

② 漆家福，2014，二连盆地复式断陷结构样式及其与富油凹陷的关系，中国石油大学（北京）内部报告。

其中，串联式复合的正向裂陷带比斜列式、并联式的斜向裂陷带更有利于形成深洼槽而发育优质烃源岩。

陈开远[1]针对二连盆地阿南凹陷致密油储层的沉积及分布特征，将阿尔善组阿四段—腾格尔组腾一段地层划分为 5 个四级层序。此外，阿四段-腾一段发育一套复杂岩性储层，包括富含凝灰岩、火山岩及碳酸盐岩岩屑的砂岩或沉凝灰岩，主要为成岩改造的重力流滑塌沉积。

二、复杂岩性储层特征

高先志[2]研究了二连盆地巴音都兰凹陷下白垩统云质岩储层的分布、岩性分类、成因机制及含油状况，指出这套云质岩的岩性复杂，包括云-灰质泥岩、云-灰质砂岩、泥晶碳酸盐岩和白云石化沉凝灰岩等多种岩性。其中，云-灰质砂岩和白云石化沉凝灰岩是主要岩性，发育溶蚀孔隙和构造裂缝。白云石的形成与凝灰物质蚀变有关，云质岩分布层位和沉积厚度受凹陷演化类型控制，主要发育在继承型凹陷，该类凹陷湖泊范围广，构造活动强烈，有大量的凝灰物质搬运至湖中，从而有利于白云石形成。

孙振孟等（2017）研究认为二连盆地阿南凹陷腾格尔组腾一段下部复杂岩性储层，在纵向上具有三段式变化规律，从下部砂岩段到粉砂泥质、凝灰质和云质混合沉积段，向上过渡到云质岩，反映了盆地水体扩大、盐度增高的沉积环境。该套云质岩主要以微晶云岩为主，岩性致密坚硬，孔隙发育较差，凝灰质岩包括凝灰岩和沉凝灰岩类（凝灰质砂岩和浊积凝灰岩），后者经过溶蚀改造可以形成微孔发育的致密储层。腾一段下部的复杂岩性储层表现为"自生自储"，由相邻的烃源层初次运移而来，烃源岩的发育和分布是控制致密油分布的关键因素。此外，腾一段下部烃源岩的演化程度总体不高，推测埋深2000～2500m 层段的云质岩具有工业价值油气。

周进高[3]将阿南凹陷腾一段下部特殊岩类致密储层划分为沉火山碎屑岩、砂岩、白云岩和泥岩四类岩性，并量化表征了致密储层孔喉网络系统，分析了优势孔隙类型。划分了原油的 4 种赋存形式，揭示了储层含油非均质性受孔喉结构控制，并利用不同方法初步确定了不同类型储层储油孔、渗下限。

三、石油地质特征

高先志[2]指出二连盆地下白垩统的云-灰质泥岩成熟度低、原油黏度大，只有溶蚀孔和构造裂缝发育区才具有工业产能。云-灰质岩性段存有三类成藏模式：源外成藏、源内裂缝成藏和源内砂泥界面成藏。巴音都兰凹陷巴Ⅰ构造白云石化沉凝灰岩发育，相邻云-灰质泥岩斜长石含量高，易于形成溶孔型源外油藏；额仁淖尔凹陷云-灰质岩发育区生烃

① 陈开远，2015，阿南凹陷致密油储层沉积特征及分布研究，中国地质大学（北京）内部报告。
② 高先志，2013，二连盆地富油凹陷潜山、云质岩类成藏条件与勘探方向研究，中国石油大学（北京）内部报告。
③ 周进高，2015，致密储层孔喉量化表征与储集机理研究，中国石油杭州地质研究院内部报告。

时间早，构造活动强，裂缝发育，有利于形成源内油藏和裂缝型泥岩油藏；阿南凹陷云-灰质砂岩与正常泥岩互层，烃源岩生成的油气有利于在砂泥界面聚集成藏。

陈哲龙等（2015）针对二连盆地富油凹陷成藏机制，提出了有效烃源岩分布的3种模式："深洼型"、"近洼缓坡型"和"深洼-近洼缓坡型"。同时，建立了有效烃源岩有机质富集模式："有机质供给"、"有机质保存"和"供给-保存"模式，并明确了近源供烃、近洼缓坡断裂带和深洼反转构造控藏是二连盆地油气成藏的特征。

王飞宇[①]主要研究阿南凹陷烃源灶及生排烃效率对油气成藏控制作用，结果表明阿南凹陷下白垩统腾格尔组腾一段复杂岩性段优质源岩以高 TOC（2%～4%）、高 HI（600～850mg/g TOC）为特征，有机质主要为层状藻类体，TOC 大于 2% 的优质源岩层段厚度处于 40～80m。腾一段复杂岩性段在阿南凹陷边缘处于成熟早期阶段（R_o：0.6%～0.75%），向凹陷中心有机成熟度提高，R_o 达 0.95%～1.0%。其致密油勘探划分为灶内与灶缘两个领域，灶缘致密油勘探类似于常规油，关键是储层和充注条件，而灶内致密油勘探目标是与成熟优质源岩互层的致密储层。

---

① 王飞宇，2015，阿南凹陷烃源灶及生排烃效率：对油气成藏控制作用，中国石油大学（北京）内部报告。

第二章　二连盆地区域地质特征

第一节　区域地质概况

二连盆地位于我国内蒙古自治区的中北部，东起大兴安岭，西到乌拉特中后联合旗一带，南界为阴山山脉北麓，北至中蒙边界，东西长约1000km，南北宽20~220km，总面积达10×10⁴km²，是我国陆相大型沉积盆地之一（图2.1）。根据华北油田勘探资料揭示的下白垩统分布特征，可以将二连盆地划分为马尼特、乌兰察布、川井、乌尼特、腾格尔5个拗陷（二级负向构造单元）和巴音宝力格、东乌珠穆沁、苏尼特、温都尔庙4个隆起（二级正向构造单元）。拗陷、隆起内部也具有凹凸结构，进一步可根据下白垩统沉积厚度的横向变化划分为一系列凹陷（三级负向构造单元；图2.1）。"凹陷"是相对独立的构造-沉积单元，在平面上几乎表现为NNE-NE向延伸、长约100~150km、宽约20~50km的长条形态，在剖面上表现为由一条或多条基底正断裂控制的（复式）半地

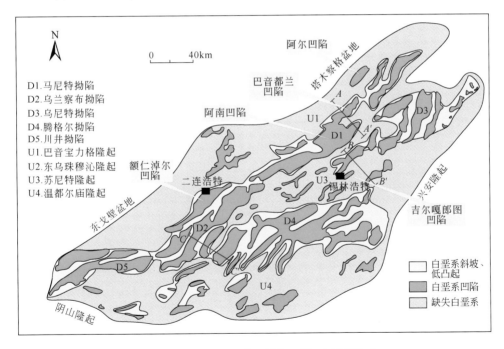

图2.1　二连盆地构造单元划分（据于福生①修改）

---

①　于福生，2014，二连盆地富油凹陷构造沉积演化特征，中国石油大学（北京）内部报告。

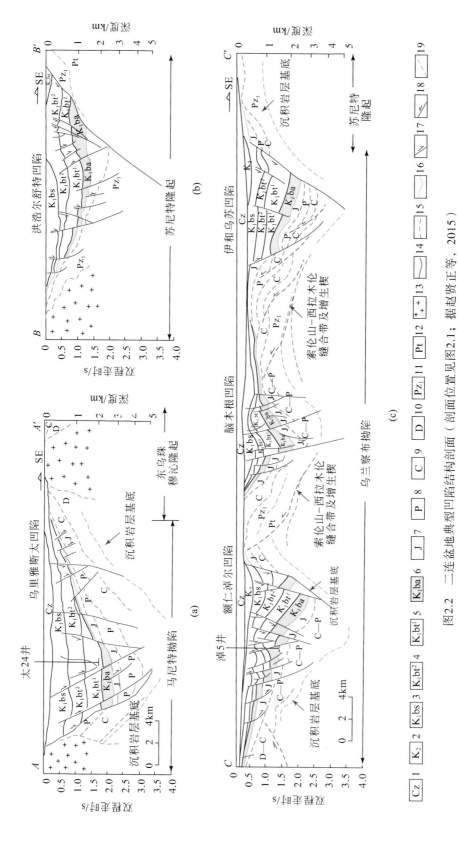

图2.2 二连盆地典型凹陷结构剖面（剖面位置见图2.1；据赵贤正等，2015）

1.新生界；2.上白垩统；3.下白垩统巴彦花群赛汉塔拉组；4.下白垩统巴彦花群腾格尔组二段；5.下白垩统巴彦花群腾格尔组一段；6.下白垩统巴彦花群阿尔善组；7.侏罗系；8.二叠系；9.石炭系；10.泥盆系；11.下古生界；12.元古宇；13.花岗岩或花岗闪长岩侵入岩体；14.依据地震剖面解释的地层界面；15.依据地震资料、重磁资料和露头岩层分布推测的地层界面；16.早白垩世断陷底面；17.断陷内部正断层，粗线表示主干正断层；18.依据地震资料、重磁资料推测的基底逆冲断层；19.依据地震资料、重磁资料推测的沉积岩层基底面堑或地垒断陷结构（图2.2），充填的下白垩统厚度一般为2000～4000m，局部厚度可以超过5000m。二连盆地内部的凹陷大多数集中分布在拗陷中，部分孤立分布在隆起上。拗陷内部中的凹陷相对较深，在地形上是相对低洼地带，下白垩统断陷之上有新生界或上白垩统，分隔凹陷的凸起幅度较小，甚至也有较薄的上白垩统、新生界覆盖，使凸起与相邻的凹陷连接在一起（图2.2）。

第二节　地层充填特征

在多期区域构造运动的作用下，二连盆地发育众多早白垩世断陷湖盆（张文朝等，2000），接受了厚达5000多米的山间盆地碎屑岩沉积（张文朝等，1998，2000；朱筱敏等，2004）。这些碎屑岩沉积整体上表现为一套自下而上由粗变细再变粗的沉积旋回。同时由于沉积期依次经历了侏罗纪晚期、阿尔善组末期、腾格尔组一段末期、腾格尔组二段末期和赛汉塔拉组末期共5次构造沉积事件，相应的在这一套碎屑岩沉积中也形成5次区域性的不整合面或者沉积间断面，其分别对应的地震界面为T11、T8、T6、T3和T2。以这5个不整合面或者沉积间断面为界，自下而上依次发育三套地层：阿尔善组（K_1ba）、腾格尔组（K_1bt）和赛汉塔拉组（K_1bs）（图2.3）。

阿尔善组沉积时，区域断裂强烈活动（张琳琳等，2007；Wang et al.，2015），火山不断向地面喷发和溢流，地形高低悬殊，地层厚度变化大，沿断层根部厚度可达1000～2000m，向缓坡减薄。岩性粗，颜色杂，火山岩较发育，加之半干热气候，快速沉积了这套杂色粗碎屑岩，但向湖盆中心相变较快，发育较深湖亚相泥岩，局部夹薄层泥灰岩、云质泥岩等。整体具有湖盆小、水体浅、分隔强、火山成分含量高、粗碎屑岩成熟度低和古生物化石稀少等特点，按岩性和岩相特征，阿尔善组自下而上可划分为阿一段、阿二段、阿三段和阿四段4个层段，阿尔善组与下伏侏罗系为不整合接触关系。

腾一段厚度在200～600m，主要发育在湖盆稳定下沉、湖水快速扩张的湖侵体系域背景中，发育的岩性为大段较深湖环境下的质纯且脆的灰黑色泥岩，局部为砂泥岩互层，其与下伏阿四段为角度不整合接触。具有岩性细、分布广、成层性好的特点，是盆内一级对比标志层和主力生油层。

腾二段厚度在300～600m，其沉积时期，断块活动减弱，整体为缓慢抬升背景，各凹陷地形平缓，进入了断拗为主的广湖盆、浅水体的高位体系域阶段。而后湖盆再次下沉，接受了湖侵的泥岩沉积。整体上，腾二段为一套正沉积旋回，由上、中、下三部分组成。下部发育砂砾岩，中部主要发育粉砂岩和砂岩，上部主要发育泥岩。其与下伏腾一段为整合接触关系；赛汉塔拉组整体上为粗粒沉积，主要为互层泥岩和砂砾，局部夹有煤层。

赛汉塔拉组厚度为300～500m，其沉积时期断陷活动基本停止，二连盆地整体抬升，开始进入湖盆回返沉积阶段。各凹陷早期地层遭受剥蚀，在剥蚀夷平后二连盆地接受河流、沼泽相沉积。该组岩性主要由浅灰白色块状砂质砾岩、砂岩与浅灰色泥岩、薄煤层和碳质泥岩组成，构成了两个下粗上细的次级正旋回层，其与下伏腾二段之间存在一次较大的沉积间断，对应T3反射界面，是明显不整合界面。

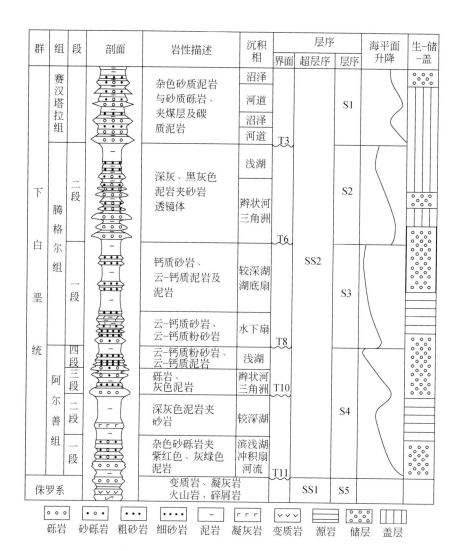

图 2.3 二连盆地下白垩统地层层序划分图

第三节 区域构造演化

二连盆地的区域构造演化经历了（古生代）褶皱基底形成与（中生代）陆盆发展两大阶段（朱筱敏等，2003）。

一、褶皱基底形成阶段

早古生代，本区处于中朝板块和西伯利亚板块之间的古蒙古洋，在早古生代的奥陶纪—早、中志留世，蒙古洋由北向南扩张，向中朝板块下俯冲、削减，形成西拉木伦河-温都尔庙俯冲带和岛弧带，标志着该地区南部由洋壳转化为过渡壳；志留纪末期，沿西拉木伦河地壳增生带一线蛇绿岩侵位，形成规模发育的蛇绿岩带，表明该带是古生代板缘削减带的位置。早古生代构造层由于遭受高强度的压缩变形，以紧密褶皱和低角度逆掩断层发育为特征。

晚古生代，西伯利亚板块和中朝板块的活动性大陆边缘逐渐靠近，海盆面积减小，深度变浅，沉积了一套滨浅海和海陆交互相沉积建造。晚古生代末期，两大板块碰撞拼合，海水从北东方向退出，西伯利亚板块和中朝板块连为一体，形成了统一的古亚洲大陆。该时期构造特征表现为全面隆升和挤压褶皱，一些深大断裂再度逆冲复活，与此伴生，广泛发育了 NE-NEE 向展布的复式背斜带和复式向斜带，从北到南依次为二连浩特复背斜、东乌旗复向斜、锡林浩特复背斜、赛汉塔拉复向斜和温都尔庙复背斜。这些区域断裂构造和其夹持的沉积体奠定了二连盆地的基本构造格架，也控制了中生代盆地的发生、发展和演化。

二、陆盆发展阶段

三叠纪时期，印支运动表现为中朝板块和西伯利亚板块强烈挤压，使区内的古生代地层进一步强烈褶皱、冲断，并发生区域性隆升。

初始裂陷期：早、中侏罗世，在长期隆起剥蚀和夷平的基底上，发生拆沉作用和初始伸展构造，从而形成了弱引张环境下的断拗型盆地。该时期，盆地呈 NEE 或 EW 向展布，面积大于现今的二连盆地。

褶皱期：中侏罗世末期，本区遭受 NW-SE 向区域性挤压，发生强烈的反转作用。早、中侏罗世地层遭受隆升剥蚀，晚侏罗纪时期，以大兴安岭群火山沿 NE、NNE 向断裂喷发或外溢为特征，底层与早、中侏罗世地层呈不整合接触关系。

断拗期：主要是早白垩世阿尔善组和腾格尔组沉积时期。其中，阿尔善组以断陷充填特征为主，早期处于裂陷初期，以沉积充填为特征，表现为水体较浅的冲积和河流相沉积；阿尔善组末，断裂活动减弱，区域性地壳隆升，与腾格尔组呈不整合接触关系。腾格尔组时期，以水平拉张、湖盆深陷为特征，为湖盆发育的鼎盛期。

抬升萎缩期：赛汉塔拉组沉积时期，地壳抬升、水域缩小、湖盆淤塞，发育了一套湖沼和河流相沉积，普遍见煤层。晚白垩世，二连盆地地壳继续隆升，大部分地区未接受沉积。

古近纪，东北地区总体处于引张区，裂陷作用迁移到更东的依兰-伊通裂谷盆地，二连盆地则经历了又一次 NW-SE 向轻微拉张。沉积主要发育在盆地的西南部，东部大部分地区未接受沉积。中新世以来，二连盆地转入热沉降收缩阶段，表现为游荡式湖泊和微弱的构造反转，并伴以火山喷发活动。

第四节　火山活动特征

二连盆地中新生代发育大量的火山岩（表 2.1），其中在多个凹陷的下白垩统主要发育玄武岩、玄武安山岩和凝灰岩等，尤以阿尔善组与腾格尔组较为发育，火山岩的厚度可达 100~400m，且火山岩类型主要为中基性岩类。

表 2.1 二连盆地中、新生代火山发育概况表

构造旋回	时代		主要火山岩	喷发方式
喜马拉雅期	第四纪	Q	黑色气孔状玄武岩、橄榄玄武岩	中心式间歇喷发
	新近纪	N	灰黑、灰褐色玄武岩	裂隙式
	古近纪	E	—	—
燕山晚期	白垩纪	K_2	下部夹玄武岩、凝灰岩	裂隙式
		K_1	下部夹玄武岩、玄武安山岩、凝灰岩	裂隙-中心式
燕山早期	侏罗纪	J_3	酸性、中基性熔岩、凝灰岩	裂隙式 裂隙-中心式

第五节　沉 积 特 征

二连盆地具有分割性强、凹陷多、湖盆小和发育时间短的沉积特征（祝玉衡和张文朝，2000）。二连盆地实际上是一个断陷盆地群，湖盆大小悬殊，其中小于 1000km² 的就占半数以上，最小的仅 250km²，大于 2000km² 的凹陷仅 8 个。绝大多数凹陷为长条状或带状分布，长宽比一般 4∶1~6∶1。每个湖盆都有自己独立的沉积体系，包括沉积中心和沉积边缘，各湖盆彼此长期分割又短期连通。在下白垩统沉积过程中，湖盆的碎屑物质主要来自巴音宝力格、温都尔庙、苏尼特和大兴安岭四大隆起区。沉积研究表明，早白垩世湖盆两岸各类扇体成群分布，单个砂体规模较小，向湖盆中心延伸 5~7km 便消亡，平行湖岸延伸长度约 10km，面积多为 50km² 左右，少数达 100km²；纵向上，以大段砂砾岩集中出现为典型特征。砂砾岩厚度大、岩性粗，占地层百分比高，整体具有多物源、近物源、小水系、粗碎屑的特征。

由于下白垩统沉积时期，多凸多凹，多物源，且火山活动频繁，因此碎屑岩储层的岩石成分、结构成熟度普遍偏低，杂基含量高、分选差、岩屑含量高、火山物质多、储层物性较差。沉积相类型主要为水下扇、扇三角洲和辫状河三角洲等（方杰，2005；方杰等，2006；陈兆荣等，2009；魏颖等，2013）。水下扇的扇中部位、扇三角洲和辫状河三角洲相的平原主河道和前缘砂体是有利储集相带。

纵向上，二连盆地下白垩统由 3 个下粗上细的次级旋回组成的一个大的粗-细-粗完整沉积旋回。受沉积演化特征和岩性组合的控制，下白垩统自下而上形成了三套生-储-盖组合：①以阿四段砂砾岩和泥岩分别为储层和烃源岩，由腾一段泥岩为盖层的自生自储上盖型的生-储-盖组合；②以腾一段内部砂岩夹层作为储层的自生自储自盖型的生-储-盖组合；③以腾二段砂砾岩集中段为储层，以赛汉塔拉组泥岩为盖层，阿尔善组和腾一段为烃源岩，形成下生上储上盖型的生-储-盖组合。另外，还可以形成"中生古储中盖"的特殊生-储-盖组合，如哈南古生界凝灰岩潜山油藏的成油组合。

第三章　阿南凹陷特殊岩类储层研究

第一节　地 质 概 况

一、勘探背景

阿南凹陷自 1979 年 7 月钻探第一口参数井 LC1 井以来，已完钻各类探井 149 口，59 口井获工业油流。发现 3 个中、小型油田，11 个含油构造。阿南凹陷油气总资源量 2.3× 10^8 t，共探明石油地质储量 0.9514×10^8 t，剩余油气资源量为（1.2~1.6）×10^8 t，是二连盆地剩余资源量较大的凹陷之一。阿南凹陷自勘探以来已有 30 多年的勘探历史，构造圈闭勘探程度较高，岩性油藏勘探程度低。从 1980~2010 年，阿南凹陷经历了曲折的勘探历程：以构造油藏勘探为主的储量快速增长的高峰阶段（1981~1987 年）、中期低谷阶段（1988~1990 年）、构造兼顾地层岩性油藏勘探次级高峰阶段（1991~2000 年）、岩性油藏勘探的低谷阶段（2001~2009 年）。近年来，系统分析了不同地区、不同时期地质结构、构造背景、沉积体系类型和沉积相展布，研究了古构造和断裂对沉积的控制作用。阿南凹陷的勘探重点转向岩性油藏、致密油藏、火山岩和潜山领域。目前，阿南凹陷下白垩统腾格尔组腾一段特殊岩类储层获得油气突破，油气显示活跃，取得了较好的勘探成果，如 A27、A408、A47 等井获得工业油流。

二、凹陷地质概况

阿南凹陷位于二连盆地马尼特拗陷东北部的阿南宽缓背斜构造带上，东南紧邻苏尼特隆起，西北以贡尼-京特乌拉低凸起与阿北凹陷相隔，向西延伸至额尔登高毕凸起。它呈长条形 NE 向展布，东西长约 60km，南北宽约 40km，凹陷面积约 2800km^2（图 3.1），是二连盆地群中最大的富油凹陷之一，也是最早发现油气且形成产能的凹陷。

阿南凹陷与二连盆地群构造背景一致，是在海西期褶皱基底上发育起来的中生代陆内裂谷湖盆，下部缺失三叠系，主要发育侏罗系和下白垩统，缺失上白垩统。勘探目的层系主要为下白垩统，自下而上发育阿尔善组（K_1ba）、腾格尔组（K_1bt）和赛汉塔拉组（K_1bs），其中腾格尔组自下而上细分为腾一段（K_1bt_1）和腾二段（K_1bt_2），沉积厚度逾千米（图 3.2、图 3.3），本次研究阿南凹陷的目的层位是腾一段。

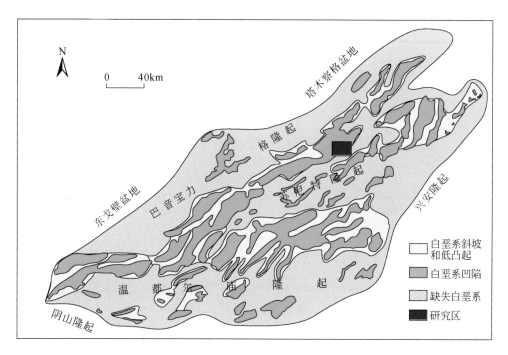

图 3.1 阿南凹陷地质概况图（据于福生①修改）

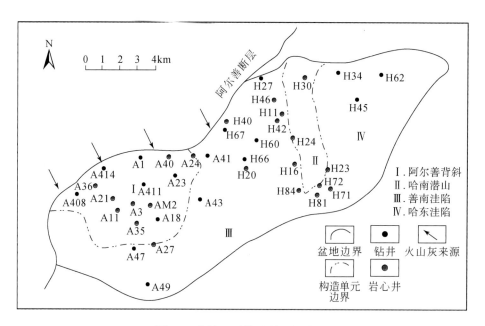

图 3.2 阿南凹陷构造单元划分图

① 于福生，2014，二连盆地富油凹陷构造沉积演化特征，中国石油大学（北京）内部报告。

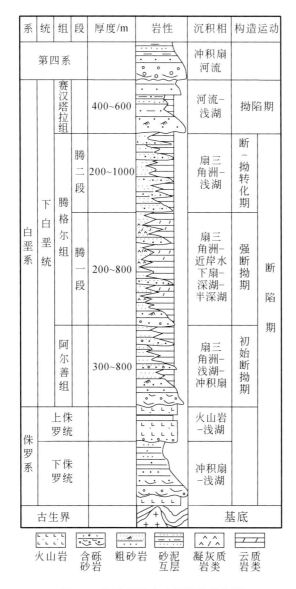

系	统	组	段	厚度/m	岩性	沉积相	构造运动	
		第四系				冲积扇河流		
白垩系	下白垩统	赛汉塔拉组		400~600		河流－浅湖	拗陷期	
		腾格尔组	腾二段	200~1000		扇三角洲－浅湖	断－拗转化期	断陷期
			腾一段	200~800		扇三角洲－近岸水下扇－深湖－半深湖	强断拗期	
		阿尔善组		300~800		扇三角洲－浅湖－冲积扇	初始断拗期	
侏罗系	上侏罗统					火山岩－浅湖		
	下侏罗统					冲积扇－浅湖		
古生界						基底		

火山岩	含砾砂岩	粗砂岩	砂泥互层	凝灰质岩类	云质岩类

图 3.3 阿南凹陷中生界综合柱状图

三、构造特征

阿南凹陷下白垩统充填一套盆地断陷－拗陷期的陆相碎屑岩，自下而上构成了一个粗—细—粗的完整沉积旋回。受燕山运动影响，阿南凹陷经历了阿尔善组初始断陷期、腾一段强烈断陷期、腾二段断－拗转化期以及赛汉塔拉组拗陷沉降期。在腾一段末期和腾二段早期之间、赛汉塔拉组沉降期之后存在两期强度相对较大的挤压反转（图3.4、图3.5）。阿南凹陷的具体沉积、构造特征如下：①早侏罗世，随着地壳抬升，阿南凹陷古生代基底开始解体、翘断，形成了 NE 向的断陷湖盆，凹陷内部沉积了一套1000m 厚的河流相和湖相砂岩、泥岩及砂砾岩。②晚侏罗世，构造活动增强，阿南凹陷隆升、褶皱，中、下侏罗统普遍遭到剥蚀，凹陷北部基本剥蚀殆尽（张文朝等，1998），沿断裂产生大规模火山喷发，凹陷内堆积了巨厚的酸性-基性火山岩。③阿尔善组沉积期，受火山活动等影响，发育大型同沉积断层——阿尔善断层，逐渐形成了断陷沉积盆地——阿南洼槽。该时期，沉积水体面积较小，主要沉积、冲积扇和河流相沉积。阿四段沉积时期断陷发育，水体面积逐渐变大，主要沉积滨浅湖、半深湖及较深湖沉积。该时期，区域断裂活动强烈，火山不断喷发和溢流，发育冲积及滨浅湖沉积成因的灰绿、棕红色砂砾岩、火山成因的玄武岩、安山岩夹灰色泥岩。④腾格尔组沉积期，断陷继续发育，水体加深，湖盆扩大，盆地发育达到鼎盛时期，凹陷中心部位沉积厚度超过2400m，形成了区域性盖层，此时阿南洼槽已基本

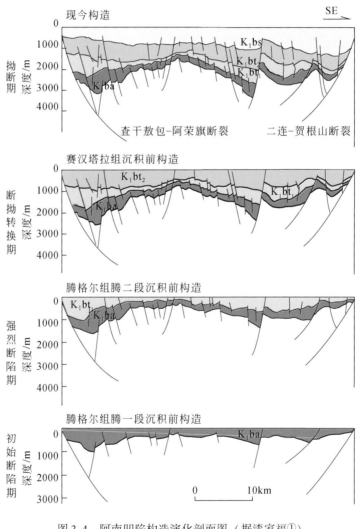

图 3.4　阿南凹陷构造演化剖面图（据漆家福①）

---

①　漆家福，2014，二连盆地复式断陷结构样式及其与富油凹陷的关系，中国石油大学（北京）内部报告。

定型。具体来说，腾一段沉积期，湖盆下沉，湖水快速扩张，发育一套滨浅湖-半深湖和扇三角洲沉积，是阿南凹陷主要的烃源岩发育段。该时期火山喷发减弱且火山口距离凹陷较远，主要发育凝灰岩等，形成一套湖相富凝灰质特殊岩性。该特殊岩性段是全区重要的油气储集层段。腾二段沉积期，构造活动减弱，凹陷转为断拗，湖盆广、水体浅，岩性为浅灰块状砂质砾岩与深灰色泥岩。⑤赛汉塔拉组沉积期，断陷活动停止，凹陷进入抬升阶段，该时期腾二段遭受不同程度的剥蚀，盆地开始萎缩，发育冲积、河流-沼泽成因的灰绿、浅灰色砂砾岩夹暗色泥岩；晚白垩世末期，燕山运动使凹陷进一步隆升，伴随中基性火山喷发，这种隆升态势一直持续到古近纪—第四纪（于英太，1990）。

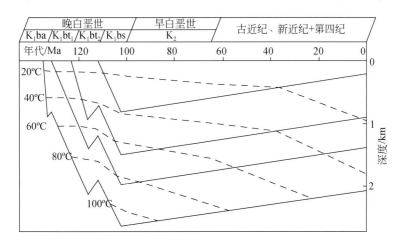

图 3.5　阿南凹陷单井埋藏史图

　　根据华北油田研究认识，进一步将阿南凹陷划分为以下三级构造单元：阿尔善背斜带、善南洼陷、哈南潜山带、哈东洼陷和阿南斜坡带（图 3.2）。阿南凹陷主要受南北断裂共同影响，夹于阿尔善断裂和南部边界断裂之间。凹陷内部具有凹凸相间的构造格局，哈南潜山带分割善南、哈东两个洼陷，其中善南洼陷是主要的生油洼陷。从过善南洼陷的南北地震测线剖面看出，阿南凹陷整体结构为典型的"双断式"断陷湖盆（图 3.4），阿尔善断层是研究区内的一条大型同沉积断层，其控制着洼陷的形态、规模，以及洼陷内部的沉积类型和分布。阿尔善断层和南部边界大断裂共同作用，形成阿南凹陷，其中凹陷北部为陡坡带，南部相对平缓，但坡度也比较大。凹陷南北部的断裂均为近物源断裂，发育多种沉积体，由于北部坡度较陡及物源供给充足，沉积扇体发育、分布较广；相比北部断裂，南部坡度也较陡，但物源供给较少，导致南部的沉积体分布面积较小。

四、沉积和层序特征

　　通过岩心、录井和测井资料分析，在阿南凹陷下白垩统共识别出了 5 种沉积相，分别为湖相、三角洲相、扇三角洲相、近岸水下扇相以及浊积扇相。腾一段沉积时期，湖盆南侧陡岸地带近岸水下扇发育，沿断裂走向发育多个扇体，平面上呈扇形，剖面上呈楔形；扇三角洲是阿南凹陷发育广泛的一种沉积体，主要分布在阿南凹陷南北两侧的断裂带，湖盆西、北、东三面主要为扇三角洲相沉积；浊积扇发育在腾一段稳定的湖相沉积环境中，分布在大断层的下降盘；近岸水下扇相在阿南凹陷发育面积较小，主要发育在阿尔善大断裂东侧；湖盆内部主要为大面积的半深湖–深湖沉积（图 3.6）。

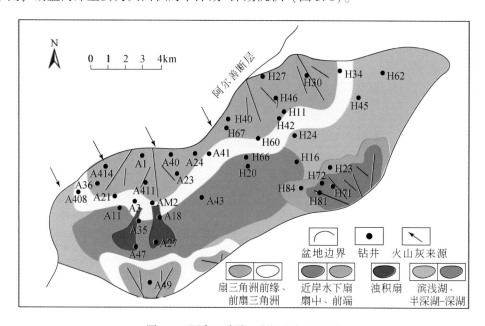

图 3.6　阿南凹陷腾一段沉积相平面图

　　通过对钻井岩心、测录井及三维地震资料的地层–沉积进行综合研究，特别是充分识别各种不整合面、井–震联合识别初始湖泛面和最大湖泛面，结合区域及凹陷构造演化，将阿南凹陷下白垩统划分为两个二级层序和 4 个三级层序（图 3.7、图 3.8）。腾一段可分为上、下两个亚段，由于特殊岩类储层多位于腾一下亚段，因此以腾一下亚段为研究重点。腾一下亚段整体上对应一个完整的三级层序，可细分为低位体系域（LST）、湖侵体系域（HST）和高位体系域（HST）。GR 曲线总体表现为顶底部（湖平面较低）值较小，砂岩为主，中间部位（湖平面较高）值较大，泥岩为主。同时由于湖平面较高时期发育大量的凝灰岩类和云质岩类，往往使电阻率曲线表现为高值特征。腾一下亚段下部的 LST 主要发育扇三角洲–近岸水下扇–滨浅湖亚相，以细砂岩为主，夹粉砂岩和泥岩；中部 TST 扇体不发育，主要为浊积扇–深湖、半深湖亚相，以泥岩为主，夹云质岩及凝灰岩等特殊岩类；上部的 HST 扇体较 LST 的扇体发育面积小，发育扇三角洲–近岸水下扇–滨浅湖亚相，主要以细砂岩和粉砂岩为主，该体系域底部发育少量的云质泥岩（图 3.9）。

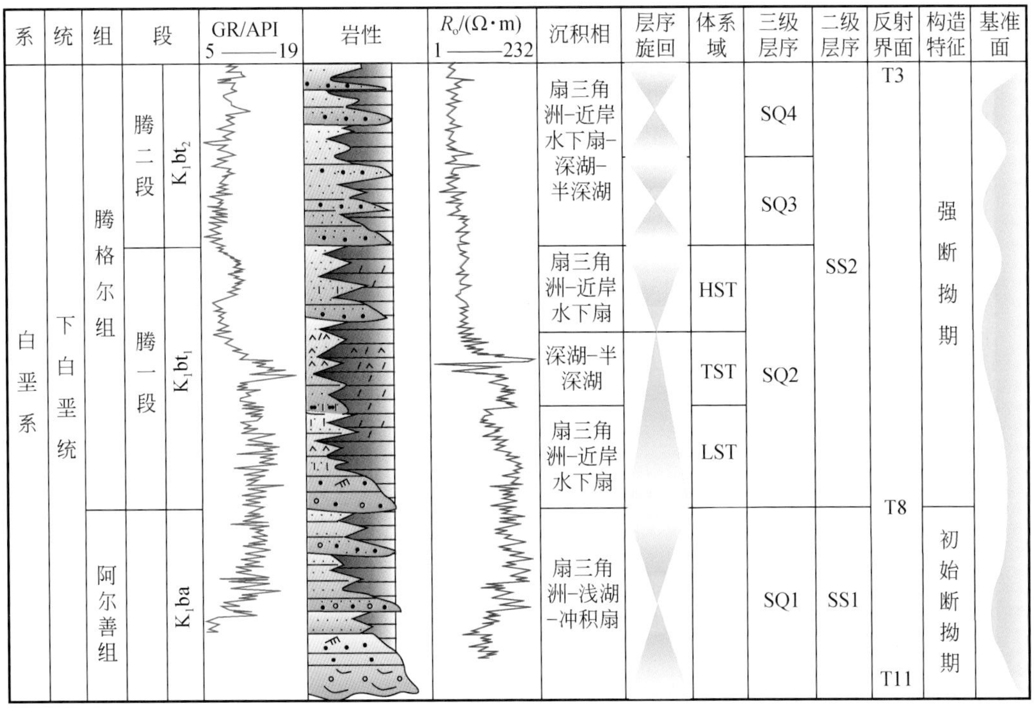

系	统	组	段	GR/API 5—19	岩性	$R_o/(\Omega\cdot m)$ 1—232	沉积相	层序旋回	体系域	三级层序	二级层序	反射界面	构造特征	基准面
白垩系	下白垩统	腾格尔组	腾二段 K_1bt_2				扇三角洲-近岸水下扇-深湖-半深湖			SQ4	SS2	T3	强断拗期	
										SQ3				
			腾一段 K_1bt_1				扇三角洲-近岸水下扇		HST					
							深湖-半深湖		TST	SQ2				
							扇三角洲-近岸水下扇		LST					
		阿尔善组	K_1ba				扇三角洲-浅湖-冲积扇			SQ1	SS1	T8	初始断拗期	
												T11		

图 3.7　阿南凹陷下白垩统层序格架划分图

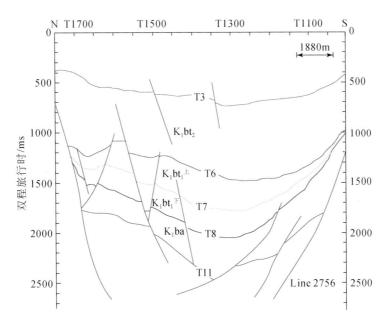

图 3.8　阿南凹陷主要地震反射界面和层位解释

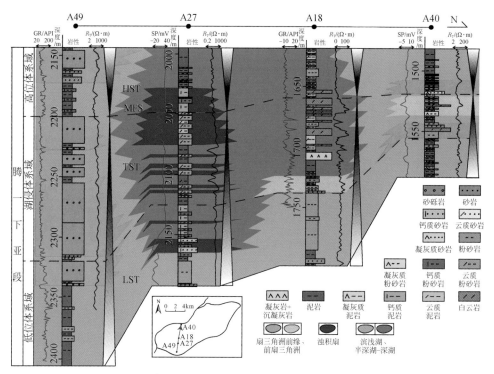

图 3.9　阿南凹陷腾一下亚段层序地层和沉积相连井剖面图

五、含油气特征

　　阿南凹陷储层具有岩石类型多、区域性强、储集空间复杂的特征。储层位于古生界和下白垩统，包括三大岩石类别和五套成藏组合。岩性包括碎屑岩、火山熔岩和凝灰岩，五套成藏组合分别为腾一段砂岩及特殊岩性、阿四段砂岩、阿三段砂砾岩及安山岩、古生界凝灰岩。凹陷主要发育两套烃源岩，分别为阿四段和腾一段的云质泥岩（图 3.3；杜金虎，2003）。受沉积作用控制，优质烃源岩多分布在洼槽内，有机质类型以 II_1 型为主。阿四段和腾一段有效烃源岩厚度处于 $250\sim800m$，TOC>2%，R_o 在 0.6%～1.3%，S_1+S_2 平均为 3.16kg/t，氯仿沥青 "A" 在 0.04%～0.3%，总烃平均含量 225～2167ppm，属于较好-好生油岩标准（王会来等，2013；李秀英等，2013）；凹陷发育良好的区域盖层，以阿四段和腾格尔组发育的大套泥岩为主，区域上分布稳定，累积厚度大，单层厚度大，封闭性能好。

第二节　特殊岩类储层岩石学特征

一、特殊岩类储层岩石学特征

　　本次研究通过对阿南凹陷区域地质背景、岩石类型及成因的再认识，在 177 口重点井岩心观察、603张薄片鉴定和289个全岩分析的基础上，对特殊岩性段进行宏观和微观对比，将岩石类型进行了归纳总结及分类（表3.1）。

表3.1　阿南凹陷腾一段特殊岩类储层的主要岩石类型分类

岩石类型	岩石	成分	沉积特征
凝灰岩类	凝灰岩	火山灰>90%，粒径<0.01mm	块状构造、薄层
	沉凝灰岩	火山玻屑+火山晶屑>50%，陆源碎屑<50%	块状构造、波状层理
	钙质沉凝灰岩	火山玻屑+火山晶屑>50%，陆源碎屑<50%，方解石>10%	块状构造、波状层理含星点状、雪花状等碳酸盐集合体
	白云石化沉凝灰岩	火山玻屑+火山晶屑>50%，陆源碎屑<50%，白云石>10%	
白云岩类	泥质白云岩	白云石>50%，黏土矿物>25%	发育纹层、波状层理
	凝灰质白云岩	白云石>50%，黏土矿物<25%	
陆源碎屑岩类	凝灰质砂岩	陆源碎屑>50%，火山玻屑+火山晶屑>10%	发育纹层、波状层理、包卷层理、搅动构造
	凝灰质粉砂岩、凝灰质泥岩	黏土矿物>50%，火山玻屑+火山晶屑>10%	
	云质砂岩岩	黏土矿物>50%，白云石>10%	
	云质粉砂岩、云质泥岩	陆源碎屑>50%，白云石>10%	
	钙质砂岩	黏土矿物>50%，方解石>10%	
	钙质粉砂岩、钙质泥岩	陆源碎屑>50%，方解石>10%	

通过岩石及矿物鉴定分析测试，阿南凹陷特殊岩类储层岩石类型以云质岩和凝灰质岩类为主，并且二者相互叠置，共同组成了一套源储一体、源储紧邻的致密油层。XRD分析结果表明，特殊岩类储层具有复杂的矿物成分构成，包含了黏土矿物、石英、长石、碳酸盐矿物和火山灰等，不同岩性的物质成分差异很大。以下为各个岩性的岩石学及矿物学特征。

1. 凝灰岩类

此类岩石主要由小于2mm的火山碎屑组成，其中火山碎屑物质含量大于90%，主要成分为石英、长石晶屑等。阿南凹陷凝灰岩主要为晶屑凝灰岩，岩屑直径平均在30μm左右，常为次圆–次棱角状。大部分凝灰岩的中基性火山玻璃质发生了脱玻化作用，形成隐晶、微晶长石及石英等。晶屑形状从棱角状到椭圆状都有，分选中−差，主要为石英、斜长石，少量黑云母和钾长石（图3.10）。石英颗粒常呈粒状，直径从小于10μm 到25μm；斜长石常为长条状，较少见钾长石，斜长石边缘常蚀变成黏土；玻屑多已经历了蚀变，形成黏土矿物，局部残留有玻璃状结构，但大部分棱角状未固结碎片已经消失。X 衍射分析表明，凝灰岩长英质矿物含量高，含量在75%以上，碳酸盐平均含量19.2%，黏土矿物含量低，基本在10%以下（表3.2）。这类凝灰岩主要呈薄层状，单层厚度在0.05~1m，与上下岩性呈突变接触。

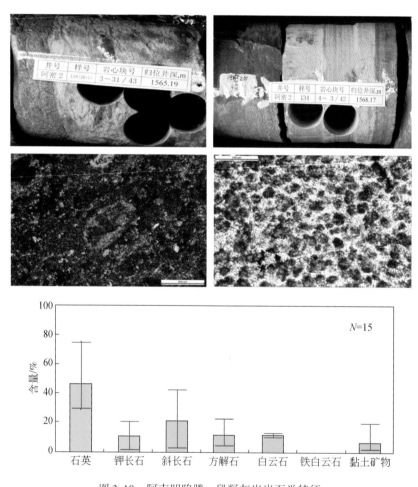

图 3.10　阿南凹陷腾一段凝灰岩岩石学特征

沉凝灰岩是火山碎屑岩向正常沉积岩过渡的岩类，火山碎屑物含量大于正常沉积物，火山物质占50%~90%，以凝灰物质为主，粒度亦较细，具有凝灰结构。阿南凹陷沉凝灰岩主要由火山尘组成，镜下不易分辨，主要发育玻屑、晶屑、岩屑、陆源碎屑和碳酸盐。X 衍射分析表明，石英平均含量为33.8%，碳酸盐平均含量为32%，长石和黏土矿物平均含量分别16.2%和17.5%（表3.2）。镜下观察，沉凝灰岩碳酸盐胶结作用强，为方解石和白云石胶结，白云石主要为粉晶−微晶，以集合体形式（100~500μm）分布在凝灰质杂基中，方解石以细晶-粗晶为主，交代岩屑或充填粒间孔隙（图 3.11）。

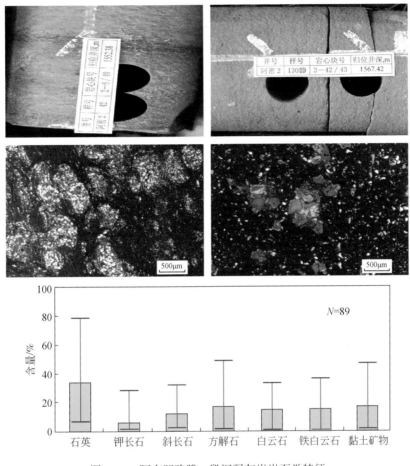

图 3.11　阿南凹陷腾一段沉凝灰岩岩石学特征

2. 白云岩类

阿南凹陷的白云岩主要为颗粒含量小于 10% 或不含颗粒的白云石，当黏土矿物含量大于 25% 时，为泥质白云岩；当凝灰物质含量大于 25% 时，为凝灰质白云岩。岩性组分主要为白云石，含量介于 50%~70%，平均为 56%，其次为石英、长石和黏土矿物，石英含量介于 9%~30%，平均为 22%，长石平均含量为 9.6%，以斜长石为主（表 3.2）。白云石主要呈泥粉晶、半自形结构，局部可见细晶白云石或方解石，为后期重结晶或交代产物（图 3.12）。

3. 陆源碎屑岩类

凝灰质砂岩是由火山灰与正常间歇性水流、事件成因的砂岩混合堆积、固结成岩（Feng, 2008）。碎屑组分主要为石英、长石和岩屑，石英平均含量为 34.1%；长石平均含量为 30%，以斜长石为主；岩屑平均含量为 20%，其组分复杂，以火成岩为主，主要为中基性喷出岩，如玄武岩岩屑等，此外常见花岗岩屑及变质岩岩屑。填隙物包括碳酸盐胶结物和杂基。碳酸盐胶结物平均含量为 15.5%，主要为方解石和白云石，充填粒间孔隙并交代碎屑矿物；杂基主要为黏土矿物，其次为凝灰质矿物，其中，大部分凝灰质发生蚀变作用形成黏土矿物或绢云母化或被碳酸盐交代（图3.13）。

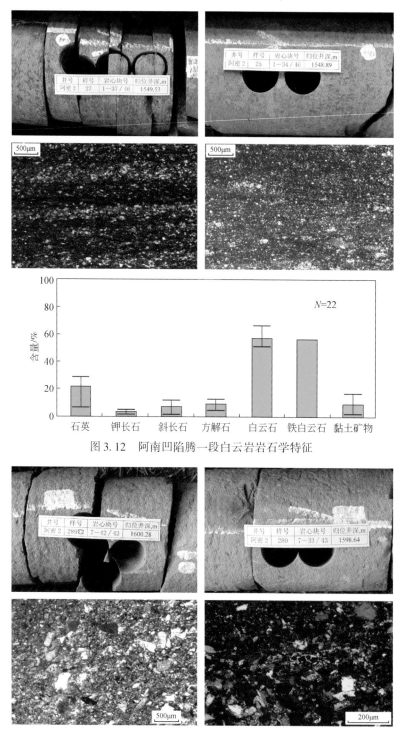

图3.12　阿南凹陷腾一段白云岩岩石学特征

图3.13　阿南凹陷腾一段凝灰质粉砂岩岩石学特征

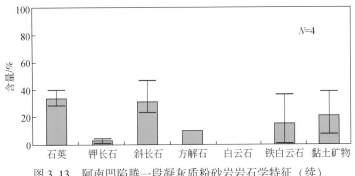

图 3.13 阿南凹陷腾一段凝灰质粉砂岩岩石学特征（续）

凝灰质泥岩和凝灰质粉砂岩，属于火山-沉积碎屑岩岩类，火山碎屑物含量（<50%）小于正常沉积物。阿南凹陷凝灰质泥岩富含碳化有机质，有机碳含量处于 1%~4%，平均为 2.2%。X 衍射分析表明，碎屑矿物主要为石英和长石，石英平均含量为 35.7%，长石平均含量为 18.9%。石英和长石颗粒呈漂浮状，大小约 30μm，颗粒磨圆中等，次棱角-次圆状，分选较差，顺泥质纹层分布。碳酸盐矿物平均含量为 23.1%，主要为胶结物，以白云石为主，占总碳酸盐含量的 74%。薄片观察，白云石主要为泥粉晶、半自形，零散分布于凝灰质和泥质杂基中，一般顺泥质纹层分布；方解石晶体从泥晶到微晶均有发育，充填杂基微孔或粒间孔中（图 3.14）。

凝灰-云-钙质砂岩呈浅灰色，多具波状层理。薄片观察和 X 衍射分析表明，碎屑组分主要为石英、长石和岩屑，石英平均含量为 22%；长石平均含量为 30%，以斜长石为主，占长石总量 85%（表 3.2）；岩屑平均含量为 15%，其组分复杂，以火成岩为主，主要为中基性喷出岩，如玄武岩岩屑等，此外常见花岗岩岩屑及变质岩岩屑。填隙物包括碳酸盐胶结物和杂基，碳酸盐主要以胶结物形式充填粒间孔隙并交代碎屑矿物（图 3.15），当白云石含量高于方解石含量，且大于 10%，主要为云质砂岩，相反为钙质砂岩。杂基主要为黏土矿物，其次为凝灰质。

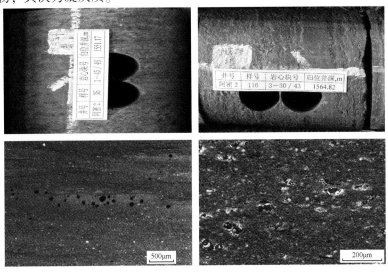

图 3.14 阿南凹陷腾一段凝灰质泥岩岩石学特征

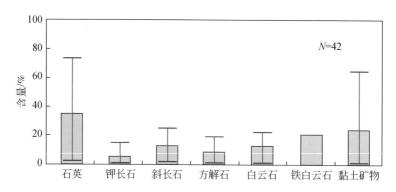

图 3.14 阿南凹陷腾一段凝灰质泥岩岩石学特征（续）

表 3.2 阿南凹陷腾一段特殊岩类储层矿物成分含量 （%）

岩性	石英	钾长石	斜长石	方解石	白云石	铁白云石	黏土矿物
凝灰岩	29～76 46.9（15）	2～22 10.4（13）	3～44 21（12）	5～24 12.7（12）	11～13 12（2）	0	2～21 6.9（15）
沉凝灰岩	5.8～80 34.2（89）	1～29.2 5.4（71）	2～33 11.95（88）	0.7～49 17.02（72）	0～34 14.2（13）	0～37.5 15.2（6）	1～47.7 16.7（89）
凝灰质泥岩	2～75 36（42）	1.5～16.7 6（38）	3～25.4 14（41）	1.7～21 10（23）	2～24 13.5（6）	21.7（1）	1～66.3 24.73（41）
凝灰质粉砂岩	29.5～41 34.2（4）	1～5.1 3.3（4）	23.8～48 31.4（4）	10～10.6 10.45（2）	0	9～10.1 9.55（3）	7.3～39.6 21.1（4）
白云岩	7～30 21.5（22）	1～6 3.26（20）	2～13 6.9（22）	5～13 9.3（3）	52～67 57.25（4）	57.6（1）	4～18 9.95（22）
云质砂岩	24～46.7 31.7（10）	2～5 3.2（9）	6～27.6 12.6（10）	5～18.2 8.7（10）	10.6～23.6 17.1（10）	0	3.9～13 7.61（10）
钙质砂岩	22.5～52 41.7（21）	3～7.6 4.9（19）	17～34.5 23.6（21）	8～24.1 16.8（21）	0	0	7～21 13.3（21）
云质泥岩	14.7～47 30（93）	0.3～25 5.2（65）	4～41 14.2（92）	1～22.8 6.1（53）	5～43 22（42）	0～38.5 17.22（10）	5～46.5 17.6（93）
钙质泥岩	20～43.8 35.7（17）	3～15.2 5.5（17）	6～36.2 14.5（17）	10～41 20（17）	0～8 2.67（3）	0～6.7 2.23（3）	7～39 20.3（17）
云质粉砂岩	23.1～47 33.5（32）	0～35.6 7.9（16）	3.2～41 16.8（31）	0.9～20 8.3（24）	0～33 15.6（13）	0～34.4 19.47（7）	6～37 14.35（32）
钙质粉砂岩	28.3～52 40.8（19）	0.6～10.6 4.8（17）	10.7～36 22.6（19）	10～26 14.8（19）	7（1）	4.1～9.8 6.5（3）	7～37.8 15.8（19）

注：分子数据代表含量范围，分母数据代表平均含量，括号内数据代表样品表。

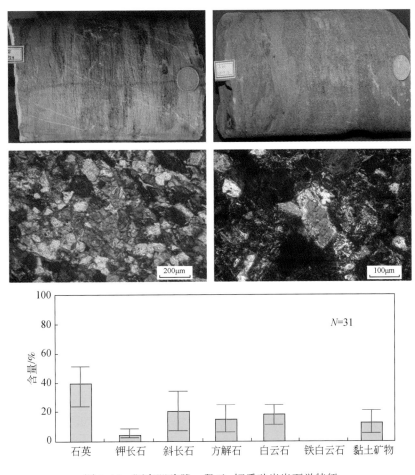

图 3.15 阿南凹陷腾一段云-钙质砂岩岩石学特征

云-钙质泥岩（包含云-钙质粉砂岩）岩心主要呈纹层状，具浅灰色云质纹层或者波状层理（图 3.16）。薄片观察可见，岩心中分布晶屑或岩屑，粒径大小不一，10～100μm 均有分布，主要为石英和长石，石英平均含量为 35.7%，长石平均含量为 18.9%（表 3.2），局部见白云石或方解石和黏土纹层围绕岩屑沉淀。当碳酸盐条带较薄时，纹层厚约 10μm，碳酸盐以泥晶为主，而当碳酸盐条带较厚时，纹层厚度约 50μm，条带中颗粒粒度偏大，则以亮晶为主，并混有少量泥粉晶石英、长石颗粒（图 3.16）。

图 3.16 阿南凹陷腾一段云-钙质泥岩岩石学特征

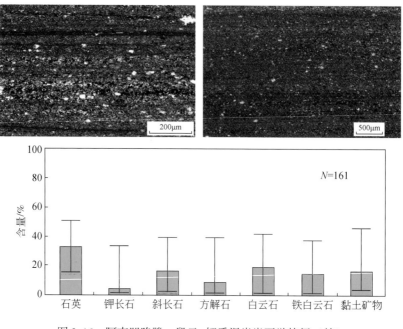

图 3.16　阿南凹陷腾一段云–钙质泥岩岩石学特征 （续）

二、特殊岩类储层分布

在纵向上，阿南凹陷腾一段的特殊岩性储层主要分布在腾一下亚段，结合岩心、薄片和单井分析，腾一下亚段可细分为 4 个岩性组，从下到上依次为：Ⅳ组：粉、细砂岩段组合，岩石粒度较粗，灰绿、浅灰色钙质粉砂–细砂岩，以滨浅湖和扇三角洲前缘沉积为主，波状沙纹发育；Ⅲ组：粉砂–泥岩段组合，岩石粒度较细，灰绿、浅灰色钙质粉砂岩，以滨浅湖和扇三角洲前缘沉积为主，个别井可见少量的凝灰质岩类；Ⅱ组：云–泥–凝灰岩混合层组合，灰绿色凝灰岩与深灰色泥质白云岩互层，该段主体为滨浅湖的沉积环境，局部为深湖沉积 （灰黑色粉砂质泥岩发育），同时多期重力流形成的块状灰绿色凝灰质泥–粉砂岩；Ⅰ组：泥岩和云质岩段组合：以灰黑色云质粉砂岩为主，夹数层浅灰色凝灰质粉砂岩，以浅湖–半深湖沉积为主，伴有滨湖沉积粉砂岩，见波状沙纹构造 （图 3.17、图 3.18）。

平面上，阿南凹陷腾一段特殊岩类储层主要分布在阿南凹陷的中部，厚度主要处于 20 ~ 60m，从深湖向湖盆边界，厚度逐渐变薄。不同特殊岩类储层的分布也不同 （图 3.19 ~ 图 3.22）。

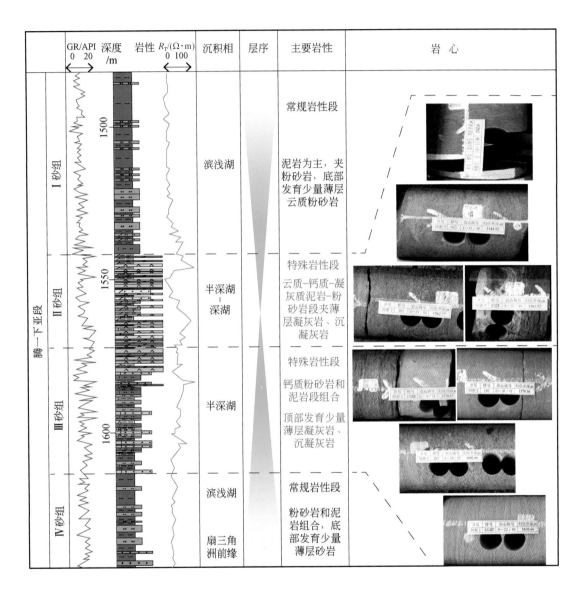

图 3.17　阿南凹陷阿密 2 井腾一段特殊岩类储层纵向分布图

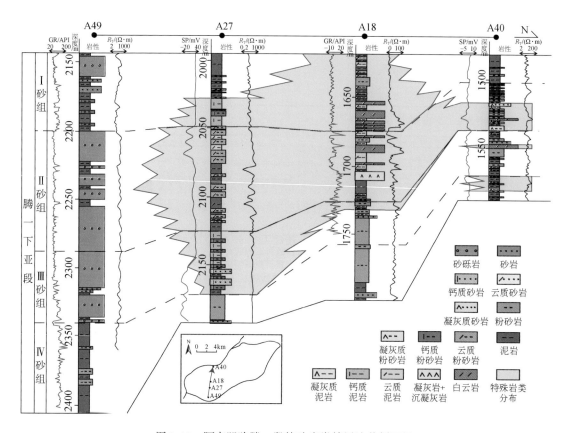

图 3.18　阿南凹陷腾一段特殊岩类储层连井剖面图

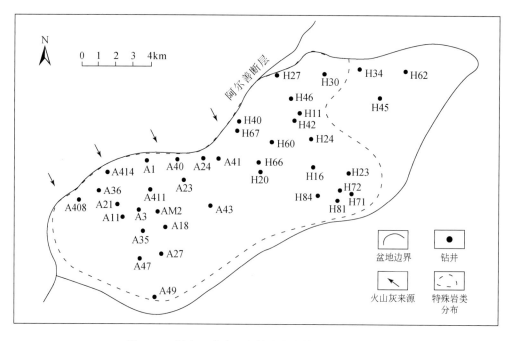

图 3.19　阿南凹陷腾一段特殊岩类储层平面分布图

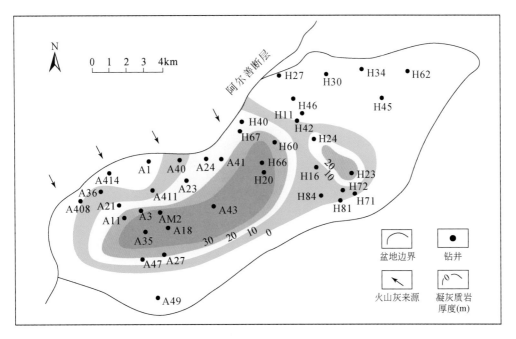

图 3.20　阿南凹陷腾一段凝灰质岩类储层厚度平面分布图

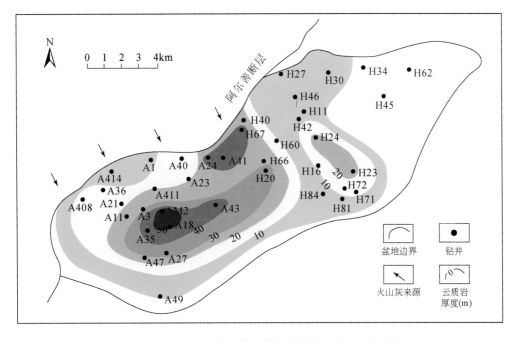

图 3.21　阿南凹陷腾一段云质岩类储层厚度平面分布图

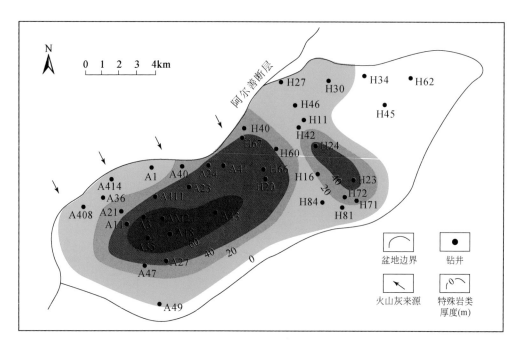

图 3.22　阿南凹陷腾一段特殊岩类储层厚度平面分布图

三、特殊岩类储层岩相分类及分布

岩相是岩石类型、颗粒支撑形式、岩石结构等岩石学特征和沉积微相特征的综合反映，是储层微观孔隙结构特征、沉积控制因素的重要表现（祝玉衡和张文朝，2000；Lin et al.，2001；崔周旗等，2001）。岩相不仅对储层的原生孔隙有控制作用，对埋藏后期的成岩作用类型和强度也有影响（Lin et al.，2001；王会来等，2013）。因此，为了体现混积岩在矿物组成及宏、微观沉积构造上的多样性，及其对储层微观孔隙特征的影响，本书在研究混积岩岩石类型的基础上，考虑沉积结构、构造等特征，在沉积成因的限制下，建立了阿南凹陷腾一段湖相火山-碎屑岩混积岩的岩相分类方案：块状凝灰质岩相、团块状沉凝灰质岩相、块状白云岩相、波状云-钙质泥岩相、团块状云-钙质泥岩相、波状云-钙质砂岩相和交错层理云-钙质砂岩相。

（1）块状凝灰质岩相（Tb），主要包括凝灰岩、沉凝灰岩、凝灰质粉砂岩和凝灰质泥岩，岩心上呈灰色，块状构造，薄层为主，单层厚度 3～5cm。纵向上，主要夹于灰、深灰色块状泥岩或块状沉凝灰岩中，主要为快速堆积成因，分布在半深湖-深湖亚相，在研究区十分常见。

（2）团块状凝灰质岩相（Td），包括沉凝灰岩、钙-云质沉凝灰岩和凝灰质粉砂岩，岩心上呈灰、灰黄色，常见滑塌构造、搅动构造、包卷层理等变形构造，含泥岩撕裂屑和变形的泥质纹层，主要为重力流成因。单层厚度介于 8～30cm，纵向上，常与泥岩和粉砂岩相邻。部分块状沉凝灰岩的岩心表面呈雪花状、星点状和丝絮状，镜下观察，这些斑点状矿物主要为碳酸盐矿物，其次为硅质矿物，多呈集合体状不均匀分布于凝灰质杂基中，晶体边缘模糊，充填粒间孔隙，主要分布在前扇三角洲、浊积扇和滨浅湖–半深湖亚相，局部发育。

（3）块状白云岩相（Db），主要为泥质白云岩，岩心上呈灰色，块状构造，岩心表面多见细小粒状–长条状黑色颗粒零散分布。单层厚度处于 15～30cm，纵向上，常与灰色泥岩相邻。阿南凹陷发育较少，主要分布在半深湖–深湖亚相。

（4）波状云–钙质泥岩相（Mtw），包括云–钙质泥岩和云–钙质粉砂岩，岩心上呈深灰、灰绿色，波状层理，近水平状。单层厚度 5～15cm，与深灰色泥岩相邻，薄片观察可见泥质纹层、碎屑层，也常见黄铁矿层，推测主要为静水沉积成因，主要分布在前扇三角洲、滨浅湖–半深湖亚相。

（5）团块状云–钙质泥岩相（Mtl），包括云–钙质泥岩和云–钙质粉砂岩，岩心上呈深灰、灰绿色，滑塌构造为主。单层厚度 5～15cm，与深灰色泥岩相邻，研究区发育范围小，主要分布在近岸水下扇、滨浅湖亚相。

（6）波状云–钙质砂岩相（Stw），凝灰质粉砂岩为主，岩心上呈灰色，波状层理，见泥质纹层。单层厚度处于 10～30cm，纵向上，与泥岩或粉砂岩相邻，主要形成于水动力较弱的沉积环境，主要分布在前扇三角洲亚相。

（7）交错层理云–钙质砂岩相（Stc），凝灰质粉砂岩为主，岩心上呈灰色，见小型交错层理。单层厚度处于 10～30cm，纵向上，与泥岩或粉砂岩相邻，主要形成于水动力较弱的沉积环境，主要分布在前扇三角洲亚相。

岩相是控制储层质量的内在因素，不同的岩相具有不同的岩石类型和沉积特征，储层分布也不同（崔周旗等，2001；王会来等，2014b）。通过对阿南凹陷混积岩的岩心、薄片、测井等资料的综合分析，在"优势岩相"思路的指导下，总结阿南凹陷混积岩岩相纵向和平面展布规律。

纵向上，阿南凹陷腾一下亚段特殊岩类储层主要处于腾一下亚段中部，以块状云质泥岩相和凝灰质岩相互层为主，顶底主要为钙质砂、泥岩相互层（图3.23）。

平面上，阿南凹陷腾一下亚段特殊岩类储层主要分布在阿南凹陷的中部，其中块状凝灰岩相主要为薄层，夹于深灰色泥岩中，平面上主要分布于深湖相，推测为火山喷发的火山灰，通过空降和水携两种方式运移到湖盆中心沉积，多见于 A18–A43–H20 区带，位于深湖相的东侧；块状凝灰质泥岩相和水平层理凝灰质泥岩相主要发育在深湖相，紧邻块状凝灰岩相和纯泥岩相，在 A35、A18、H24 等井中均可见，平面分布广泛；块状沉凝灰岩相以中层为主，与泥岩相邻，在 A35、AM2、H24 等井均可见，分布范围广，平面上主要分布于滨浅湖–半深湖和靠近阿尔善断层的扇三角洲的前缘；团块状沉凝灰岩相以薄层为主，主要分布在 AM2–A35–A27 区带，深湖相西部的浊积扇发育区；块状凝灰质砂岩相和波状层理凝灰质砂岩相主要为粉砂岩，粒度细，在 A11、A21、A24 井可见，平面分布范围较小，主要呈长条状分布在扇三角洲前缘远端（图3.24）。

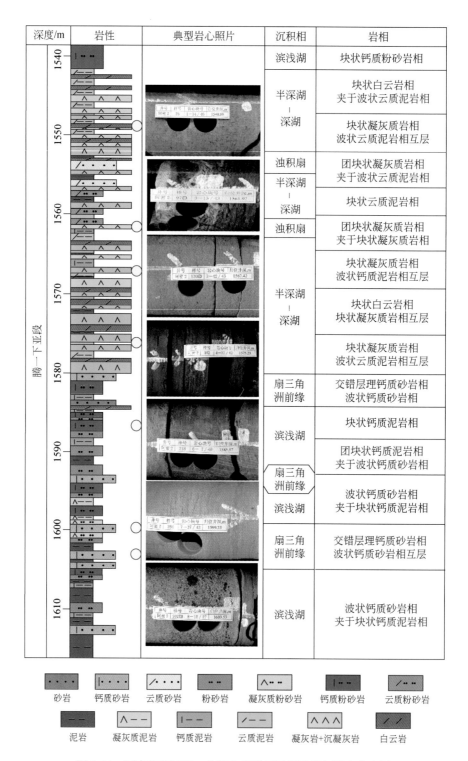

图 3.23　阿南凹陷阿密 2 井特殊岩类储层岩性岩相纵向分布图

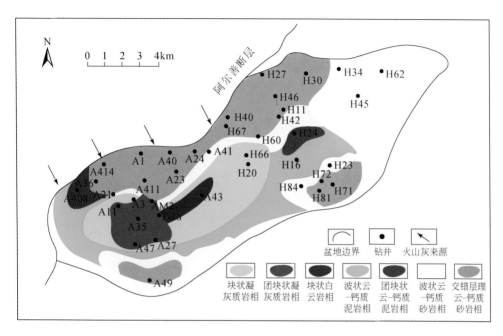

图 3.24　阿南凹陷腾一段特殊岩类储层岩相平面分布图

第三节　特殊岩类储层成因分析

一、构造背景

　　盆地陆源碎屑沉积物既是盆地沉积和构造演化的直接证据和重要标志，也是源区隆升剥蚀的产物，包含了源区构造演化的诸多信息，反映了源区热构造事件及隆升剥蚀的特征。近年来，随着对沉积作用与构造环境之间关系研究的深入，特别是盆-山耦合关系研究的认识，人们越来越重视对盆地陆源碎屑沉积物特征与区域构造演化、盆地类型之间成因联系的研究，认为陆源碎屑沉积物是在区域构造背景控制下的物源区与沉积盆地有机结合配置的产物，也是揭示这种关系及其构造环境的重要标志。

　　Dickinson 三角图解可以分析母岩性质及其构造背景，是砂岩碎屑组分分析中最常用的方法（闫义等，2002）。母岩区不同构造背景对陆源碎屑成分及分布有明显控制作用。Dickinson 通过对北美晚前寒武纪至古近纪、新近纪的碎屑岩研究，在统计分析了一万多个砂岩样品后，系统总结出了砂岩碎屑成分与物源区、沉积盆地构造背景的关系，划分了 3 个板块构造环境及 7 个次级物源区，建立了 QFL、QmFLt、QtFL、QpLvLs 和 QmPK 模式判别图，成为砂岩多碎屑物源分析中的经典（Dickison and Suczek，1979；Dickison and Renzo，1980；Dickison *et al.*，1983）。本次选取 QFL 模式图版对阿南凹陷腾一段碎屑物源进行分析，结果表明，阿南凹陷善南洼陷的物源（即阿尔善断层物源）主要受切割型岛弧物源和过渡型岛弧的共同影响（图3.25）。

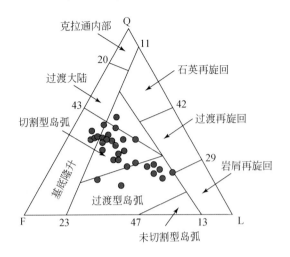

图 3.25　阿南凹陷腾一段特殊岩类储层 QFL 三角图

二、沉积环境

用地球化学的方法推断古沉积环境是最常用的也是效果较为理想的一种方法。湖水地球化学的不稳定性导致多种指示性微量元素（如 Sr、Ba、V、Ni 等）发生大幅度变化，可用来区分沉积环境、判断古水体盐度（黄思静，2010；Gao *et al.*，2015）。

1. 古气候

运用沉积物元素含量的波动性提取环境演化信息是研究环境演变的常用手段之一。在不同的表生自然环境下，不同元素的分解、迁移、富集等特征不同，因此元素含量在沉积物中的波动在一定程度上反映沉积时的环境条件。前人研究表明，喜湿型元素主要有 Cr、Ni、Mn、Cu、Fe、Ba、Br 等，而喜干型元素主要为 Sr、Pb、Au、Ca、Na、Zn、Mg、B 等。本书选取了喜干型元素 Sr 和喜湿型元素 Cu 的比值作为古气候变化研究的参数。通常，Sr/Cu 值处于 1~5 指示潮湿气候，而大于 5 指示干热气候。阿南凹陷腾一段特殊岩类储层的 Sr/Cu 值处于 7~30，最高达 70，平均为 17 ［图 3.26 （a）］，反映腾一段沉积环境变化较大，潮湿–干热环境均有发育。此外，B 元素质量分数也可以指示古气候，当 B 元素质量分数大于 135μg/g，指示干旱–半干旱盐湖环境，当其小于 135μg/g，则指示潮湿盐湖沉积环境。研究区腾一段特殊岩类储层的 B 元素质量分数为 120~300μg/g，平均为 210μg/g，反映了腾一段沉积期水体主要为干旱–半干旱环境。

2. 古盐度

指示古湖泊沉积时的古盐度指标有很多，常用的有碳酸盐稳定同位素法（Z 值）、相对 B 元素法、元素比值法（如 Sr/Ca、Sr/Ba、Mn/Fe 等）。现代海水沉积云质岩类的 Sr 含量为 1000~1200μg/g（杨威等，2000），与蒸发盐有关的超盐水白云岩 Sr 含量较高，可达 550μg/g，埋藏白云岩 Sr 含量为 60~170μg/g，混合带白云岩 Sr 含量一般 70~250μg/g。

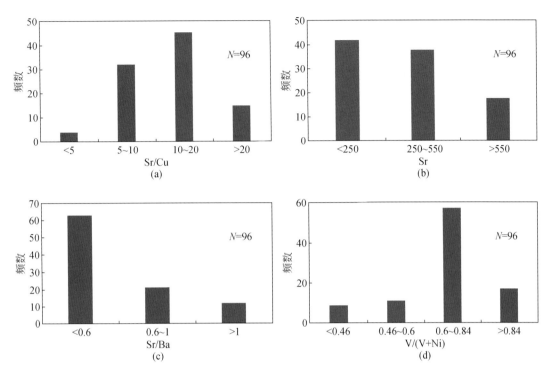

图 3.26　阿南凹陷腾一段反映沉积环境的微量元素含量及比值变化图

Land 认为，古代白云岩中，Sr 的含量很少超过 200μg/g（兰德，1985）。阿南凹陷腾一段特殊岩类储层中 Sr 含量介于 140~1000μg/g，平均为 375μg/g［图 3.26（b）］，与陆源淡水的补给或者蒸发作用有关，说明形成环境可能以半咸水–咸水湖为主，受少量的淡水补给。

此外，Sr/Ba 值可作为古盐度判别的灵敏标志，依据溶液中 Sr 的迁移能力及其硫酸盐化合物的溶度积远大于 Ba 的地球化学性质。在自然界水体中，Sr 和 Ba 以重碳酸盐的形式出现，当水体矿化度即盐度逐渐加大时，Ba 以 BaSO₄ 形式首先沉淀，留在水体中的 Sr 相对于 Ba 趋于富集。当水体盐度增加到一定程度时，Sr 亦以 SrSO₄ 形式和递增方式沉淀，因而记录在沉积物中 Sr/Ba 值与古盐度成明显正相关关系。一般而言，淡水沉积物中 Sr/Ba 值小于 1（处于 0.6~1 指示半咸水相，小于 0.6 反映微咸水–淡水相），而盐湖（海相）沉积物中 Sr/Ba 值大于 1。阿南凹陷腾一段特殊岩类储层的 Sr/Ba 值为 0.1~1.5，最高达 3.5，平均为 0.64［图 3.26（c）］，反映了腾一段沉积期水体主要为半咸水–咸水环境。

除了地球化学微量元素含量或比值定性分析古盐度，本次研究还采用定量方法计算沉积环境的古盐度。黏土矿物可从溶液中吸附硼，且吸附硼的数量与溶液中硼的浓度有关，自然界水体中硼的浓度是盐度的线性函数，因而黏土矿物从水体中吸附硼的数量与水体盐度呈双对数关系，常用的古盐度计算公式为 Couch（科奇）公式，即

$$Sp = 10(\lg B^* - 0.11)/1.28 \tag{3.1}$$

式中，Sp 为古盐度，‰；B^* 为"校正硼"质量分数，%，$B^* = w(B)/(4x_i + 2x_m + x_k)$，其中 x_i，x_m 和 x_k 分别为样品中实测伊利石、蒙皂石和高岭石的质量分数，系数代表各类黏土矿物对硼的吸收强度，系数越大，吸收越强。研究区泥岩样品中含伊利石、蒙皂石和高岭石等黏土矿物成分较复杂，故选择 Couch 校正公式计算 B^* 更为恰当，并以此计算古盐度。计算结果表明，研究区各样品 B^* 为 3.39～670μg/g，平均为 180μg/g，计算古盐度为 2‰～70‰，最高达 120‰，平均为 45‰。

3. 氧化-还原性

前人研究表明，V、Ni 同属于铁族元素，其离子价态易随氧化度变化，V、Ni 主要被胶体质点或黏土等吸附沉淀，但 V 易于在氧化环境下被吸附富集，Ni 则在还原环境下更易于富集，因此，元素 V/(V+Ni) 值可以反映沉积水体的氧化还原环境。高比值（大于 0.84）反映沉积水体分层及底层水体中出现 H_2S 的厌氧环境；中等比值（0.6～0.84）为水体分层不强的厌氧环境；中低比值（0.46～0.6）为水体分层弱的贫氧环境；低比值（小于 0.46）指示富氧环境。阿南凹陷特殊岩类储层的 V/(V+Ni) 值变化较大，在 0.3～0.9 均有分布，平均为 0.7［图 3.26（d）］，指示腾一段沉积环境复杂，主要为水体分层不强的厌氧环境。

综上所述，阿南凹陷腾一段特殊岩类储层主要形成于半咸水-咸水、厌氧的湖相环境。此外，本次研究选取阿密 2 井，应用岩石学、地球化学等手段分析阿南凹陷腾一段特殊岩类储层的沉积环境演化。垂向观察表明，阿密 2 井腾一下亚段岩石组分（如石英+长石含量、黏土矿物和碳酸盐含量等）、地球化学元素含量及比值［如 Sr 比值、V/(V+Ni) 值等］变化非常频繁，表明腾一下亚段沉积环境变化频率较高，整体以干旱、半咸水-咸水、厌氧湖盆沉积为主。当气候相对潮湿时期，携带大量碎屑物质的入湖水流增多，相对湖平面上升，湖泊水体盐度明显减低，而在气候相对干旱时期，入湖水流流量明显减少，蒸发作用强烈，湖平面快速下降，湖泊水体盐度增大，沉积碳酸盐岩发育。

整体上，从腾一下亚段底部向上，岩性中石英+长石含量从 70% 降低至 45%，黏土矿物含量从 30% 降低至 10%，而碳酸盐含量从 10% 增加至 45%（图 3.27），即从下至上，沉积物的陆源碎屑含量逐渐减少，反映了阿南凹陷从腾一下亚段沉积早期到晚期，古气候逐渐干旱、湖平面逐渐下降、盐度逐渐增加。此外，Sr/Cu 值从下至上逐渐增加，从 8 增加至 20，最高可达 50（图 3.27），反映古气候环境从潮湿向干旱气候变化。此外，从腾一下亚段底部向上，Sr/Ba 值从 0.5 增高至 2，最高达到 4.5，V/(V+Ni) 值从 5 下降到 2（图 3.27），反映了阿南凹陷从腾一下亚段沉积早期到晚期，沉积环境从微咸水湖盆向半咸水-咸水湖盆变化。

三、凝灰质来源与成因

应用岩心薄片观察、压汞、扫描电镜等试验资料，得出阿南凹陷腾一段特殊岩类储层中的凝灰质有两种成因：一种是同沉积期火山作用的降落型成因，近火山一侧的易形成凝灰岩和沉凝灰岩互层，远离火山一侧多为凝灰质沉积岩和含凝灰质沉积岩的互层沉积，这

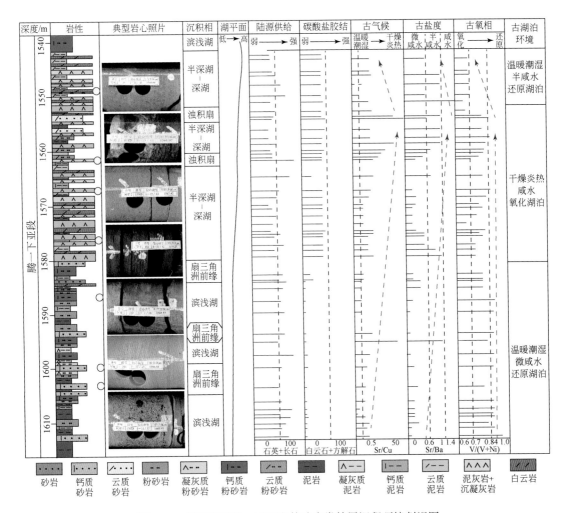

图 3.27　阿南凹陷腾一下亚段特殊岩类储层沉积环境判识图

类地层的凝灰质含量较高，凝灰质的粒径和成分在局部区域内横向差异小；另一种是火山喷发间歇期间，是以陆源碎屑沉积为主，多以搬运型成因为主的凝灰质。这类储层以凝灰质（粉）砂岩与凝灰质泥岩互层为特征，其岩性组合及沉积韵律和正常陆源沉积基本相同（图 3.28）。

由于凝灰质沉积成因不同，阿南凹陷腾一段凝灰质岩类的岩性类型及其组合在平面上分布也不同。从盆地边缘向湖盆中心，凝灰质岩类储层从凝灰质砂岩、凝灰质粉砂岩向凝灰质泥岩、沉凝灰岩以及凝灰岩过渡（图 3.28）。在盆地边缘的扇体内部，凝灰质岩类组合主要为凝灰质砂岩和正常砂岩、粉砂岩互层，在扇体边缘–滨浅湖，凝灰质岩类组合主要为薄层凝灰质粉砂岩和泥岩互层，在湖盆中心的半深湖–深湖，凝灰质岩类组合主要为薄层凝灰质泥岩、沉凝灰岩或凝灰岩夹于正常泥岩段（图 3.28）。

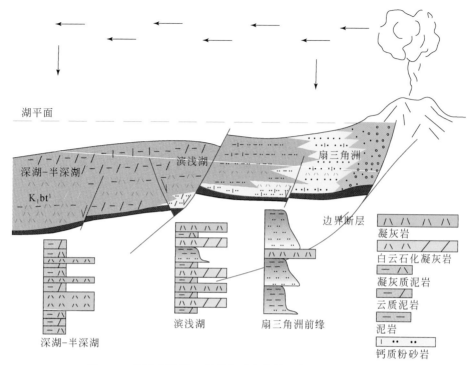

图 3.28　阿南凹陷腾一段凝灰质岩类储层成因及分布剖面图

四、白云石形成温度

白云石的碳、氧同位素值与成岩介质的盐度、温度和微生物活动等有关，对岩石的形成环境具有一定的指示意义，是研究其成因的良好示踪手段（Mazzullo *et al.*，1995；Mazzullo，2000；Boetius *et al.*，2000；Roberts *et al.*，2004；李波等，2010）。阿南凹陷 32 个岩石样品的 $\delta^{13}C_{PDB}$ 值分布于 0.2‰ ~ 6.8‰，平均 3.72‰；$\delta^{18}O_{PDB}$ 值在 -22.6‰ ~ -4.6‰，平均 -14.6‰（图 3.29）。

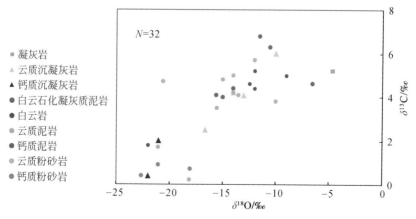

图 3.29　阿南凹陷腾一段特殊岩类储层自生碳酸盐同位素组成

Keith 曾提出了划分海相和淡水相碳酸盐岩的经验公式（黄思静，2010）：

$$8 \times (\delta^{13}C_{PDB} + 50) + 0.498 \times (\delta^{18}O_{PDB} + 50) \tag{3.2}$$

当 $Z > 120$ 时，碳酸盐胶结物形成流体环境为海水或湖相咸水；当 $Z < 120$ 时，为陆相淡水。根据阿南凹陷白云石的碳、氧同位素结果，全部样品的 Z 值（判别水体咸淡的指标）为 116.86 ~ 135.66，平均 127.65，推断为咸水的湖泊环境（图 3.30）。

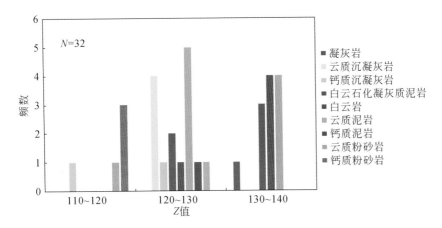

图 3.30　阿南凹陷腾一段特殊岩类储层自生碳酸盐形沉积盐度系数分布直方图

碳酸盐的 $\delta^{18}O$ 值主要与形成温度及水体性质有关，形成温度越高其值越轻。利用氧同位素温度计算自生碳酸盐矿物的沉淀温度是储集层成岩作用研究中一种比较成熟的方法（Epstein *et al.*，1953；Gasse *et al.*，1987；Fronval *et al.*，1995；Teranes *et al.*，1999）。经验公式为

$$T = 16.9 - 4.38\Delta + 0.1\Delta^2 \tag{3.3}$$

式中，T 为碳酸盐沉积温度，℃；$\Delta = \delta_c - \delta_w$，$\delta_c$ 为样品中碳酸盐的 $\delta^{18}O$ 值（以 PDB 为标准），δ_w 为沉积水的 $\delta^{18}O$ 值（以 SMOW 为标准），本书选取 3.22 为 δ_w 值（魏巍等，2015）。结果表明，阿南凹陷腾一段特殊岩类储层的白云石主要形成于两个温度区间，30 ~ 70℃ 和 110 ~ 150℃。不同晶形的白云石，形成的古温度不同。白云岩和云质凝灰岩类储层主要发育泥粉晶白云石，氧同位素值主要分布于 -14‰ ~ -4.6‰。根据 Epstein 等提出的碳酸盐岩沉积温度与氧同位素组成之间的关系公式，计算其形成古温度为 23 ~ 77℃，而钙质沉凝灰岩的方解石形成古温度主要分布 130 ~ 140℃（图 3.31）；白云质泥岩的白云石形成温度分布范围广，在 50 ~ 130℃ 均有形成（图 3.31）；云质粉砂岩的细晶白云石或铁白云石的氧同位素值偏负，分布于 -20.6‰ ~ -18.1‰，计算的形成古温度较高，处于 110 ~ 130℃（图 3.31）；钙质粉砂岩的连晶方解石主要形成于 110 ~ 150℃。

五、白云石来源

1. C 来源

碳酸盐矿物中碳同位素可以反应碳离子的来源，是研究碳酸盐成因的基础。一般与

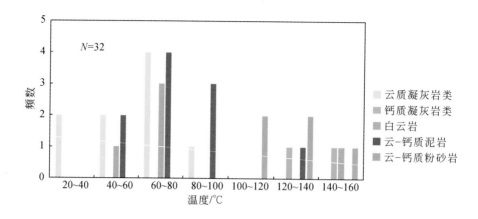

图 3.31　阿南凹陷腾一段特殊岩类储层自生碳酸盐形成温度分布直方图

无机碳源有关的碳具有较高的 $\delta^{13}C_{PDB}$ 值，而与有机碳源有关的碳具有较低的 $\delta^{13}C_{PDB}$ 值（Keith and Weber，1964；Jansa and Noguera，1990）。如海相碳酸盐的 $\delta^{13}C_{PDB}$ 值为 0 ~ 3‰，湖相碳酸盐岩的 $\delta^{13}C_{PDB}$ 值处于 −2‰ ~ 6‰，与大气水有关的碳酸盐的 $\delta^{13}C_{PDB}$ 值在 −5‰ ~ −1‰，而有机碳的 $\delta^{13}C_{PDB}$ 值较低，在 −20‰ 左右。近 30 年，众多学者在自然条件下和实验室中，证实厌氧微生物（包括硫酸盐还原菌和产甲烷菌等）及中度嗜盐需氧细菌的代谢活动可以提高介质碱度、增大 pH、提供充足的 CO_3^{2-} 离子并降低 SO_4^{2-} 离子浓度，有助于克服白云石低温沉淀的动力学障碍，促进白云石沉淀（Alperin et al.，1988；Whiticar，1999；Boetius et al.，2000；van Lith et al.，2003；于炳松等，2007；Sánchez-Román et al.，2008）。既不需要过饱和的环境也不需要高的镁钙比便可发生白云石沉淀，这表明在低温条件下的淡水环境中，微生物成因对促进白云石沉淀有重要的作用。与硫酸盐还原作用、甲烷厌氧氧化作用及嗜盐喜氧菌的有氧呼吸作用有关的碳酸盐矿物（方解石和白云石）碳同位素总体呈现强烈负偏的特征，处于 −25‰ ~ 0（Alperin et al.，1988；Whiticar，1999；Boetius et al.，2000；van Lith et al.，2003；于炳松等，2007；Sánchez-Román et al.，2008）。然而，与产烷带甲烷生成作用相关的白云石碳同位素则多为正偏，处于 0 ~ 15‰（Mazzullo，2000；Roberts et al.，2004；Kenward et al.，2009）。

　　阿南凹陷白云石 $\delta^{13}C_{PDB}$ 值偏正，平均约 3‰，将其碳、氧同位素值投在"与缺氧、富有机质有关的海相沉积物中白云石的地球化学特征"图上（Mazzullo，2000），发现各样品值均位于产烷带微生物活动造成甲烷生成作用相关的白云石的稳定同位素值范围内（图 3.32），结果表明，阿南凹陷云质岩中微粉晶白云石的形成可能与产烷带微生物代谢活动引起的甲烷生成作用有关，而细晶白云石或铁白云石 $\delta^{13}C_{PDB}$ 值偏低，可能受成岩后期受有机质影响。

　　2. Ca^{2+} 来源

　　在成岩过程中，自生碳酸盐主要是从碎屑岩孔隙流体中沉淀形成的，其形成时所需的钙离子主要通过以下几种途径获得：

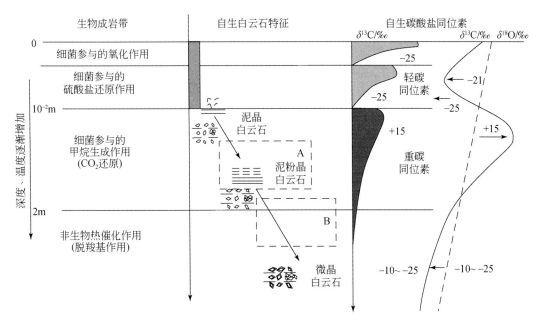

图 3.32　阿南凹陷腾一段特殊岩类储层自生碳酸盐碳来源成因模式图

1）斜长石溶解

其溶解反应式为

$$CaAl_2Si_2O_8 + H^+ \longrightarrow Al_2Si_2O_5(OH)_4 + Si^{4+} + Ca^{2+} \tag{3.4}$$
钙长石　　　　　　　高岭石

在合适的物理化学条件下，该化学反应过程提供的 Ca^{2+} 可以进入到碳酸盐胶结物中，这是碎屑岩地层中自生碳酸盐矿物 Ca^{2+} 主要的来源之一。在薄片中可以经常观察到，长石和含长石的花岗岩岩屑发生溶蚀现象，形成了各种类型的溶蚀孔隙，后期被碳酸盐胶结物充填（图 3.11 ~ 图 3.15）。全岩分析表明，阿南凹陷腾一段特殊岩类储层长石以斜长石为主，可占长石含量 70%（图 3.10 ~ 图 3.16），为自生碳酸盐提供充足的 Ca^{2+} 来源。因此，腾一段特殊岩类储层自生碳酸盐的 Ca^{2+} 离子主要来自长石类碎屑颗粒溶解。

2）黏土矿物转化

在成岩过程中，随着温度增加，碎屑岩中的蒙皂石通过间层矿物向伊利石转化，并且伴随着 Ca^{2+}、Fe^{3+} 和 Mg^{2+} 等离子的释放［式（3.5）、式（3.6）］，为碳酸盐胶结提供重要的物质来源，尤其是含铁碳酸盐及白云石胶结物。

$$4.5K^+ + 8Al^{3+} + 蒙皂石 = 伊利石 + 2Ca^{2+} + 2.5Fe^{3+} + 2Mg^{2+} + 3Si^{4+} + 10H_2O \tag{3.5}$$

$$2.92K^+ + 1.57 蒙皂石 = 伊利石 + 1.57Na^+ + 3.14Ca^{2+} + 4.78Fe^{3+} + 4.28Mg^{2+} +$$
$$24.66Si^{4+} + 57O^{2-} + 11.4(OH)^- + 15.7H_2O \tag{3.6}$$

3）Mg^{2+} 来源

对于自生白云石沉淀，除了充足的 Ca^{2+}，还需要充足的 Mg^{2+}。一般情况，海水中有足够的富 Mg^{2+}，促使白云石在海水中大量沉淀。但湖相白云石的形成，往往没有充足富 Mg^{2+} 流体的来源。前人认为泥质岩中黏土矿物的转化是 Mg^{2+} 的主要来源，如蒙皂石的伊利石化可向地层水中释放 Mg^{2+}，并使泥岩相邻的岩石发生白云石化（Mckinley *et al.*，2003）。但由于泥质岩成岩演化而释放的 Mg^{2+} 是极为有限的，所以这类白云石化规模极小，仅有少量白云石胶结物形成。然而，阿南凹陷腾一段特殊岩类储层发育大量的白云石，黏土矿物在成岩过程中释放的 Mg^{2+} 不足以形成大量的白云石。

全岩分析结果表明，阿南凹陷腾一段特殊岩类储层中黏土矿物含量低，平均含量30%，长英质（石英、钾长石和斜长石）含量较高，平均含量为54%（表3.2）。薄片观察、扫描电镜和能谱分析表明，特殊岩类储层中富含大量的凝灰物质，包含大量的隐晶质斜长石，以钙长石和钠长石为主（图3.10~图3.16）。在腾一段和阿尔善组中均发育玄武岩、安山岩等中基性火山岩，结合阿南凹陷沉积构造背景，推测腾一段白云石的 Mg^{2+} 来源主要与火山灰有关：

①阿南凹陷腾一亚段沉积期，火山活动剧烈，大量火山灰落入湖盆，沉积过程中易受水解或风化作用，迅速分解并释放出大量离子，其中富含 Ca^{2+}、Mg^{2+} 的流体直接进入或沿断层进入湖水，为白云石形成提供物质来源。

②阿南凹陷中生代基岩主要为凝灰岩，在腾一亚段沉积期，构造运动强烈，边界断裂及次生断裂发育，地层深部富含 Ca^{2+}、Mg^{2+} 等凝灰质物质流体沿断裂上涌，进入沉积层，为白云石形成提供来源。

③薄片观察和 X 衍射分析表明，地层中大部分凝灰物质均发生蚀变，蚀变产物以黏土矿物为主，主要为伊–蒙混层和绿泥石（图3.10~图3.14）。Garrels 等对火山岩地层水化学性质演化研究认为，受控于二氧化碳影响下的斜长石水解，蚀变产物为高岭石等黏土矿物，并伴随有白云石沉淀、石英析出（Garrels and Mackenzie，1967）。

$$2NaCaAl_3Si_5O_{16}+(1-x)Mg^{2+}+xFe^{2+}+4CO_2+7H_2O=$$
斜长石
$$CaMg_{1-x}Fe_x(CO_3)_2+2Na^++Ca^{2+}+2HCO_3^-+4SiO_2+3Al_2Si_2O_5(OH)_4 \tag{3.7}$$
　　　铁白云石　　　　　　　　　　　　　　　　　高岭石

六、白云石化作用模式及分布

在碳酸盐岩中，白云石 $[CaMg(CO_3)_2]$ 是一种普通的碳酸盐矿物，尤其是在前寒武纪碳酸盐岩石中最为普遍、而且经常发现与微生物构造组合在一起，但是，在现代环境之中较为少见。白云石在现代海水中是过饱和的，但是前人的研究发现在实验室标准状态下（25℃，1atm）无法从海水中直接沉淀出白云石，所以，白云石的形成不是一个单纯的热力学问题，而是一个动力学问题，影响白云石化学动力学的因素主要包括沉积水性质及其中 Ca^{2+}、Mg^{2+} 离子浓度、成岩时间等（黄思静，2010）。

岩石薄片和扫描电镜观察表明，阿南凹陷腾一段特殊岩类储层中的白云石晶体大小不等，从微晶到细晶均有发育，且晶形不同（图3.10~图3.16、图3.33）。微粉晶白云石粒度细、晶形差，推测可能是在阴、阳离子供给充分的条件下由低温快速成核作用形成的。该类白云石主要形成于凝灰岩和泥岩，形成古温度为30~80℃（图3.31），表明白云石形成于较低温环境。阿南凹陷腾一段沉积环境主要为半咸水–咸水湖相环境，在沉积或沉积期后的早期阶段，埋深在几厘米到几百米之间，受产甲烷菌影响或促进，微生物活动降低白云石化的动力学屏障，减小 Mg^{2+}、Ca^{2+} 离子水合作用屏障、增加盐度及 pH，促进准同生白云石的形成。需要注意的是，这种环境下形成的白云石主要为微晶、他形结构，为后期埋藏期间的白云石作用提供一个"晶核"作用（黄思静，2010）。产甲烷菌的活动可以引起有机物质碳同位素分馏，形成贫 ^{13}C 的 CH_4 和富 ^{13}C 的 CO_2（William and Silverman，1965；Games et al.，1987；张晓宝等，2000），富含 ^{13}C 的 CO_2 溶于孔隙水并进入矿物晶格，可以造成岩石中 $\delta^{13}C$ 值偏高。阿南凹陷丰富的有机质及强烈正偏的 C 同位素表明，微粉晶白云石的形成可能与厌氧微生物导致的甲烷生成作用有关。此外，阿南凹陷微粉晶白云石主要分布于泥质或凝灰物质的基质中，细粒凝灰物质在沉积过程中易受水解或风化作用，迅速分解并释放出大量 Mg^{2+}、Ca^{2+} 离子，促进成微粉晶、他形白云石的快速成核作用（图 3.34）。综合白云石的岩石学、地球化学特征分析，认为阿南凹陷腾一段特殊岩类储层半自形微粉晶白云石的沉淀很可能与产烷带产甲烷菌的代谢活动引起的甲烷生成作用有密切的关系。

图 3.33 阿南凹陷腾一段特殊岩类储层自生白云石晶体特征

（a）AM2 井，1560.9m；（b）A36 井，1287.2m；（c）AM2 井，1544.69m；（d）H81 井，1856m

与微粉晶白云石成因不同，自形粉细晶白云石主要分布在云质砂岩中，其形成温度更高，分布于 110～150℃，对应深埋藏阶段，结合其晶体特征，推测该类白云石主要为埋藏成因，受成岩作用后期有机质影响较大。随着埋深增加、温度升高，成岩作用增强，有机酸大量生成，溶蚀砂岩中的斜长石和岩屑等不稳定矿物释放 Fe^{2+}、Mg^{2+} 和 Ca^{2+} 离子等，同时黏土矿物转化释放大量 Mg^{2+} 离子，从而形成成岩晚期的细晶白云石或铁白云石，晶体结构较好（图 3.34）。

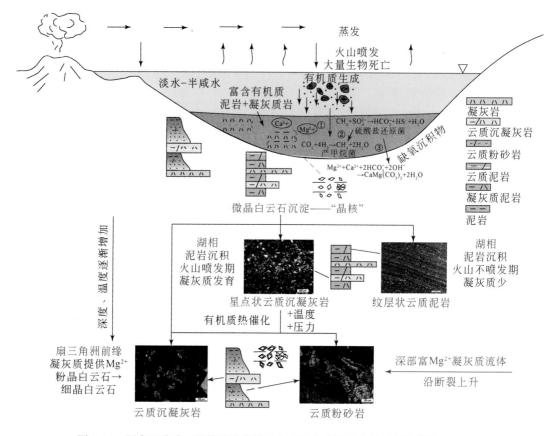

图 3.34　阿南凹陷腾一段特殊岩类储层白云石化成因模式图（据魏巍等，2017）

　　由于白云石成因不同，形成的白云石的晶体特征和类型不同，白云石的分布也不同。从盆地边缘向盆地中心，白云石赋存的岩石类型从云质砂岩向云质粉砂岩、白云石化沉凝灰岩、云质泥岩和白云岩过渡。在腾一段沉积时期，盆地中心主要为半咸水–咸水湖相沉积，由于离物源较远，受陆源碎屑影响较小，微粉晶白云石易于沉淀，形成云质泥岩、白云石化沉凝灰岩和白云岩，与泥岩互层。该时期，盆地边缘主要发育扇体，陆源碎屑供给充足，水动力较大，白云石不易于沉淀。然而随着埋深增加，腾一段遭受压实等成岩作用，黏土矿物转化提供 Fe^{2+}、Mg^{2+} 和 Ca^{2+} 离子等，白云石晶体逐渐增大。因此，现今盆地边缘的砂岩储层的孔隙水中易于沉淀白云石，主要发育云质砂岩和云质粉砂岩互层。盆地中心主要发育云质泥岩、白云石化沉凝灰岩和白云岩，由于构造运动的影响，导致细粒云质岩产状不同，即岩相分布不同。在盆地边部，河流作用为主区域，主要发育交错层理云质岩；扇体边部，入湖区域，由于重力滑塌作用等影响，主要形成团块状凝灰质岩；而在盆地中心，由于构造活动较弱地区，主要发育波状和块状云质岩（图 3.24、图 3.35）。

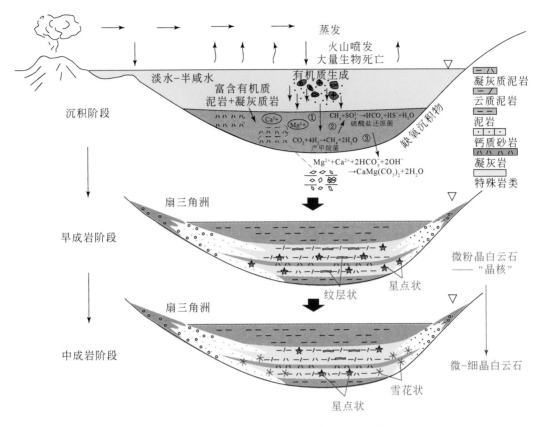

图 3.35　阿南凹陷腾一段特殊岩类储层自生白云石分布剖面图

第四节　特殊岩类储层物性及储集空间特征

一、特殊岩类储层物性特征

储层孔隙度和渗透率是反映储层物性的两个最直观的参数，代表储存和运输流体能力。通过统计 14 口井腾一段特殊岩类储层的岩心孔隙度、渗透率数据，腾一段特殊岩类储层孔隙度分布在 0.2% ~ 22.6%，平均孔隙度为 5.23%；渗透率分布在 0 ~ 67.2mD，平均渗透率为 0.44mD（表 3.3）。由于腾一段储层的埋深差异，导致储层物性在纵向上差异很大（图 3.36）。

表 3.3　阿南凹陷腾一段特殊岩类储层物性特征

岩性	孔隙度/%	渗透率/mD	总计	孔隙度/%	渗透率/mD
凝灰岩	$\dfrac{0.62 \sim 22.6}{9.59\ (44)}$	$\dfrac{0.0021 \sim 0.45}{0.09\ (42)}$	—	—	—

续表

岩性	孔隙度/%	渗透率/mD	总计	孔隙度/%	渗透率/mD
沉凝灰岩	0.2 ~ 12.1 2.8（86）	0 ~ 1.3 0.059（84）	—	—	—
凝灰质泥岩	0.3 ~ 4.5 1.3（50）	0 ~ 1.1 0.048（47）	特殊岩类泥岩	0.2 ~ 6.8 1.36（117）	0.002 ~ 1.1 0.033（104）
云质泥岩	0.2 ~ 3.7 1.1（52）	0.002 ~ 0.15 0.02（42）			
钙质泥岩	0.7 ~ 6.8 2.6（15）	0.0021 ~ 0.38 0.037（15）			
凝灰质粉砂岩	1.5 ~ 16.4 9.5（25）	0.0036 ~ 67.2 4.8（17）	特殊岩类粉砂岩	0.8 ~ 16.4 8.12（125）	0 ~ 67.2 1.77（114）
云质粉砂岩	0.8 ~ 14.5 4.12（20）	0.002 ~ 3.77 0.34（19）			
钙质粉砂岩	3 ~ 16.3 8.69（80）	0 ~ 24.6 1.22（78）			
云质砂岩	1.7 ~ 12.5 3.73（9）	0.0035 ~ 1.91 0.246（8）	特殊岩类砂岩	1.7 ~ 13.7 5.89（52）	0.0035 ~ 9 0.469（25）
钙质砂岩	2.3 ~ 13.7 6.35（43）	0.004 ~ 9 0.53（27）			
白云岩	0.3 ~ 13.1 2.97（26）	0.0017 ~ 0.06 0.011（23）	—	—	—

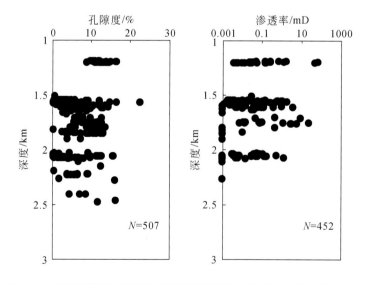

图 3.36　阿南凹陷腾一段特殊岩类储层孔隙度和渗透率随深度的分布图

依据石油与天然气行业规范《油气储层评价方法》（赵澄林等，1997），按孔隙度划分为超低孔（$\Phi<5\%$）、特低孔（$5\%\leqslant\Phi<10\%$）、低孔（$10\%\leqslant\Phi<15\%$）、中孔（$15\%\leqslant\Phi<25\%$）、高孔（$\Phi\geqslant25\%$）储层；按渗透率划分为超低渗（$0.1\text{mD}\leqslant K<1\text{mD}$）、特低渗（$1\text{mD}\leqslant K<10\text{mD}$）、低渗（$10\text{mD}\leqslant K<50\text{mD}$）、中渗（$50\text{mD}\leqslant K<500\text{mD}$）、高渗（$K\geqslant500\text{mD}$）储层。阿南凹陷腾一段特殊岩类储层从中孔、中渗到超低孔、超低渗均有，主要发育特-超低孔、特-超低渗储层（图 3.37）。此外，如图 3.37 所示，大量数据点的渗透率小于 0.1mD，上述储层分类方案并不能全面详尽的表达研究区特殊岩类储层的物性特征。因此，针对研究区具有极低渗透率的特殊岩类储层，本书制定了新的储层分类方案，具体方案分类的讨论请见本章第八节。

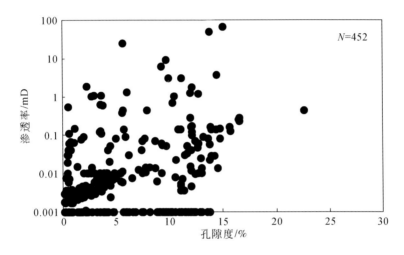

图 3.37　阿南凹陷腾一段特殊岩类储层物性分布图

二、特殊岩类储层孔隙与喉道类型

储层的孔隙空间是指储集岩中未被固体物质所充填的空间，也称储集空间，是储集油气的场所（赵志刚等，2002；梁宏斌等，2011；孙龙德等，2015）。它不仅与油气运移、聚集关系密切，而且在开发过程中对油气的渗流也具有十分重要的意义（王宏语等，2010）。关于孔隙的分类，归纳起来有 3 种分类方案：孔隙的成因分类；孔隙的大小分类；既考虑成因又考虑孔隙大小形状的分类。本次研究以第三种分类方案为基础，根据岩石薄片、铸体薄片和扫描电镜观察分析，将阿南凹陷腾一段特殊岩类储层的孔隙分为原生孔隙和次生孔隙两大类（表3.4）。

表 3.4　阿南凹陷腾一段特殊岩类储层储集空间类型及其识别特征

类型		识别特征	发育情况
原生	原生粒间孔	颗粒呈点或线接触，多数与次生孔隙混合形成粒间超大孔隙	少见
	微孔	主要为杂基微晶间小孔隙	少见

类型		识别特征	发育情况
次生	粒间溶孔	颗粒间的杂基、碳酸盐胶结物或颗粒边缘等被溶蚀或交代。在粒间形成的孔隙大小不均且形状极不规则	常见
	粒内溶孔	碎屑颗粒内部成分被部分溶蚀或交代物溶解后形成的孔隙，主要发生在岩屑、晶屑等稳定性较差的颗粒或晶体内部，常沿较薄弱的解理面、微裂缝处溶蚀或交代，呈现蜂窝状、不规则状并常与粒间孔连通	常见
	胶结物溶孔	主要为碳酸盐胶结物溶蚀后形成	常见
	基质溶孔	凝灰质基质溶蚀	常见
	脱玻化孔	凝灰岩脱玻化作用形成的孔隙	较常见
	铸模孔	碎屑颗粒全部被溶解或交代而形成，并保留原颗粒形态的孔隙。常与原生孔隙和其他次生孔隙连通形成超大孔隙	少见
	晶间溶孔	主要为黏土矿物、白云石或方解石的晶间溶孔	较常见
	晶内溶孔	主要为凝灰质岩类玻屑和晶屑溶孔	少见
	微裂缝	主要为高角度裂缝和顺水平纹层裂缝	较常见

1. 原生孔隙

原生孔隙是碎屑颗粒原始格架间的孔隙，它们形成后没有遭受过溶蚀或胶结等重大成岩作用的改造。阿南凹陷腾一段特殊岩类储层的原生孔隙发育较少，主要为粒间孔隙，发育于颗粒支撑岩石的碎屑颗粒之间，由于砂岩存在较强的成岩作用，大部分储层的粒间孔隙常常受到成岩作用改造，成为缩小的残余原生粒间孔；基质内微孔隙是指碎屑岩中与岩屑同时沉积的泥质或火山灰杂基内的微孔隙，此类孔隙大部分经过压实作用而消失，仅有少量得到保存，孔隙个体小，分布不均且连通性差。

2. 次生孔隙

次生孔隙多形成于成岩期，是在岩石组分发生淋滤、溶解、交代和重结晶过程中形成的。阿南凹陷腾一段特殊岩类储层的孔隙储集空间主要为次生孔隙，以溶蚀粒间孔（碳酸盐胶结物溶蚀孔）、晶间溶孔为主，其次为粒内溶孔（长石、岩屑颗粒溶蚀孔）。

3. 微裂缝

微裂缝对于特殊岩类储层起到了重要的作用，一方面可以增加烃类的储集空间，另一方面起到了连通不同储集空间的桥梁作用（龙鹏宇等，2011；赵海峰等，2012），因此微裂缝的发育一定程度上决定了特殊岩类储层的产量高低（丁文龙等，2011）。

4. 喉道特征

喉道的大小与形态主要取决于岩石颗粒的接触关系、胶结类型及颗粒本身的形状和大小。罗蛰潭（1986）曾按照喉道形态将喉道分为4种类型：孔隙缩小型、缩颈型、片状（弯片状）型和管束状型。阿南凹陷目的层发育片状或弯片状型喉道，主要见于凝灰质砂岩、云质砂岩和钙质砂岩。管束状型喉道也发育，见于凝灰质岩类和云-钙质泥岩。

　　阿南凹陷下白垩统腾一段特殊岩类储层的储集空间主要为次生孔隙，其中以粒内溶孔、晶间孔为主，其次是粒间溶孔、基质孔以及微裂缝。不同岩性储层，主要储集空间也不同。凝灰岩储层主要发育脱玻化孔、晶间溶孔，其次发育晶内溶孔（图3.38）；沉凝灰岩储层主要发育晶间溶孔，其次为少量基质溶孔和微裂缝（图3.39）；特殊岩类砂岩孔隙发育，主要为粒内溶孔和粒间溶孔，少量微裂缝（图3.40）；特殊岩类泥岩孔隙极少发育，主要发育基质溶孔和微裂缝（图3.41）；白云岩储层主要发育粒间溶孔和晶间溶孔（图3.42）。总而言之，阿南凹陷腾一段特殊岩类储层的储集空间具原生孔隙少而次生孔隙多，大孔隙少而微纳米级孔多，以缩颈型、弯片状型和管束状型喉道为主的"二多二少吼道细"的特征。

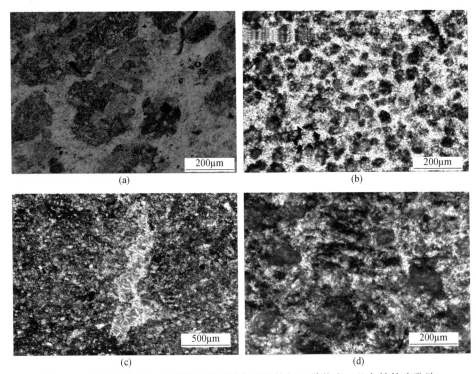

图3.38　阿南凹陷腾一段凝灰岩储层储集空间特征（单偏光，蓝色铸体为孔隙）

（a）脱玻化孔、晶间孔，AM2井，1556.49m；（b）脱玻化孔，AM2井，1561.92m；
（c）晶间孔，AM2井，1550.41m；（d）晶间孔，AM2井，1565.19m

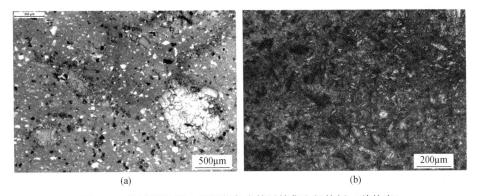

图3.39　阿南凹陷腾一段沉凝灰岩储层储集空间特征（单偏光）

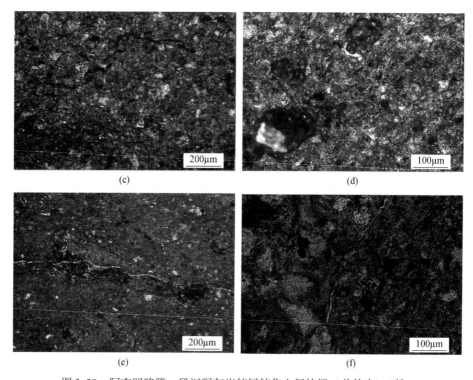

图 3.39　阿南凹陷腾一段沉凝灰岩储层储集空间特征（单偏光）（续）

（a）晶间孔，AM2 井，1566.8m；（b）粒间溶孔，AM2 井，1574m；（c）粒间溶孔、粒内溶孔，基质孔，A35 井，1601.2m；（d）粒间溶孔，A35 井，1593m；（e）微裂缝，A43 井，2068.48m；（f）微裂缝，A43 井，2275.76m

图 3.40　阿南凹陷腾一段特殊岩类砂岩储集空间特征（单偏光）

(e)　　　　　　　　　　　　　　　　　　(f)

图 3.40　阿南凹陷腾一段特殊岩类砂岩储集空间特征（单偏光）（续）

（a）粒间溶孔，粒内溶孔，A24 井，1728.16m；（b）粒内溶孔，粒间溶孔，A35 井，1594.5m；

（c）粒间溶孔，方解石溶蚀，A43 井，2071.98m；（d）粒间溶孔粒内溶孔，H24 井，1707.4m；

（e）微裂缝，A43 井，2275.76m；（f）微裂缝，A43 井，2064.8m

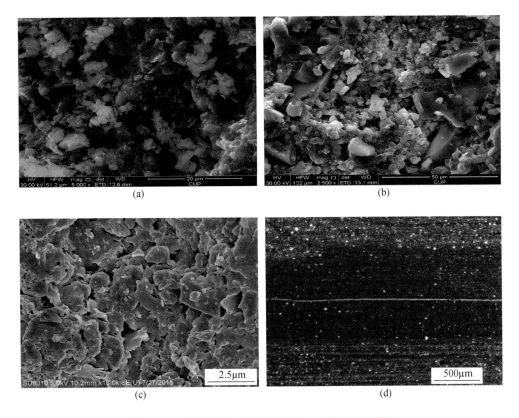

(a)　　　　　　　　　　　　　　　　　　(b)

(c)　　　　　　　　　　　　　　　　　　(d)

图 3.41　阿南凹陷腾一段特殊岩类泥岩储集空间特征

（a）基质孔，晶间孔，粒内溶孔，A21 井，1380.98m，SEM；（b）晶间孔，H71 井，1848.02m，SEM；

（c）粒间溶孔，粒内溶孔，H71 井，1848.02m，SEM；（d）裂缝，AM2 井，1560.04m，单偏

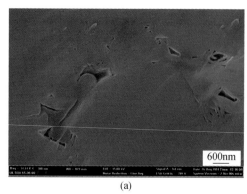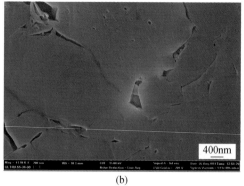

　　　　　　(a)　　　　　　　　　　　　　　　　　　(b)

图 3.42　阿南凹陷腾一段白云岩储层储集空间特征（SEM）

（a）粒间溶孔、粒内溶孔，AM2 井，1540.23m；（b）粒间溶孔，AM2 井，1578.17m

三、特殊岩类储层孔隙结构特征

　　储层孔隙结构指储层孔隙与喉道的几何形态、大小、多少、分布的均匀程度及其连通状况等。储层的孔隙结构实质上是岩石的微观物理性质，它比仅仅研究统计量的常规物性更为深入细致，由于储层孔隙结构十分复杂，因此，常规物性很难完全反映岩石的特征。在很多情况下岩石孔隙结构特征与常规物性参数呈现非一致性。表征储层孔隙结构的参数很多，它们可通过物性分析、压汞分析和铸体薄片分析来取得，从而分析岩样内部的孔隙和喉道发育特征。

　　1. 常规压汞研究

　　储层微观孔隙结构是岩石所具有的孔隙和喉道的几何形状、大小、分布及其相互连通关系（Wei et al.，2016）。在对研究区砂岩孔隙喉道进行镜下定性分析后，通过常规压汞技术得到储集层砂岩压汞数据，确定有关孔喉大小、分选情况和连通性的定量参数，绘制毛细管压力曲线，对孔隙结构特征进行分析和分类。反映孔隙结构特征的毛管压力参数主要有排驱压力（P_d）、最大喉道半径（R_d）、最大进汞饱和度（S_{max}）。

　　反映孔喉大小的参数有喉道半径、排驱压力等。喉道半径是以能够通过喉道的最大球体半径来衡量的，半径为微米（μm）。喉道半径越大，液体在孔隙系统中的渗流能力越强。本书采用张绍槐和罗平亚（1993）的喉道划分标准对阿南凹陷云质岩的喉道进行分类。排驱压力是指在压汞实验中汞开始进入岩样所需要的最低压力，它同时也是汞开始进入岩样最大的连通孔喉所需启动压力；反映孔喉分选特征的参数有喉道分选系数、歪度和孔隙喉道峰态等参数。喉道分选系数是指喉道大小的均匀程度，如果分选系数越小，则喉道大小越均匀，说明其分选越好，如果其他条件相同，分选系数越小越好，这是因为同一岩石喉道半径相近，这样注入剂驱油会相对均匀。喉道歪度用以度量喉道频率曲线的不对称程度，频率曲线左侧陡，右侧缓为正歪度；曲线左侧缓，右侧陡则为负歪度，曲线两侧陡缓程度相差越大，则歪度的绝对值就越大。

喉道的峰态也是非常重要的参数，它可以反映喉道频率曲线峰的宽度和尖锐程度，如果峰态值越大，则峰越窄越尖，说明孔喉多集中于某一半径区间的小范围内，这样在其他条件相同时，喉道的非均质性就弱；退汞效率指在实验限定的压力范围内，当最大注入汞的压力降到最小时，从测试岩样中退出的汞的体积占实验时注入汞的总体积的百分数。

统计阿南凹陷腾一段特殊岩类储层的常规毛管压力曲线特征，结果表明不同岩性的孔隙结构特征不同。凝灰岩储层的毛管压力曲线总体上具排驱压力低、进汞饱和度较大、喉道半径较大的特点。常规压汞测试结果表明，排驱压力一般 1 ~ 2MPa，中值压力为 2.4MPa 左右，最大进汞饱和度大于 80%，最大喉道半径在 0.75μm 左右，孔喉半径中值在 0.3μm 左右，退汞效率在 20% 左右，平均孔喉体积比为小于 80%，储集性能差，喉道分选较好，略细歪度（图 3.43，表 3.5）。

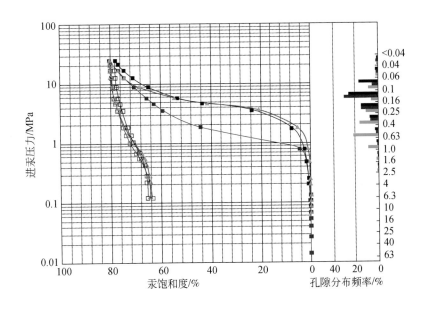

图 3.43　阿南凹陷腾一段凝灰岩储层常规压汞曲线特征及孔喉半径分布

沉凝灰岩储层的毛管压力曲线总体上具排驱压力低、进汞饱和度小、喉道半径小的特点。常规压汞测试结果表明，排驱压力一般 1.25MPa，最大进汞饱和度 20%，最大喉道半径在 0.6μm 左右，孔喉半径中值小于 0.1μm，退汞效率在 50% 左右，平均孔喉体积比为小于 50%。储集性能差（图 3.44，表 3.5）。

特殊岩类砂岩储层（包括钙质、云质砂岩）的孔隙结构变化快，毛管压力曲线具排驱压力中-低、进汞饱和度中-大、喉道半径小的特点。常规压汞测试结果表明，排驱压力处于 1.25 ~ 12.6MPa，最大喉道半径处于 0.06 ~ 0.6μm，最大进汞饱和度处于 20% ~ 90%，退汞效率处于 18% ~ 50%，孔喉半径中值小于 0.06μm，平均孔喉体积比处于 40% ~ 80%，储集性能中-差（图 3.45，表 3.5）。

特殊岩类粉砂岩储层（包括钙质、云质和凝灰质粉砂岩）的孔隙结构差，毛管压力曲线具排驱压力低、进汞饱和度小、中值喉道半径小的特点。常规压汞测试结果表明，排驱压力处于 1.2～2MPa，最大喉道半径处于 0.3～0.6μm，最大进汞饱和度在 20% 左右，退汞效率在 50% 左右，孔喉半径中值小于 0.04μm，平均孔喉体积比小于 50%，储集性能差（图 3.46，表 3.5）。

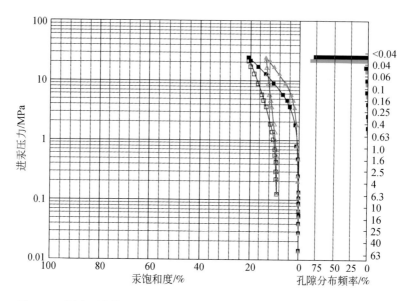

图 3.44　阿南凹陷腾一段沉凝灰岩储层常规压汞曲线特征及孔喉半径分布

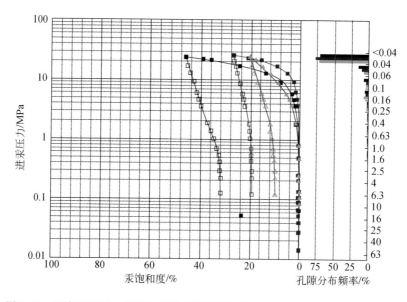

图 3.45　阿南凹陷腾一段特殊岩类砂岩储层常规压汞曲线特征及孔喉半径分布

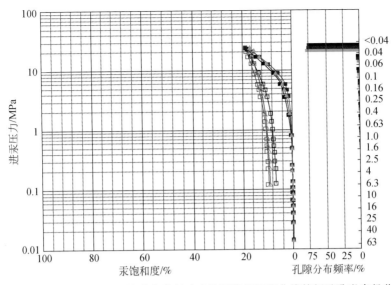

图 3.46　阿南凹陷腾一段特殊岩类粉砂岩储层常规压汞曲线特征及孔喉半径分布

特殊岩类泥岩储层（包括钙质、云质和凝灰质泥岩）的孔隙结构差，毛管压力曲线具排驱压力低、进汞饱和度小、喉道半径小的特点。常规压汞测试结果表明，排驱压力处于 1.2 ~ 5MPa，最大喉道半径处于 0.14 ~ 0.6μm，最大进汞饱和度处于 18% ~ 20%，退汞效率处于 66% ~ 80%，孔喉半径中值小于 0.04μm，平均孔喉体积比小于 30%，储集性能差（图 3.47，表 3.5）。

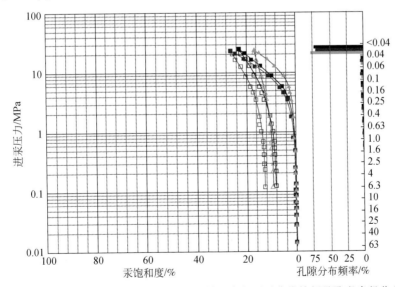

图 3.47　阿南凹陷腾一段特殊岩类泥岩储层常规压汞曲线特征及孔喉半径分布

白云岩储层（包括泥质白云岩、凝灰质白云岩）的孔隙结构差，毛管压力曲线具排驱压力低、进汞饱和度小、喉道半径小的特点。常规压汞测试结果表明，排驱压力在 1.2MPa 左右，最大喉道半径在 0.6μm 左右，最大进汞饱和度处于 18% ~ 20%，退汞效率处于 30% ~

50%，孔喉半径中值小于0.04μm，平均孔喉体积比小于50%，储集性能差（图3.48，表3.5）。

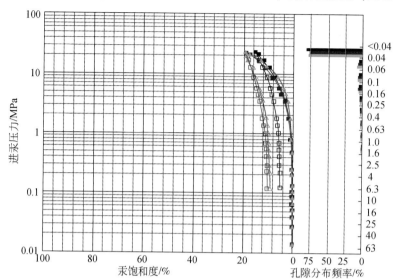

图3.48 阿南凹陷腾一段特白云岩储层常规压汞曲线特征及孔喉半径分布

表3.5 阿南凹陷腾一段特殊岩类储层孔隙结构特征

岩性	常规压汞					恒速压汞		
	最大进汞饱和度/%	排驱压力/MPa	最人喉道半径/μm	喉道半径中值/μm	退出效率/%	孔隙半径/μm	喉道/μm	孔喉半径比
凝灰岩	>80	0.6~1.24 / 1（5）	0.6~1.1 / 0.81（5）	0.3~0.6 / 0.428（5）	<20	100~200 / 110~140	11~15	160~600 / 300~440
沉凝灰岩	>20	≈1.2	≈0.65	0.06（5）	43~64 / 54（11）	100~220 / 110~160	11~15	20~45
特殊岩类砂岩	20~65 / 40（4）	1.1~2 / 1.5（4）	0.08~0.7 / 0.46（4）	<0.04	18~50 / 32（4）	—	—	—
特殊岩类粉砂岩	>20	≈1.8	≈0.4	<0.04	54~67 / 60.5（2）	100~200 / 90~140	0~6	200~220
特殊岩类泥岩	17~23 / >20	≈2	0.19~0.37 / 0.28（2）	<0.04	47~66 / 56.6（4）	<10、110~160	8~36	20~45
白云岩	>17	1.6~1.9 / 1.7（3）	≈0.5	<0.04	43~67 / 52（3）	<10、80~160	18~36	≈30

注：$\dfrac{最小值~最大值}{平均数}$（样品数）。

2. 恒速压汞研究

常规压汞只是给出某一级别的喉道所控制的孔隙体积，并没有直接测量喉道数量。而恒速压汞实验不仅能够分别给出喉道和孔隙各自发育情况，而且能够给出孔喉比的大小及其分布特征。岩样的孔喉半径比分布特征反映了岩样及储集层微观渗流能力高低。孔喉半径比增大，说明岩样喉道半径越小、孔隙半径越大，大部分孔隙被小喉道所控制，油越难从孔隙中流出；相反，孔喉半径比越小，说明喉道半径越大，流体越容易渗流或被驱替。阿南凹陷腾一段特殊岩类储层恒速压汞统计结果表明：

凝灰岩进汞饱和度较高，在80%左右，孔隙半径分布在100～200μm，主峰值处于110～140μm，喉道半径小于1μm（0.3～0.6μm），孔喉半径比分布在160～600μm，主峰值处于300～440μm（图3.49，表3.5）。参照《油气储层评价方法》碎屑岩孔隙、喉道分级标准（表3.6；赵澄林等，1997），凝灰岩储层以微细喉道为主，这是导致其物性渗透率低的主要原因，大部分孔隙被小喉道所控制，油越难从孔隙中流出。

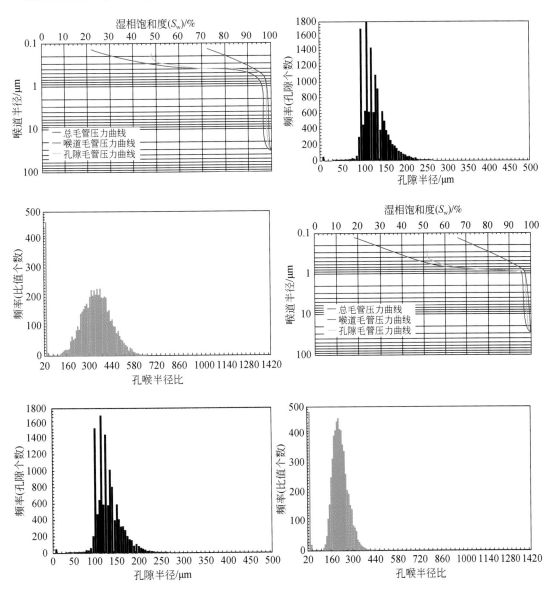

图3.49　阿南凹陷腾一段凝灰岩储层恒速压汞曲线特征及孔喉半径分布

沉凝灰岩储层进汞饱和度较低，小于40%左右，孔隙半径分布在100~220μm，主峰值处于110~160μm，喉道半径处于11~15μm，孔喉半径比分布在20~45μm（图3.50，表3.5）。统计表明沉凝灰岩储层以中-细喉、低孔喉半径比为主。

特殊岩类粉砂岩储层进汞饱和度较高，在70%左右，孔隙半径分布在100~200μm，主峰值处于90~140μm，喉道半径处于0~6μm，孔喉半径比分布在200~220μm（表3.5）。统计表明沉凝灰岩储层以较细-细喉、较高孔喉半径比为主。

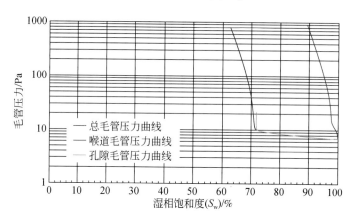

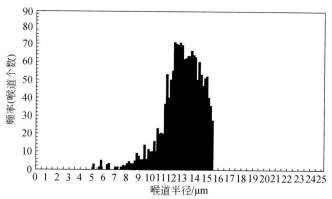

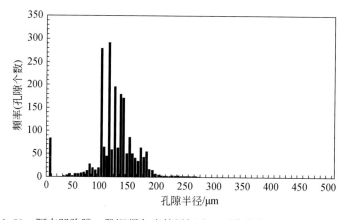

图3.50　阿南凹陷腾一段沉凝灰岩储层恒速压汞曲线特征及孔喉半径分布

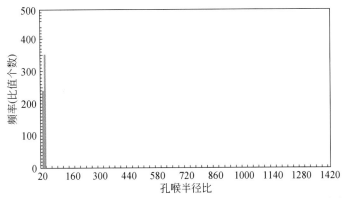

图 3.50 阿南凹陷腾一段沉凝灰岩储层恒速压汞曲线特征及孔喉半径分布（续）

特殊岩类泥岩储层进汞饱和度低，在 10% 左右，孔隙半径分布在 0 ~ 200μm，主峰值处于小于 10μm 和 110 ~ 160μm 两个区间，喉道半径处于 8 ~ 36μm，孔喉半径比分布在 20 ~ 45μm（表 3.5）。统计表明特殊岩类泥岩储层以中－细喉、低孔喉半径比为主，单位体积岩石有效孔隙、喉道体积小。

白云岩储层进汞饱和度极低，在 5% 左右，孔隙半径分布在 0 ~ 200μm，主峰值处于小于 10μm 和 80 ~ 160μm 两个区间，喉道半径处于 18 ~ 36μm，孔喉半径比分布在 30μm 左右（图 3.51，表 3.5）。统计表明白云岩储层以中－细喉、低孔喉半径比为主，孔喉结构差。

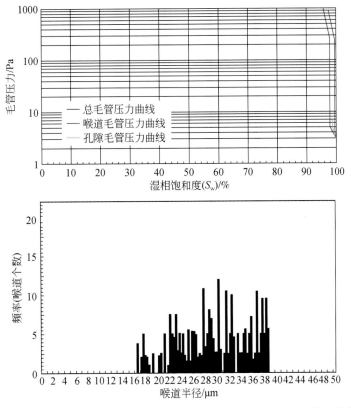

图 3.51 阿南凹陷腾一段白云岩储层恒速压汞曲线特征及孔喉半径分布

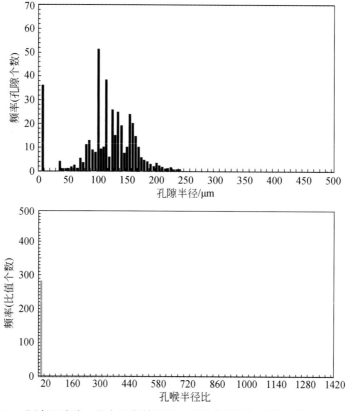

图 3.51　阿南凹陷腾一段白云岩储层恒速压汞曲线特征及孔喉半径分布（续）

3. 核磁共振

本书选取 A43 井 2063m 沉凝灰岩做核磁共振测试，气测孔隙度为 1.35%，渗透率平均值为 0.00048mD，可动流体饱和度为 11.37%，可动流体孔隙度为 0.17%，束缚水饱和度为 88.63%。结合 T2 谱特征和上述研究（图 3.52），结果表明，阿南兰凹陷沉凝灰岩储层物性差，孔隙结构差，主要发育两类孔隙，其中以基质孔为主，其次为晶间孔。

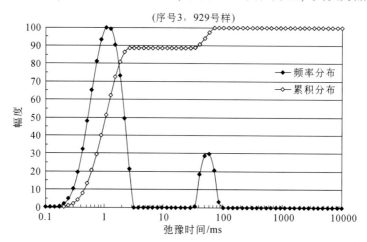

图 3.52　阿南凹陷腾一段白云岩储层恒速压汞曲线特征及孔喉半径分布

表 3.6 碎屑岩储层孔喉分级标准

孔隙分级	孔喉半径中值/μm	喉道分级	平均喉道半径/μm
特大孔道	>25	粗喉	>50
大孔道	15~25	中喉	10~50
中孔道	5~15	较细喉	5~10
小孔道	3~5	细喉	1~5
特小孔道	<3	微细喉	<1

综合上述研究,阿南凹陷特殊岩类储层的常规毛管压力曲线分为三类(表3.7):

Ⅰ型毛管压力曲线:曲线平台较长,呈中-细歪度状,孔喉大小分布偏向中-细孔喉,分选较差,排驱压力小于0.6MPa,最大进汞饱和度较大,大于80%,最大孔喉半径大于1μm,平均喉道半径主要处于0.4μm。Ⅰ型毛管压力曲线具有中-好孔渗性能,但在阿南凹陷腾一段特殊岩类储层中发育较少,主要分布在凝灰岩储层中。

Ⅱ型毛管压力曲线:曲线平台中-长,呈细歪度状,孔喉大小分布偏向细孔喉,分选差,排驱压力介于1.2~2MPa,最大进汞饱和度处于40%~60%,最大孔喉半径处于0.06~0.6μm,平均喉道半径小于0.1μm。Ⅱ型毛管压力曲线具有中-差孔渗性能,在阿南凹陷腾一段特殊岩类储层中发育较少,主要分布在特殊岩类砂岩储层中。

Ⅲ型毛管压力曲线:曲线基本没有平台,细歪度、细孔喉、分选差。排驱压力介于1.2~5MPa,最大进汞饱和度在20%左右,最大孔喉半径处于0.06~0.6μm,平均喉道半径小于0.04μm。Ⅲ型毛管压力曲线具有差孔渗性能,是阿南凹陷腾一段特殊岩类储层中最常见的毛管压力曲线类型,在特殊岩类粉砂岩、泥岩、沉凝灰岩和白云岩中均有分布。

表 3.7 阿南凹陷腾一段特殊岩类储层常规毛管压力曲线分类及特征

毛管压力曲线类型	Ⅰ	Ⅱ	Ⅲ
孔隙度/%	>8	5~8	<5
渗透率/mD	>0.12	0.05~0.12	<0.05
最大进汞饱和度/%	>60	40~60	<40
排驱压力/MPa	<1.2	1.2~2	>2
最大喉道半径/μm	>0.8	0.4~0.8	<0.4
曲线形态特征	曲线平台较长 呈中-细歪度状	曲线平台中-长 呈细歪度状	曲线基本没有平台 呈细歪度状
主要岩性	凝灰岩	特殊岩类砂岩	特殊岩类粉砂-泥岩、沉凝灰岩和白云岩

第五节　特殊岩类储层成岩作用研究

一、成岩作用类型

由于火山物质的影响,富火山物质储层的成岩作用不同于常规碎屑岩储层。本书根据岩心及铸体薄片的观察，结合扫描电镜、阴极发光，电子探针及 X 衍射分析，考虑成岩矿物在孔隙中的分布特征和成岩矿物与颗粒之间关系，分析阿南凹陷腾格尔组腾一段特殊岩类储层的成岩作用，其成岩作用类型主要包括压实、脱玻化与重结晶、胶结作用及溶蚀作用，具体特征如下：

1. 压实作用

由于凝灰物质粒度细，富含火山玻璃，抗压性弱，在埋藏成岩过程中，遭受压实作用比较明显。凝灰质岩类中，主要表现为火山岩屑或晶屑的塑性变形等。如发育在 A43 井 2279.1m 的凝灰质粉砂岩，可见黑云母的塑性变形 [图 3.53（a）]。随压实程度增强，颗粒挤压破碎越明显。此外，压溶作用和压实作用是相伴生的，其本质是一种溶解作用，如岩屑颗粒压溶作用。压实作用和压溶作用贯穿于整个成岩作用阶段，压实作用在浅埋藏阶段表现得更加明显，压溶作用主要存在于深埋藏阶段。

在成岩作用的早期，胶结作用较弱，机械压实作用容易进行。随着埋深增加，胶结作用的出现，限制了碎屑颗粒的移动，抑制了机械压实作用。特别是当大量胶结物充填孔隙时，岩石具有一定的抗压性，此时机械压实对储层物性的影响将逐渐减弱，取而代之的是各种胶结作用。

2. 脱玻化与重结晶作用

凝灰岩中富含大量的玻璃质，是一种未结晶处于不稳定状态的物质。火山玻璃的脱玻化包括水化作用、脱硅、脱铝、富钠-钾和结晶 5 个阶段。水化作用阶段主要发生离子的置换；脱硅阶段主要表现为 SiO_2 的析出，随着 SiO_2 析出，火山玻璃中铝含量相对增加；脱铝阶段则是火山玻璃蚀变的主要阶段，也是凝灰质黏土化的主要阶段，这个过程中发生凝灰质的溶解和溶蚀，在一定程度上改善储层的孔渗性能，对次生孔隙发育起到了建设性作用（陈兆荣等，2009；魏颖等，2013）；富钠-钾阶段是火山玻璃蚀变的结果，对应于长石胶结阶段，该阶段后玻璃质中的主要元素为硅和氧；结晶过程以自生石英和沸石胶结为主。

凝灰岩最突出且最早期的成岩作用是火山玻璃的脱玻化作用，该阶段可以改善储层储集性能，尤其是凝灰质易溶部分发生蚀变作用，总体上有利于次生孔隙发育（王宏语等，2010）。阿南凹陷脱玻化作用主要发生在腾一段凝灰岩中，表现为岩屑凝灰岩中流纹质或者酸性的玻璃质经过重结晶作用形成以石英和长石为主的矿物组合，如 AM2 井 1562 ~ 1565m 层段，主要发育流纹质凝灰岩的脱玻化及重结晶作用，脱玻孔被后期次生石英晶体充填 [图 3.53（b）]。

3. 蚀变作用

蚀变作用是形成于高温条件的火山物质进入盆地后，形成新的结晶矿物，不同于原玻璃质的化学成分（杜金虎，2003）。蚀变作用主要发生在阿南凹陷腾一段凝灰质岩中，蚀变矿物主要为黏土矿物 [图 3.53（c）、（d）]。黏土化通常在火山物质堆积和埋藏过程中就已经开始了。阿南凹陷的火山灰主要转化为绿泥石，充填孔隙或包裹在碎屑颗粒周围，形成黏土包壳，如 A24 井 1729m 的凝灰质砂岩可常见次生黏土矿物充填孔隙或交代凝灰质杂基 [图 3.53（c）、（d）]。此外，在蚀变过程中，由于物质成分的重新分配，会释放出适量的 SiO_2，在颗粒边缘形成自生石英微晶，减小孔隙度。

4. 胶结作用

胶结作用是指在成岩过程中，孔隙溶液中的矿物质在碎屑沉积物的孔隙中沉淀，并使松散的沉积物固结成岩的作用。胶结作用在成岩的各个阶段均可发生，是碎屑岩主要的成岩作用，对储层的孔渗性破坏较大。阿南凹陷腾一段特殊岩类储层经历了较为强烈的胶结作用，最常见的胶结物是碳酸盐胶结物。

薄片观察表明，碳酸盐胶结主要为方解石和白云石，不同岩性的储层，碳酸盐胶结物分布也不同。在特殊岩类储层中主要发育一期方解石，主要呈大面积连晶胶结状，充填孔隙或交代长石颗粒，阴极发光呈亮黄色，主要分布在特殊岩类砂岩储层中 [图 3.53（e）、（f）]。在特殊岩类储层中主要发育两种白云石，一种白云石晶粒细小，主要为微粉晶，呈半自形或他形单晶、集合体形态分布在凝灰质或黏土矿物基质中，阴极不发光或呈暗红色 [图 3.54（a）~（d）]；另一种白云石主要为粉细晶，呈半自形，交代早期碳酸盐晶体或充填孔隙，阴极发光呈红色 [图 3.54（e）、（f）]。上述两类白云石主要分布在凝灰岩、沉凝灰岩和特殊岩类泥岩中。如沉凝灰岩中常见半自形白云石集合体交代颗粒或凝灰质杂基，呈不规则分布 [图 3.53（c）~（f）]。推测白云石形成主要与凝灰质蚀变释放大量的 Mg^{2+} 有关，其与 Ca^{2+} 和 CO_3^{2-} 结合促进白云石胶结。

5. 溶蚀作用

通过薄片和扫描电镜观察，特殊岩类储层中富含凝灰质、长石等不稳定组分，已发生溶蚀作用形成溶蚀孔隙。在凝灰质岩中，长石晶屑的溶蚀和溶解作用非常发育，包括粒内局部溶解到完全溶解形成铸模孔 [图 3.53（a）]。在特殊岩类砂岩中，主要表现为碳酸盐胶结物的溶蚀，其次为长石、岩屑的部分溶蚀。

因此，阿南凹陷凝灰质的溶蚀主要有以下两个原因：①在同沉积期和早成岩阶段早期，凝灰质填隙物由于流体性质的改变，玻屑和晶屑变得不稳定而被溶蚀。在显微镜下，部分呈球状或椭球状的火山尘除壳层得到保留外，内部已完全被溶解，如 AM2 井 1562m 的流纹质凝灰岩，发育脱玻化作用产生大量脱玻孔 [图 3.53（b）]；②在中成岩阶段早期，有机质成熟，生烃排酸，大规模酸性水溶液进入含储层，溶蚀内部的长石晶屑及碳酸盐胶结物，从而形成溶孔。由于储层物性控制流体运移的能力，酸性溶蚀主要发育在孔渗较好的特殊岩类储层中，如 A43 井 2072m，可见大量的碳酸盐胶结物溶蚀和长石颗粒溶蚀 [图 3.53（a）]，形成优质储层。

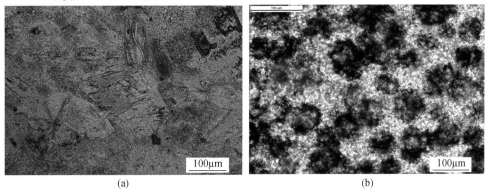

(a)　　　　　　　　　　　　　　(b)

图 3.53　阿南凹陷腾一段特殊岩类储层成岩特征

图 3.53　阿南凹陷腾一段特殊岩类储层成岩特征（续）

（a）黑云母压弯，自生黏土矿物充填粒间孔隙，A43 井，2279.1m，单偏；（b）脱玻化孔，白云石填充，AM2 井，1561.92m，
单偏；（c）自生黏土矿物充填粒间孔隙，A24 井，1729.8m，正交；（d）黑云母压弯，自生黏土矿物充填粒间孔隙，
A24 井，1729.8m，单偏；（e）方解石连晶胶结，H81 井，1837.8m，正交；（f）为（e）的阴极发光

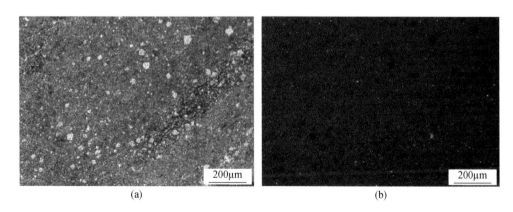

图 3.54　阿南凹陷腾一段特殊岩类储层碳酸盐特征

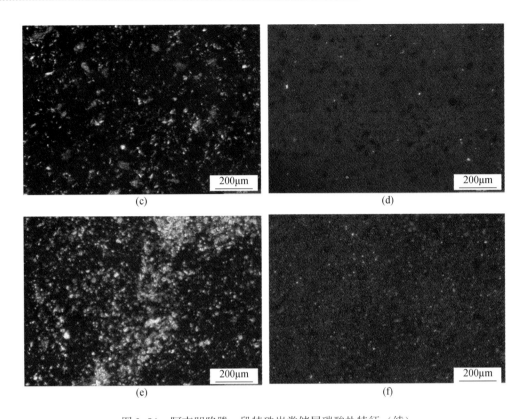

图 3.54　阿南凹陷腾一段特殊岩类储层碳酸盐特征（续）

（a）Ⅰ期白云石，A43 井，2059.7m，单偏；（b）是（a）的阴极发光，Ⅰ期白云石不发光；（c）Ⅰ期白云石，
H20 井，2199.97m，正交；（d）是（c）的阴极发光，Ⅰ期白云石；（e）Ⅱ期白云石，A3 井，1368.2m，
正交；（f）是（e）的阴极发光，Ⅱ期白云石呈暗红色

二、特殊岩类储层成岩演化

通过腾一段特殊岩类储层岩石薄片观察，根据自生矿物之间交代、切割关系以及溶解充填关系，并结合包裹体测温和埋藏史分析不同成岩作用发生的先后和时间顺序，腾一段特殊岩类储层的成岩演化序列为：火山灰水解→凝灰岩脱玻化作用→凝灰质蚀变作用→压实作用→Ⅰ期白云石胶结→Ⅰ期方解石胶结→Ⅱ期方解石和白云石胶结。此外，根据上述讨论的成岩作用特征，不同岩性的特殊岩类储层，其成岩演化特征也不同。凝灰岩储层主要发育早期脱玻化、蚀变和和压实作用；沉凝灰岩储层主要发育压实作用、白云石化和溶蚀作用；特殊岩类泥岩主要发育压实和白云石化作用；特殊岩类砂岩储层主要发育方解石胶结作用和溶蚀作用（图 3.54）。

三、成岩阶段划分

在明确阿南凹陷腾一段特殊岩性储层的主要成岩指标与形成条件的基础上，根据压实作用、粒间自生矿物的充填作用和自生矿物对颗粒的交代及溶解作用等各种成岩作用特征，结合镜质组反射率 R_o、X 衍射、普通薄片、铸体薄片镜下鉴定、扫描电镜等分析化验（图 3.55、图 3.57），依据石油行业标准（SY/T5477-2003）碎屑岩成岩阶段划分规范，阿南凹陷腾一段特殊岩类储层成岩作用可划分为早成岩阶段 B 期（早 B），中成岩阶段 A_1 亚期（中 A_1）和 A_2 亚期（中 A_2）两个阶段 3 个（亚）期，底界深度分别为 1350m、1750m 和 2800m，其中，A_2 被细分为 A_2^1 和 A_2^2 两个亚期，以 $R_o = 1.0\%$ 为界（表 3.8）。总体来看，腾一段特殊岩性储层成岩作用并不很强，主要处于中成岩 A_1 和 A_2^1 期，其次是 A_2^2 亚期。

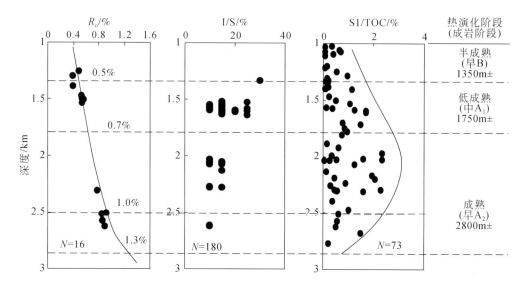

图 3.55　阿南凹陷腾一段有机质演化特征

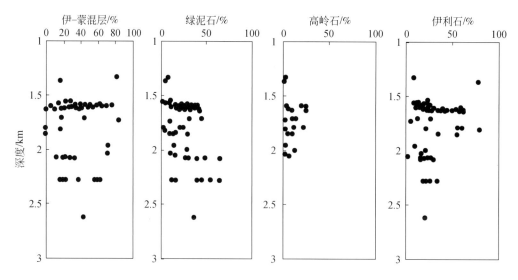

图 3.56　阿南凹陷腾一段特殊岩类黏土矿物演化特征

1. 成岩阶段 B 期

埋深浅于 1350m，镜质组反射率 R_o <0.5%（图 3.55），有机质处于半成熟状态（表 3.8）。成岩作用仍以机械压实作用为主，胶结作用较弱，砂岩呈半固结–固结状态，颗粒间点接触为主，偶见点–线接触，孔隙类型主要为原生孔。黏土矿物以高岭石和伊–蒙混层为主（图 3.56）。自生矿物还有方解石、白云石和菱铁矿等。在该阶段有机质开始发生热降解，脱去含氧官能团，形成有机酸，溶蚀长石和岩屑形成次生孔隙 [图 3.53（a）]。阿南凹陷仅有局部凹陷边缘处于该阶段（图 3.57）。

表 3.8　阿南凹陷腾一段特殊岩类储层成岩阶段划分表

成岩阶段		古温度/℃	有机质			泥岩I/S中的S/%	地层水有机酸	富火山物质储层成岩作用及自生矿物															溶蚀作用			接触类型	主要孔隙类型	深度/m
阶段	期(亚期)		R_o/%	成熟度	T_{max}			水化	脱玻化	蒙皂石	伊–蒙混层	高岭石	伊利石	绿泥石	方解石	白云石	铁方解石	石英加大	长石加大	钠长石化	方沸石	黄铁矿	碳酸盐	长石	岩屑			
早成岩	A	65	0.35	未成熟	<430	70																				点状	原生孔	500
	B	85	0.5	半成熟	430	50																					次生–原生孔	1350
中成岩	A_1	120	0.7	低成熟	435	45																				点–线		1750
	A_2^1	130	1.0	成熟	450	25																						2500
	A_2^2	140	1.3		460	20																					次生孔–裂缝	>2800

2. 中成岩阶段 A 期

在 1350m ≤ 埋深 <2800m 的深度范围内，0.5% ≤ R_o <1.3%，有机质处于低熟–成熟阶段。碎屑颗粒之间的接触关系以点–线为主，可见线接触关系。以 R_o=0.7% 为界，中成岩阶段还可分为中成岩阶段 A_1、A_2 两个亚期。

在中成岩阶段 A_1 亚期，埋藏深度 1350 ~ 1750m，0.5% ≤ R_o <0.7%，有机质处于低熟阶段（表 3.8）。机械压实作用明显减弱，溶蚀作用逐渐增强。特殊岩类储层中黏土矿物转化、凝灰物质继续水解蚀变，其内部白云石晶体逐渐增大，从微晶向细晶增长，并且大量白云石成集合体形式充填孔隙或交代长石等颗粒。局部可见方解石和含铁方解石晶体充填孔隙或交代长石颗粒。随着埋深和温度的增加，凝灰物质发生蚀变，主要生成自生黏土矿物，以伊–蒙混层为主。然而由于凝灰质砂岩中凝灰质杂基含量高及早期绿泥石包壳的存在，石英次生加大作用发育较少，凝灰质蚀变释放的硅质主要以石英微晶的形式充填粒间孔中 [图 3.56（b）]。此外，凝灰质砂岩储层中也常见自生钠长石矿物充填粒间孔隙，推测与凝灰质水解、蚀变作用提供物质来源有关。该阶段烃源岩已进入生油门限，干酪根在热降解生烃的同时，生成大量有机酸和 CO_2，溶于水，形成酸性热流体，溶蚀储层中的

铝硅酸盐矿物、碳酸盐岩胶结物，产生次生孔隙。阿南凹陷大部分区域处于该成岩阶段，主要为扇体前前端和滨浅湖相（图3.57）。

在中成岩阶段 A_2 亚期，埋藏深度 $1750 \sim 2800m$，$0.7\% \leqslant R_o < 1.3\%$，有机质处于成熟阶段（表3.8）。该阶段油气大量生成并充注到储层中，同时释放大量的有机酸，孔隙水成酸性。由于特殊岩类储层致密，孔隙度和渗透率低，酸性水不易进入，溶蚀作用较弱，局部可见碳酸盐胶结物及长石、岩屑发生溶解，形成次生孔隙。随着埋深增加，有机质排酸量减少，溶蚀作用减弱，胶结作用逐渐增强。黏土矿物中，伊利石和绿泥石的含量越来越多，且呈自生形态出现，高岭石和黏土混层的含量逐渐减少。此外，随着黏土矿物转化释放大量阳离子，特殊岩类储层中可见晚期铁白云石交代早期碳酸盐胶结物。阿南凹陷特殊岩类储层主要处于该阶段（图3.57）。

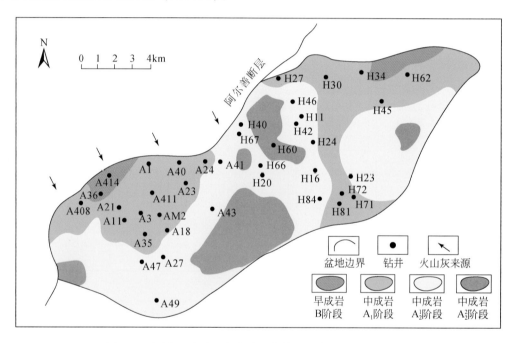

图 3.57 阿南凹陷腾一段特殊岩类储层成岩阶段平面分布图

第六节 特殊岩类的测井识别及评价

测井资料是地层多种物理参数的井中测量结果，从多个侧面反映了地层特征。与岩心资料相比，测井资料具有大量、连续及原位测量的特点，因此利用测井资料解释岩性具有十分重要的意义。测井曲线中包含了丰富的岩性信息，不同测井曲线能够反映岩性的不同物理特征。

在复杂岩性地区的油气勘探开发过程中，一般是首先根据岩心资料确定地层岩性，然后与测井资料对比，建立各种岩性的测井响应特征或岩性与测井响应对应关系，最后应用对应关系，结合测井资料划分其他相似地层条件井段的岩性。阿南凹陷腾一段岩性复杂，碳酸盐岩、陆源碎屑岩和火山碎屑岩均发育，只有通过多种测井资料配合使用才能较准确的划分岩性。因此，需要选取对岩性敏感的测井曲线，充分利用这些测井曲线所包含的岩性信息进行对应分析。

一、主要测井响应特征

本书从阿南凹陷腾一段特殊岩类储层的重点探井入手，分析了 8 口井岩性、岩心和薄片资料，应用常规测井等资料分析了腾一段特殊岩类储层的岩性特征。由于阿南凹陷腾一段特殊岩类储层岩性复杂且种类多样，所以对岩性描述进行了简化，最终将岩性分为五大类：凝灰岩、沉凝灰岩（包括沉凝灰岩和云–钙质沉凝灰岩）、云–钙质砂岩、云–钙质泥岩和白云岩。

1. 自然伽马

自然伽马测井（符号 GR，单位 API）是沿井深测量岩层的自然放射性研究岩层性质的方法。当忽略井眼与地层的吸收效应时，岩层放射性强度主要取决于各种矿物的放射性强度及其矿物的含量。几乎所有的岩石都表现出某种自然放射性。岩石的自然 γ 放射性主要是有铀、钍、钾的含量决定，其次是受到岩石自然散射和自然吸收的影响。一般来说，岩石从基性经中性到酸性，放射性矿物含量是逐渐增加的。因而，在常见的熔岩中，玄武岩放射性最低，安山岩居中，流纹岩最高。在同一类岩石中，岩石的结构对放射性也有影响，从熔岩向火山碎屑岩过渡，放射性会增加。对于沉积岩，伽马测量值一般会依据泥质含量增高或颗粒变细而增高。

通过对阿南凹陷特殊岩类的自然伽马值进行统计，得出腾一段凝灰岩的伽马值在 115 ～ 160API，沉凝灰岩的伽马值在 92 ～ 125API，云质粉砂岩的伽马值在 72 ～ 110API，云质泥岩的伽马值在 60 ～ 130API，钙质砂岩的伽马值在 75 ～ 98API，钙质粉砂岩的伽马值在 72 ～ 92API，钙质泥岩的伽马值为 97API，白云岩的伽马值在 50 ～ 100API（表 3.9）。

2. 电阻率测井

电阻率测井（符号 R_T，单位 $\Omega \cdot m$）是沿井深测量岩石电阻率的一组方法的统称。目前国内常用的电阻率测井分为普通电阻率测井、侧向测井和感应测井等，常使用双感应和双侧向测井组合，同时配合一条探测浅的电阻率测井，如微球形聚焦测井（MFSL）。一般而言，岩性从火山岩到火山碎屑岩以及沉积岩，电阻率呈依次下降的趋势。然而，同一类岩石的电阻率变化很大，岩石成分、热液蚀变、孔缝发育程度和含油气程度都会影响电阻率，如岩石发育裂缝会降低电阻率。

但由于阿南凹陷钻井时间不同，而且钻遇特殊岩类储层的井数有限，测井类型不一致，本书选取 R25 电阻率测井曲线进行统计，得出腾一段凝灰岩的电阻率在 20 ～ 48$\Omega \cdot m$，沉凝灰岩的电阻率在 15 ～ 35$\Omega \cdot m$，云质粉砂岩的电阻率在 10 ～ 80$\Omega \cdot m$，云质泥岩的电阻率在 2 ～ 60$\Omega \cdot m$，钙质砂岩的电阻率在 11 ～ 50$\Omega \cdot m$，钙质粉砂岩的电阻率在 30 ～ 45$\Omega \cdot m$，钙质泥岩的电阻率为 7$\Omega \cdot m$，白云岩的电阻率在 25 ～ 120$\Omega \cdot m$（表 3.9）。

3. 声波测井

声波时差（符号 A_C，单位 μs/m）测井是利用声波在岩层中的传播规律，在钻孔中研究岩层中声波传播速度的方法。声波时差测井测量单位长度岩石中声波传播所需要的时间，即声波时差。声波速度是声波时差的倒数。实际应用时，声波时差测井值受岩石的矿物成分、岩石致密程度、结构以及岩石孔隙中流体性质的影响，如岩石蚀变或气孔、裂缝发育时，声波时差会增大。

通过对阿南凹陷岩石的声波时差进行统计，腾一段凝灰岩的声波时差在 260～270μs/m、沉凝灰岩的声波时差在 190～228μs/m、云质粉砂岩的声波时差在 205～260μs/m、云–钙质泥岩的声波时差在 185～248μs/m、钙质砂岩的声波时差在 224～270μs/m、钙质粉砂岩的声波时差在 201～205μs/m、钙质泥岩的声波时差为 215μs/m 以及白云岩的声波时差在 195～220μs/m（表 3.9）。

表 3.9　不同特殊岩类储层的测井响应特征

岩性	自然伽马/API	电阻率/(Ω·m)	声波时差/(μs/m)	曲线特征
凝灰岩	$\dfrac{115\sim160}{135.2\ (6)}$	$\dfrac{20\sim48}{27\ (6)}$	$\dfrac{260\sim270}{268\ (3)}$	高伽马、低电阻、高声波
沉凝灰岩	$\dfrac{92\sim125}{114.5\ (6)}$	$\dfrac{15\sim35}{24.7\ (6)}$	$\dfrac{190\sim228}{212.2\ (6)}$	中–高伽马、低电阻、中–低声波
钙质砂岩	$\dfrac{75\sim98}{90\ (9)}$	$\dfrac{11\sim50}{21.7\ (26)}$	$\dfrac{224\sim270}{248\ (20)}$	中伽马、中–低电阻、高声波
云质粉砂岩	$\dfrac{75\sim110}{90.8\ (22)}$	$\dfrac{15\sim80}{35\ (22)}$	$\dfrac{205\sim260}{217.4\ (20)}$	中伽马、中–高电阻、中–高声波
钙质粉砂岩	$\dfrac{72\sim92}{83\ (7)}$	$\dfrac{30\sim45}{39\ (7)}$	$\dfrac{201\sim205}{203\ (7)}$	中伽马、中–低电阻、低声波
云–钙质泥岩	$\dfrac{60\sim130}{94.4\ (25)}$	$\dfrac{2\sim60}{26.7\ (25)}$	$\dfrac{185\sim248}{213.6\ (18)}$	中伽马、中–低电阻、中–低声波
白云岩	$\dfrac{50\sim100}{66.5\ (10)}$	$\dfrac{25\sim120}{56.5\ (10)}$	$\dfrac{195\sim220}{204\ (8)}$	低伽马、中–高电阻、中–低声波

4. 综合分析

常规测井曲线特征显示，无论哪一种测井曲线在应用于岩性的大类区分时有不确定性。归结这种不确定性，主要表现为相同岩性对应不同的测井相，相同测井响应对应不同的岩性。阿南凹陷凝灰岩、沉凝灰岩具有较高的自然伽马值，在 115～160API，而白云岩具有很低的自然伽马值，主要在 50～60API，容易区分。然而，剩余几种岩性的自然伽马值处于 60～115API，具有较大范围的交集，无法判别。

电阻率是区分泥岩和砂岩最有效的测井曲线之一，但是由于本区泥岩电阻率较高，部分可以高达 60Ω·m，导致单一的电阻率曲线来区分泥岩和砂岩的实用性降低，需要其他测井曲线交汇才可用于岩性划分。由于本区云–钙质砂岩的电阻率最低为 10Ω·m，所以如果岩石的电阻率低于 10Ω·m，则可以确定为泥岩，而高于 10Ω·m 的岩石则无法确定泥岩、砂岩还是凝灰质岩（表3.9）。

声波时差测井测量的是岩石孔隙度，由于砂岩孔隙度差别较大，泥岩随着压实程度的不同，孔隙度差别也较大。阿南凹陷腾一段凝灰岩声波时差相对最高，大于260μs/m；其次是钙质砂岩，声波时差处于230～260μs/m；对于云质粉砂岩，声波时差处于205～230μs/m，易于区分；然而，白云岩、沉凝灰岩、云-钙质泥岩的声波时差低，主要小于205μs/m，不易区分（表3.9）。

二、特殊岩类储层岩性识别

测井响应的不确定性严重影响岩性解释，尤其是对于阿南凹陷特殊岩类储层，解决这种不确定性的方法是从根本上解决岩石机理问题，寻找适合研究区目的层岩层的解释方法。同时，测井响应特征可以为研究岩石机理提供线索。本书从岩石成分的大类入手，分类讨论岩石机理与测井响应特征。通过综合研究与实践，针对阿南凹陷腾一段特殊岩类储层的岩性识别，形成了可行的测井岩性识别方案，该方案主要利用自然伽马（GR）、电阻率（R_T）和声波时差（A_C）三条曲线，通过两两交会图进行岩性识别（图3.58），得出不同的岩性有不同的测井响应特征（表3.10）。

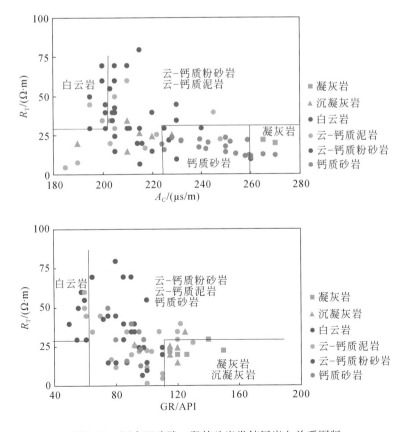

图3.58 阿南凹陷腾一段特殊岩类储层岩电关系图版

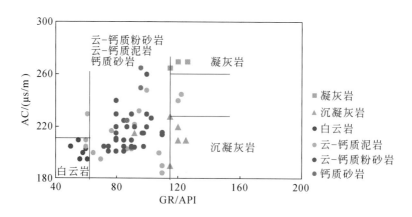

图 3.58　阿南凹陷腾一段特殊岩类储层岩电关系图版（续）

表 3.10　阿南凹陷腾一段特殊岩类储层测井曲线判别表

岩性	自然伽马/API	电阻率/(Ω·m)	声波时差/(μs/m)
凝灰岩	>110	<30	>260
沉凝灰岩			<230
钙质砂岩	60~110	<50	>230
云-钙质粉砂岩			<205
云-钙质泥岩			
白云岩	<60	>30	

第七节　特殊岩类储层物性下限

一、特殊岩类储层岩性与含油性关系

统计录井、薄片观察岩性和录井含油性数据，结果表明不同岩类储层，含油性不同（图 3.59）。凝灰岩含油性最好，油浸样品数量最多，其次是油斑、油迹；沉凝灰岩、云质泥-粉砂岩和钙质泥-粉砂岩以油迹为主，局部发育油斑；白云岩、凝灰质泥-粉砂岩和钙质砂岩含油性最差。

二、特殊岩类含油储层物性下限

有效储层是指具有可动流体，且在现有的经济和工艺技术条件下能够采出具有一定价值产液量的储层。有效储层的物性下限值一般是以能够储集和渗滤流体的最小孔隙度和最小渗透率来度量的（Lin et al.，2001），故将相应的最小孔隙度和渗透率值定义为有效储层的物性下限值。对于有效储层物性下限值的求取，不同学者有不同方法。储层物性下限

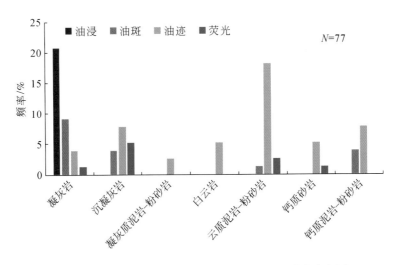

图 3.59　阿南凹陷腾一段特殊岩类储层含油性分布直方图

是储层分类评价、储量计算的重要基础参数，也是储层描述中的技术数据，直接关系到油气勘探开发的决策，同时也是储量计算中的一个难点。有效储层的物性下限主要依据岩心物性分析结果、试油和生产测试资料来确定，用能够储集和渗滤油气的最小有效孔隙度、渗透率和含气饱和度等来度量。物性下限往往具有统计学特征，通常需要采用多种方法计算物性下限值，再将不同方法确定的下限值进行对比分析，最后确定一个中间值，或取平均值作为阿南凹陷特殊岩类储层物性下限的标准值。

　　目前，确定储层物性下限的方法很多，如测试法、经验统计法、分布函数曲线法、最小有效孔喉半径法等。这些方法都比较成熟，具体是以相对可靠的试油资料为参考依据，应用实测岩心样品的物性结果，界定出识别有效储层物性下限的标准，并综合测井资料最终确定有效储层物性下限值（王璞珺等，2007）。针对阿南凹陷的资料状况，综合运用分布函数曲线法、物性录井资料法、岩心孔隙度–渗透率交汇图法、压汞法等确定阿南凹陷腾一段特殊岩类储层物性下限，为致密油藏高效勘探开发提供基础参数。

　　1. 分布函数曲线法

　　分布函数曲线法是从统计学角度出发，在同一坐标系内分别绘制有效储层与非有效储层的物性频率分布曲线，两条曲线的交点所对应的数值为有效储层的物性下限值（万玲等，1999）。从理论上讲，如果频率分布曲线精准地表现了有效储层和非有效储层的物性频率分布，那么这两条曲线的交点（若存在）频率值即为零（图 3.60 中 A 点），物性下限值就是唯一的了。但在实际统计分析过程中，有效储层和非有效储层对应的数值可能会相互混入，或者说有过渡层存在，在有效和非有效储层的统计数据之间有一定程度的掺杂，这时两条频率分布曲线有交点存在，且对应频率值不为零（图 3.60 中 B 点）。在统计学中，当两个样本总体分布有相互混合和交叉时，区分这两个样本的界限定在二者损失概率相等处，这样两者损失之和最小，在概率曲线分布图上即为两条曲线相交处，故可取 B 点值作为划分有效储层的下限。

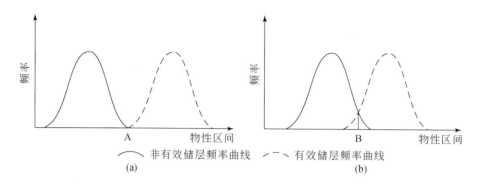

图 3.60　分布函数曲线法求取物性下限示意图

　　由于阿南凹陷腾一段特殊岩类储层的试油数据相对较少,但录井和测井资料相对丰富,本次研究利用录井油气显示资料和岩心孔隙度、渗透率数据,分析特殊岩类储层物性下限。其中,有效储层主要包括油浸、油迹、油斑和荧光的储层,剩余不含油储层为非有效储层。用该方法判断有效储层下限分别为:孔隙度为 3%,渗透率为 0.07mD (图 3.61,表 3.11)。

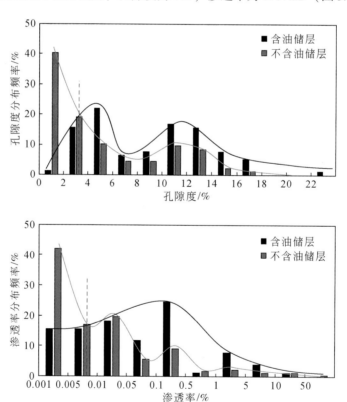

图 3.61　阿南凹陷腾一段特殊岩类储层分布函数曲线法求取物性下限图

2. 物性录井资料法

　　利用录井含油性数据,结合统计的岩心孔隙度、渗透率平均值建立关系确定特殊岩类储层的物性下限，即编绘油浸、油迹、油斑、荧光和不含油储层的岩心孔隙度–渗透率交会图版，并在图中标绘出含油层和不含油层的分界线，二者分界处对应的孔隙度和渗透率即为有效储层的物性下限值。结果表明，腾一段特殊岩类储层的孔隙度下限在 6.4% 、渗透率下限在 0.01mD （图 3.62，表 3.11）。

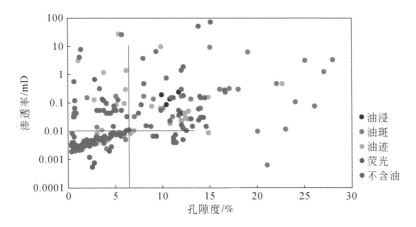

图 3.62　阿南凹陷腾一段特殊岩类储层物性录井资料法求取物性下限图

3. 岩心孔隙度–渗透率交汇图法

腾一段特殊岩类储层的岩心孔隙度和渗透率交汇图表明，孔隙度和渗透率具有较好的相关关系，曲线一般呈现三个线段：第一线段为渗透率随孔隙度迅速增加而增加甚小，说明该段孔隙主要为无效孔隙；第二线段渗透率随孔隙度增加而明显增加，说明此段孔隙是有一定渗透能力的有效孔隙；第三线段为孔隙度增加甚小，而渗透率急剧增加，说明岩石渗流能力较强并趋于稳定。确定第一、第二线段的转折点为储集层与非储集层的物性界线，对应的孔隙度下限为 6% 、渗透率下限在 0.02mD （图 3.63，表 3.11）。此外，图 3.63 中也可见一些相关性较差的样品点，推测造成这些异常点的原因有：分析岩心样品中可能存在微裂缝；有效孔隙度中包括次生溶孔，导致其与渗透率相关性差；致密储层孔隙内含水时，由于压力敏感效应，可能使原来能渗流的细小孔隙变为不渗流孔隙；腾一段特殊岩类储层中存在强烈的层内非均质性。

4. 束缚水饱和度法

前人研究认为束缚水饱和度大于 80% 的储层，其储集空间主要为微孔隙，储集和渗流流体的能力较差，其日产液量一般小于 1t/d，因此可将缚水饱和度为 80% 时所对应的孔隙度值作为有效储层物性下限值（Macquaker and Davies，2008）。利用束缚水饱和度法确定有效储层孔隙度下限的具体做法是建立束缚水饱和度与孔隙度之间的关系，利用回归拟合的方法建立孔隙度与束缚水饱和度的函数关系方程，取束缚水饱和度为 80% 时所对应的孔隙度值作为有效储层的孔隙度下限值（Higgs et al.，2015）。根据阿南凹陷 AM2 井核磁共振所得束缚水饱和度数据，绘制核磁孔隙度与束缚水饱和度关系图，利用拟合函数方程计算束缚水饱和度为 80% 时所对应的孔隙度下限为 6% （图 3.64，表 3.11）。

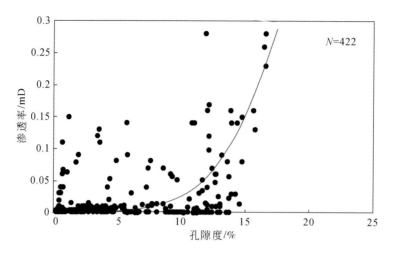

图 3.63　阿南凹陷腾一段特殊岩类储层物性交汇法求取物性下限图

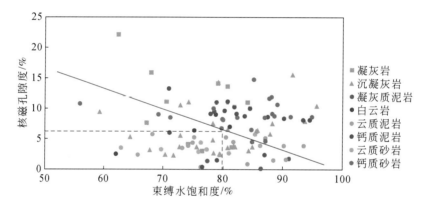

图 3.64　阿南凹陷腾一段特殊岩类储层束缚水饱和度法求取物性下限图

5. 最小含油喉道半径法

岩石喉道半径的大小是决定油气是否能在一定压差下从岩石中流出的关键因素。这种既能储存油气又能使油气渗流的最小喉道半径即为油气的最小流动孔喉半径。在储层孔隙表面均匀铺展的水膜具有一定的厚度，如果孔喉半径比该水膜厚度小，则对应的岩石孔隙空间及喉道完全被束缚水封堵，油气不能通过喉道，此时的岩石颗粒表面束缚水膜厚度即为最小流动孔喉半径。确定了储层的最小流动孔喉半径，即可依据统计分析原理，绘制孔喉半径与孔隙度和渗透率的相关曲线图，根据最小流动孔喉半径求出相应渗透率的下限值。

国内外的研究成果普遍认为 0.1μm 厚度相当于水湿碎屑岩表面附着的水膜厚度，当孔喉半径小于 0.1μm 时，油气难以克服极高的毛细管阻力进入储层形成油气藏。因此，本书也以 0.1μm 作为阿南凹陷储层的最小流动孔喉半径，认为孔喉半径大于 0.1μm 的喉道及其所连通的孔隙，才是有效的储集空间。利用储层孔隙度、渗透率与压汞实验分析的孔喉半径作相关性分析，以孔喉半径 0.1μm 为界限，从图中可得到阿南凹陷渗透率下限值为 0.006mD（图 3.65，表 3.11）。

　　根据上述 5 种确定有效储层物性下限的方法（表 3.11），确定的孔隙度下限区间为 3%～6%，渗透率下限区间为 0.007～0.02mD。为最大限度挖掘产能下限，取其最低值作为阿南凹陷腾一段特殊岩类有效储层物性下限，即孔隙度为 3%，渗透率为 0.002mD（图 3.66）。

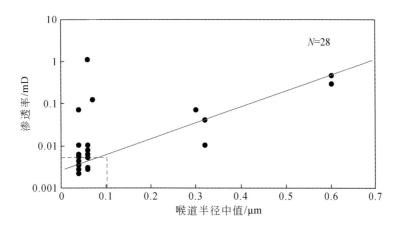

图 3.65　阿南凹陷腾一段特殊岩类储层最小含油喉道半径法求取物性下限图

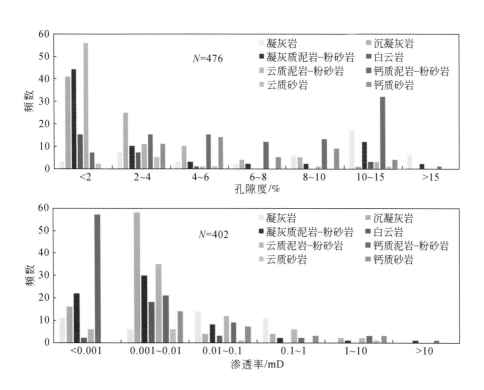

图 3.66　阿南凹陷腾一段特殊岩类储层孔隙度和渗透率分布直方图

表 3.11　阿南凹陷腾一段特殊岩类储层物性下限统计表

物性下限	分布函数曲线法	物性录井资料法	岩心孔-渗交汇图法	束缚水饱和度法	最小含油喉道半径法	建议下限
孔隙度/%	3	6.4	6	6	—	6
渗透率/mD	0.007	0.01	0.02	—	0.006	0.01

第八节　特殊岩类储层主控因素及有利区预测

一、特殊岩类储层主控因素

一般情况，碎屑岩储层的物性主要受沉积相和成岩作用的影响与控制。沉积相是影响储层物性的"先天因素"，它决定着储层的空间分布和原始孔隙度的大小；成岩作用是影响储层物性的"后天因素"，它影响储层孔隙的演化特征，并决定储层的最终物性。对于阿南凹陷特殊岩类储层，本书在讨论沉积作用和成岩作用对其影响之外，还讨论了构造作用对其的影响。

1. 岩性对储层物性的影响

本章第四节腾一段特殊岩类储层物性及储集空间特征研究表明，特殊岩类储层不同岩性对应的储层孔隙度不同。凝灰岩、钙质泥粉砂岩和钙质砂岩储层的孔隙度较高，主要分布在8%~15%，然而，两者的渗透率相对较低，主要分布在0.001~0.01mD；沉凝灰岩、凝灰质泥粉砂岩、云质泥粉砂岩孔隙度和渗透率较差（图3.67）。

沉积环境从宏观上控制了沉积相带的展布，自然也控制了油气藏形成所必需的储集体-砂体的规模、形态、分布和储层质量（朱筱敏，2008）。下面从腾一段特殊岩类储层的组分、泥质含量、岩性、沉积相四方面对储集体有效性影响进行研究。

结合全岩分析和储层物性数据，建立阿南凹陷腾一段特殊岩类储层黏土矿物含量与物性的关系图（图3.67）。由图3.67可见，孔隙度与黏土矿物含量相关性明显，呈负相关关系，然而，渗透率和黏土矿物含量的相关性较差，其中凝灰质岩类储层的渗透率几乎不受黏土矿物控制。

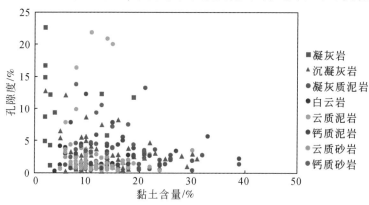

图 3.67　阿南凹陷腾一段特殊岩类储层黏土矿物与孔隙度和渗透率关系图

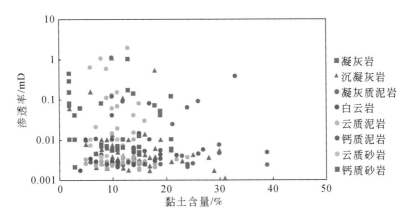

图 3.67 阿南凹陷腾一段特殊岩类储层黏土矿物与孔隙度和渗透率关系图（续）

对于致密储层，前人通常用 BRIT 表示岩石的脆性指数，以脆性矿物含量的多少来判断储层是否有利于压裂改造。在泥页岩储层研究中，由于组成岩石的主要矿物为石英、方解石和黏土，因此脆性指数（BRIT）可简单的表示如下：

$$\mathrm{BRIT} = V_{石英} / (V_{石英} + V_{方解石} + V_{黏土}) \times 100 \qquad (3.8)$$

然而，由于阿南凹陷腾一段特殊岩类储层主要是一套凝灰质岩和云质岩类，因此针对研究区岩性组分特殊性，对上述公式进行修改，以石英、长石总和占矿物总量的百分比表示阿南凹陷凝灰质岩的脆性指数：

$$\mathrm{BRIT} = V_{石英+长石} / (V_{石英+长石} + V_{方解石+白云石} + V_{黏土}) \times 100 \qquad (3.9)$$

根据对阿南凹陷腾一段特殊岩类储层的 X 衍射结果统计，腾一段岩石中石英+长石的平均含量为 52.8%，碳酸盐平均含量为 30%，由此可以看出腾一段特殊岩类储层中脆性矿物总体含量很高，但不同岩性，脆性矿物含量也有所不同（图 3.68）。由图可见，孔隙度和脆性指数的相关性很明显，主要为正相关关系，说明脆性矿物含量越高，孔隙度越高；然而，渗透率与脆性指数的相关性较差，尤其是云质泥岩，其渗透率几乎与脆性指数无关。

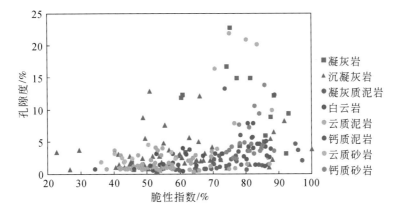

图 3.68 阿南凹陷腾一段特殊岩类储层脆性指数与孔隙度和渗透率关系图

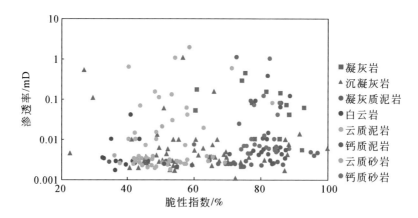

图 3.68　阿南凹陷腾一段特殊岩类储层脆性指数与孔隙度和渗透率关系图（续）

　　不同沉积相的矿物成分、颗粒结构特征、填隙物种类和含量存在差异。高能环境下形成的储层，其结构成熟度相对较高，泥质含量较低，即使经过一定程度的成岩作用，储层的物性仍相对较好。阿南凹陷储层物性资料统计表明，在扇三角洲-湖泊沉积体系中，储层物性从好到差的顺序为前扇三角洲、扇三角洲前缘水下分流河道、浊积扇、滨浅湖和半深-深湖（图3.69）。

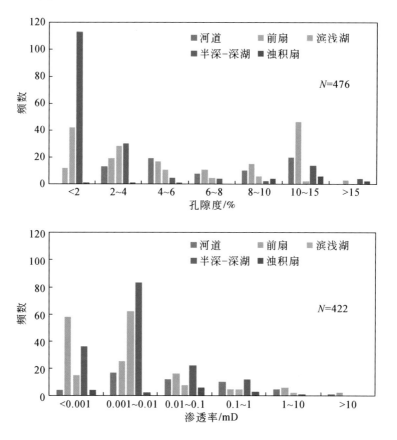

图 3.69　阿南凹陷腾一段特殊岩类储层不同沉积微相孔隙度和渗透率分布直方图

2. 成岩作用对储层物性的影响

常见成岩作用包括压实作用、胶结作用和溶蚀作用。其中压实作用和胶结作用属于破坏性成岩作用，使储层原始物性变差；溶蚀作用是建设性成岩作用，使储层物性变好。

随着埋深的增加，上覆地层压力的增加，在机械压实的作用下，物性变差，储层的孔隙度和渗透率总体上随埋深的增加而减小。碳酸盐胶结物是阿南凹陷腾一段特殊岩类储层的重要成岩矿物。通过统计碳酸盐胶结物和储层的物性数据，发现储层的孔隙度与碳酸盐胶结物含量呈负相关关系（图3.70），然而渗透率与胶结物含量之间的对应关系并不明显。

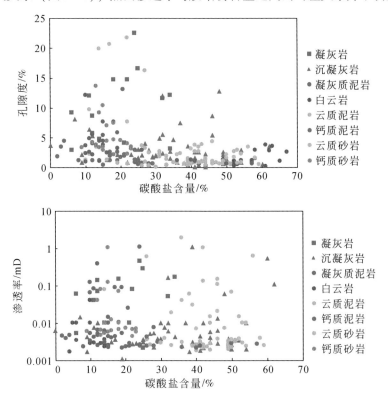

图 3.70　阿南凹陷腾一段特殊岩类储层自生碳酸盐含量与孔隙度和渗透率关系图

为了讨论成岩作用对储层物性的影响，本书统计了不同成岩阶段的储层物性分布（图3.71），结果表明，处于早 B 成岩阶段的储层物性较好，其次是处于中 A_1 和中 A_2 成岩阶段的储层。需要注意的是，处于中 A_1 和中 A_2^{11} 阶段的储层孔隙度具有双峰结构，可能由于储层所处沉积相不同，导致储层物性分布差异大，然而处于该阶段的储层渗透率均较差。受限于取样点深度控制，处于中 A_2^{12} 和中 A_2^2 阶段的储层样品数据较少，因此数据结果不明显。

二、特殊岩类储层综合评价标准

综上所述，阿南凹陷的特殊岩类储层物性较差，属于致密储层。然而有关致密储层的分类国内外还没有统一的标准，表3.12列出了我国有代表性的几种致密储层分类方案。

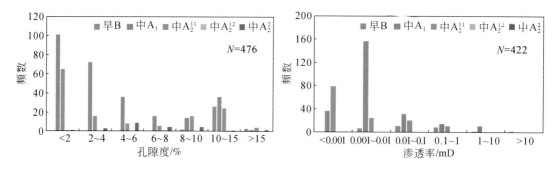

图 3.71　阿南凹陷腾一段特殊岩类储层不同成岩阶段孔隙度和渗透率分布直方图

表 3.12　国内外致密储层分类表（据邹才能等，2012）

孟元林，2012				吴胜和等，2009			赵澄林，1991				美国 Elkins	
渗透率/mD	孔隙度/%	评价	储层分类	渗透率/mD	储层分类		渗透率/mD	孔隙度/%	储层分类		渗透率/mD	储层分类
>500	>25	高孔高渗	常规储层	5~50	常规低渗储层		10~500	15~25	中孔中渗	常规层		
10~500	15~25	中孔中渗	常规储层	1~5	特低渗透储层		1~10	12~15	低孔低渗	常规层	>0.1	一般层
0.1~10	10~15	低孔低渗	常规储层	0.1~1	接近致密层		0.5~1	8~12	近致密层	常规层	0.1~1	近致密层
0.01~0.1	6~10	特低孔特低渗	低致密储层	0.01~0.1	标志致密储层	低渗透致密储层	0.05~0.5	5~8	致密层	非常规层	0.005~0.1	致密层
0.001~0.01	2~6	超低孔超低渗	高致密储层	0.001~0.01	非常规致密储层	低渗透致密储层	001~0.05	3~5	很致密层	非常规层	0.001~0.005	很致密层
<0.001	<2	无效孔渗	无效储层	<0.001	超致密储层	低渗透致密储层	<0.01	<3	超致密层	非常规层	<0.001	超致密层

由上表可见，目前我国碎屑岩储层分类研究在致密储层的上限方面已基本达成共识，即普遍将空气渗透率 0.1mD 作为低渗透碎屑岩储层的物性上限，且大的分类框架也已初步形成，但仍然存在一些明显的不足。突出的有两方面：一是现行的石油天然气行业标准对于致密储层的分类仍然偏粗；二是对于各级致密储层的孔隙度和渗透率等划分界线以及评价标准不统一。

在常规储层评价中，孔隙度一般作为主要分类指标，在储层评价参数中起到重要作用，但是这种评价方法仅在储层孔渗相关性比较好的情况下评价结果才会和实际情况有较好的匹配关系。由于孔隙度仅仅是储层储集空间的表征，不能反映流体在储层中的连通情况，且由于致密油通常储集于微米、纳米级别的孔隙中，孔径很小，因此如果孔隙结构复杂，孔渗相关性差，评价结果可能与实际情况有很大偏差。

　　为了更加有效地指导特殊岩类储层的精细评价和勘探开发工作，本次研究在贾承造院士原始致密储层物性分类的基础上（图3.72），结合阿南凹陷腾一段具体地质特征，分析对比特殊岩类储层孔隙度、渗透率、孔隙结构、脆性指数等参数，划分评价腾一段特殊岩类储层。将其分为四大类，即中孔中渗储层（Ⅰ类）、低孔低渗储层（Ⅱ类）、致密储层（Ⅲ类）、超致密储层（Ⅳ类），其中致密储层是主要储层类型，故又根据孔隙结构特征、物性特征以及油层厚度等常用划分标准将特低渗透层和超低渗透层各细分为两个亚类。依据腾一下段储层孔隙、喉道特征，两亚类储层的孔隙度界线为7%、渗透率0.01mD。

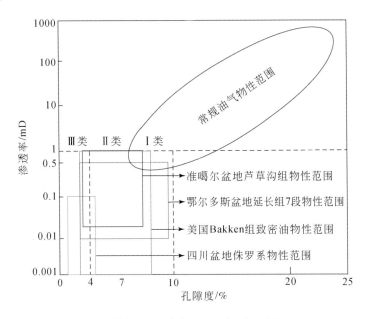

图 3.72　致密储层物性分类图版（据贾承造等，2012）

　　表3.13是本次研究建立的阿南凹陷腾一段特殊岩类储层分类评价标准。需要说明，表中孔隙度、排驱压力、评价孔喉半径等界线，主要根据其与渗透率的相关关系计算得出。理由是这些反映储层的参数均与渗透率有着良好的相关性。

表 3.13　阿南凹陷腾一段特殊岩类储层分类评价标准

类型	中孔中渗储层	低孔低渗储层	低致密储层	高致密储层	超致密储层
	Ⅰ	Ⅱ	Ⅲa	Ⅲb	Ⅳ
孔隙度/%	15~25	10~15	7~10	2~7	<2
渗透率/mD	1~10	0.1~1	0.01~0.1	0.001~0.01	<0.001
脆性指数/%	>90	80~90	75~80	40~75	<45
碳酸盐/%	<25	<20		20~50	>50
黏土矿物/%	<2	2~8	8~18	18~30	>30

续表

类型	中孔中渗储层	低孔低渗储层	低致密储层	高致密储层	超致密储层
	I	II	IIIa	IIIb	IV
岩性	凝灰岩	凝灰岩、凝灰质泥-粉砂岩、钙质泥-粉砂岩	凝灰质泥-粉砂岩、钙质泥-粉砂-砂岩	白云岩、沉凝灰岩、凝灰质泥-粉砂岩、云钙质泥-粉砂、砂岩	沉凝灰岩、凝灰质泥-粉砂岩、云质泥-粉砂岩
沉积相	浊积扇	扇三角洲前缘河道，前扇三角洲	扇三角洲前缘河道，前扇三角洲滨浅湖	半深湖-深湖	
成岩阶段	早B—中A_2^{11}		中A_1、中A_2^1		中A_2^1、中A_2^2
评价	最有利储层	较有利储层		较差储层	差储层

三、特殊岩类储层有利储层预测

结合阿南凹陷沉积相、岩相、孔隙度（图3.73）和渗透率（图3.74）平面图，根据储层评价标准，建立阿南凹陷特殊岩类储层有利区评价图（图3.75）。最有利储层（I）主要位于发育凝灰岩的浊积扇中；较有利储层（II）主要发育在前扇三角洲和扇三角洲前缘的凝灰岩、凝灰质泥-粉砂岩、钙质泥-粉砂岩中；较差储层（III）主要发育在前扇三角洲和扇三角洲前缘凝灰质泥-粉砂岩和钙质泥-粉砂-砂岩中；差储层（IV）主要在滨浅湖-半深湖-深湖发育沉凝灰岩、凝灰质泥-粉砂岩和云质泥-粉砂岩中。

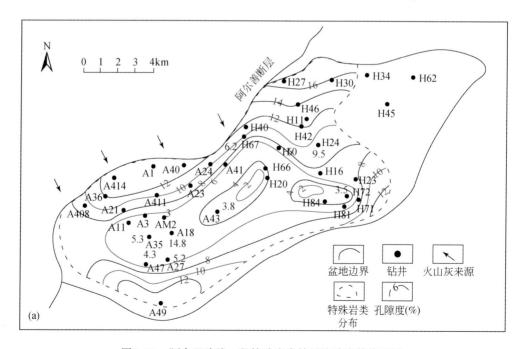

图3.73　阿南凹陷腾一段特殊岩类储层孔隙度等值线图

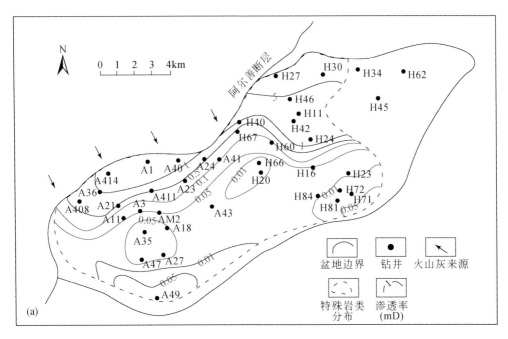

图 3.74 阿南凹陷腾一段特殊岩类储层渗透率等值线图

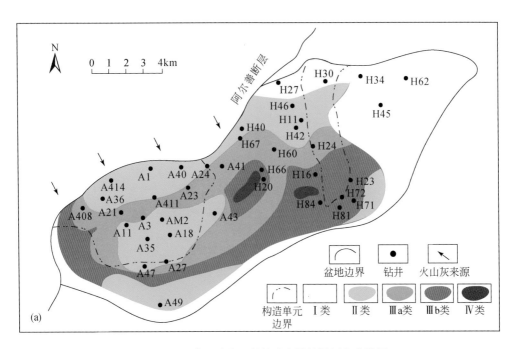

图 3.75 阿南凹陷腾一段特殊岩类储层评价分类图

第四章 巴音都兰凹陷特殊岩类储层研究

第一节 地 质 概 况

一、勘探背景

据统计，在巴音都兰凹陷共有 42 口井钻遇云质岩地层，37 口探井见到油气显示。巴音都兰凹陷的特殊岩类储层紧邻烃源岩或位于烃源岩内部，具有优越的油气成藏条件。如巴音都兰凹陷的巴 I 号构造的特殊岩类储层，主要分布于阿尔善组阿四段，其岩性复杂，包含云岩类、沉凝灰岩类、酸性喷出岩类等六类，不同岩性油气产能差别较大。如 B26 井云质砂岩获压后日产 29.18t 的工业油流，但 B5 井砂质云岩只获得日产 2.38t 油流。

二、凹陷地质概况

巴音都兰凹陷位于二连盆地马尼特拗陷的东北部（图 4.1），北面为巴音宝力格隆起，

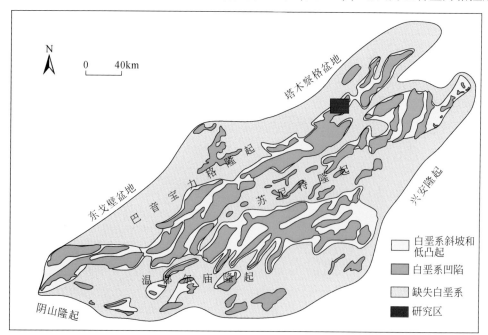

图 4.1 二连盆地巴音都兰凹陷地质概况图（据于福生①修改）

---

① 于福生，2014，二连盆地富油凹陷构造沉积演化特征，中国石油大学（北京）内部报告。

凹陷长度约 80km，宽度约 16~20km，总体面积约为 1200km²，是一个走向 NE 的长条状的中生代箕状断陷盆地（Qing *et al*.，2001；赫云兰等，2010），盆地结构总体表现为东南断、西北超的构造格局，可分为 6 个次级构造带：西北斜坡带、包楞构造带、洼槽带、断阶带、断槽带和马林斜坡带。

　　经过多年的勘探工作发现，巴音都兰凹陷具有 3 个有利构造带——巴Ⅰ号构造带、巴Ⅱ号构造带和包楞构造带。目前巴音都兰凹陷的勘探工作都主要围绕巴Ⅰ构造带和巴Ⅱ构造带这两个区带展开，这两个区带的钻井井位也是最多的，本次研究所用资料数据绝大多数来源于巴Ⅰ构造带和巴Ⅱ构造带（图 4.2）。

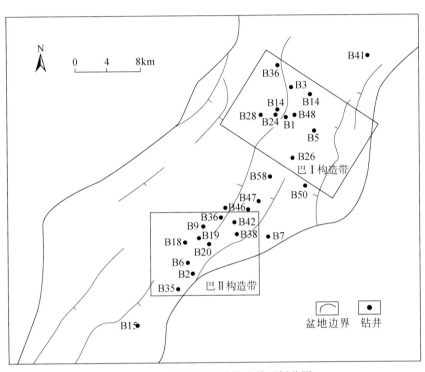

图 4.2　巴音都兰凹陷构造单元划分图

三、构造特征

　　巴音都兰凹陷构造演化研究表明，该凹陷共先后经历了初始张裂期、断陷期、断拗期和萎缩消亡期共 4 个构造演化阶段（王剑波，2015）：

　　初始张裂期：该期可分为阿尔善组阿三段的早张裂期和阿四段的晚张裂期两个阶段（图 4.3、图 4.4）。阿三段沉积时期是巴音都兰凹陷东部边界断层形成的时期，边界断层的形成也奠定了凹陷东南断、西北超的单断式箕状结构的基础（图 4.5）。阿四段沉积时期是湖盆发生较大规模湖侵的时期，凹陷沉积了一套几百米厚的暗色泥岩层，形成了凹陷比较好的烃源岩层。同时也形成了以钙质、云质粉砂岩为主的油气储层，已成为该凹陷的油气勘探目的层系。总体上阿尔善组构成一套完整的“粗—细—粗”的地层旋回，上部由云质泥岩、云质砂岩或者灰质砂岩组成的特殊岩性段，下部主要表现为砂砾岩、砂岩、粉砂岩和泥岩的互层。阿尔善组沉积末期凹陷发生构造反转，使局部地层出露从而发生剥蚀，因此与后期形成的腾一段之间形成了角度不整合界面。

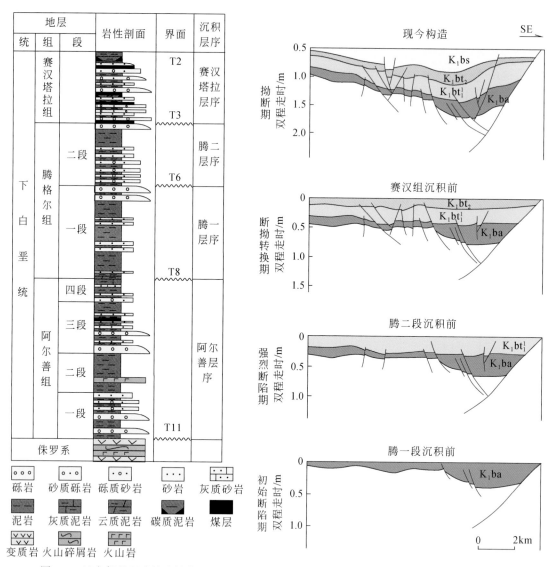

图 4.3　巴音都兰凹陷综合柱状图　　　　图 4.4　巴音都兰凹陷构造演化剖面图（据于福生①）

　　断陷期对应腾格尔组腾一段沉积早期，此时期凹陷的断裂活动强烈，因此湖盆发生大规模湖侵作用，形成了大面积暗色细粒岩沉积，主要为质纯且脆的泥岩，局部为砂泥岩互层，厚度 35～401m，是凹陷内主要的生油层系之一，其与下伏阿四段为角度不整合接触关系。此后，断裂活动逐渐减弱。

----

①　于福生，2014，二连盆地富油凹陷构造沉积演化特征，中国石油大学（北京）内部报告。

　　断拗期主要对应腾格尔组腾二段沉积时期，此时期凹陷的主控断层——东部边界断层逐渐停止活动，因此其对凹陷的沉积作用的控制减弱。腾二段厚度800～900m，整体为一正沉积旋回，由上、中、下三段组成。下部主要发育砂砾岩，中部主要发育粉砂岩和砂岩，上部主要发育泥岩。其与下伏的腾一段为整合接触关系。

　　萎缩消亡期主要对应赛汉塔拉组沉积末期，凹陷整体抬升，凹陷的南北两端地层遭受严重剥蚀，从而形成了大规模的剥蚀区。赛汉塔拉组厚度130～228m，整体上为粗粒沉积，主要为泥岩和砂砾岩互层出现，局部夹有煤层。其与下伏腾二段为不整合接触关系。

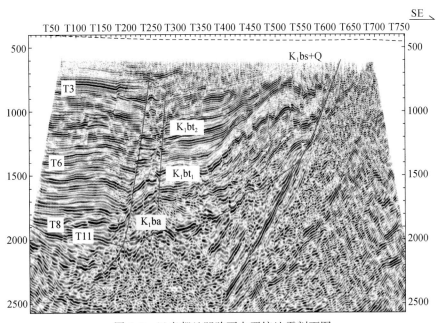

图4.5　巴音都兰凹陷下白垩统地震剖面图

四、沉积和层序特征

　　阿尔善组时期巴音都兰凹陷内的碎屑物质主要来源于凹陷的短轴方向，总体存在东、西两大物源区（崔周旗等，2001），山高谷深，碎屑物质供给充足，湖盆狭窄，沿湖盆两岸发育有宏伟壮观的洪积扇群和大面积河流相，还有规模巨大的扇三角洲和近岸水下扇砂体（图4.6）。由于凹陷两侧断裂强度影响，沉积体展布具有东西分带的特点，受东部边界断层影响，凹陷的沉积物整体表现为东粗西细的趋势，东部发育扇三角洲沉积，西部主要发育辫状河三角洲沉积。沉积体系侧向相变很快，这是狭窄、复杂的斜坡带造成的，因此研究区的扇三角洲砂体与湖相烃源岩频繁交互，组成了非常优越的生-储-盖组合。

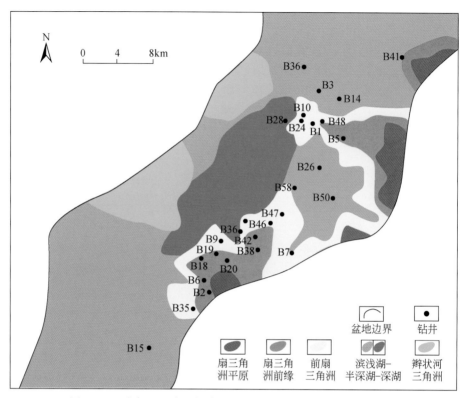

图4.6　巴音都兰凹陷阿尔善组沉积相平面分布图（据于福生①）

第二节　特殊岩类储层岩石学特征

一、特殊岩类储层岩石学特征

巴音都兰凹陷特殊岩类可细分为五类：白云石化沉凝灰岩、云质泥岩、云质粉砂岩、云质砂岩和钙质砂岩（孙书洋等，2015；表4.1）。

表4.1　巴音都兰凹陷阿尔善组特殊岩类储层的主要岩石类型分类

岩石类型	岩石	成分	沉积特征
凝灰岩类	白云石化沉凝灰岩	火山玻屑+火山晶屑>50% 陆源碎屑<50% 白云石>10%	块状构造、波状层理 含星点状、雪花状等碳酸盐集合体

① 于福生，2014，二连盆地富油凹陷构造沉积演化特征，中国石油大学（北京）内部报告。

续表

岩石类型	岩石	成分	沉积特征
陆源碎屑岩类	云质粉砂岩 云质泥岩	陆源碎屑>50% 白云石>10%	发育纹层、波状层理
	钙–云质砂岩	陆源碎屑>50% 方解石（白云石）>10%	

1. 白云石化沉凝灰岩

岩心和薄片观察表明，巴音都兰凹陷白云石化沉凝灰岩主要见于巴Ⅰ构造带，本次选取阿尔善组共 10 块白云石化沉凝灰岩样品进行 X 衍射全岩分析。统计结果表明，研究区白云石化沉凝灰岩的平均岩矿组成为：约31.8%石英、约13.2%的钾长石、约20.57%的斜长石、11.5%的方解石、22%的白云石、3.7%的方沸石和13.3%的黏土矿物（图4.7）。

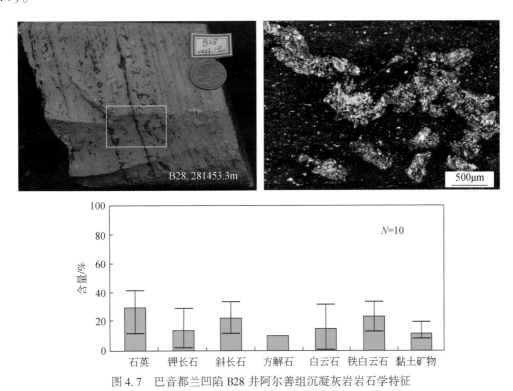

图 4.7　巴音都兰凹陷 B28 井阿尔善组沉凝灰岩岩石学特征

2. 云质泥岩

岩心和薄片观察表明，巴音都兰凹陷云质泥岩见于巴Ⅰ和巴Ⅱ构造带。X 衍射全岩分析统计结果表明，研究区云质泥岩的平均岩矿组成为：约 24% 石英、约 7.7% 的钾长石、约 12.5% 的斜长石、6.7% 的方解石、23.5% 的白云石、2.6% 的黄铁矿、15.1% 的方沸石和 32.5% 的黏土矿物（图 4.8）。

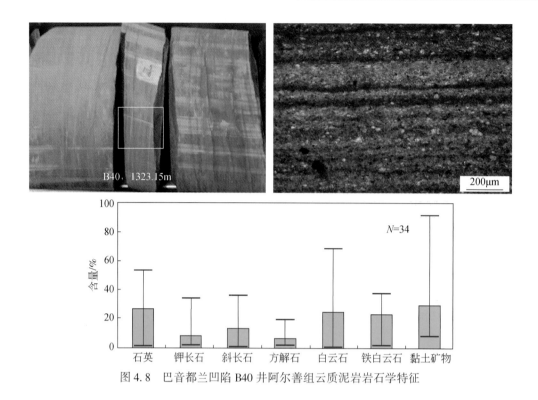

图 4.8　巴音都兰凹陷 B40 井阿尔善组云质泥岩岩石学特征

3. 云质粉砂岩

岩心和薄片观察表明，研究区云质粉砂岩在巴 I 构造带和巴 II 构造带均有发育。X 衍射全岩分析表明，云质粉砂岩的平均岩矿组成为：约 30.26% 石英、约 7.5% 的钾长石、约 22% 的斜长石、5.7% 的方解石、20.4% 的白云石、2% 的黄铁矿、6.0% 的方沸石和17.6% 的黏土矿物（图 4.9）。

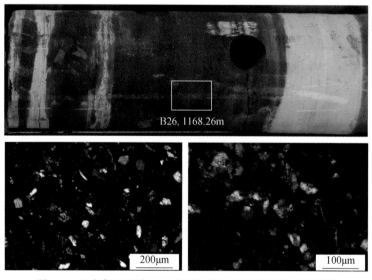

图 4.9　巴音都兰凹陷 B26 井阿尔善组云质粉岩岩石学特征

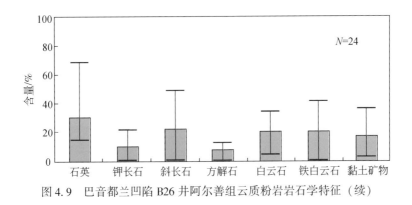

图 4.9　巴音都兰凹陷 B26 井阿尔善组云质粉岩岩石学特征（续）

4. 云质砂岩

岩心和薄片观察表明，研究区云质砂岩在巴Ⅰ构造带和巴Ⅱ构造带均有发育。X 衍射全岩分析表明，云质砂岩的平均岩矿组成为：约 29.5% 石英、约 7.3% 的钾长石、约 15.9% 的斜长石、10% 的方解石、20% 的白云石、3.4% 的黄铁矿、3.0% 的方沸石和 20% 的黏土矿物（图 4.10）。

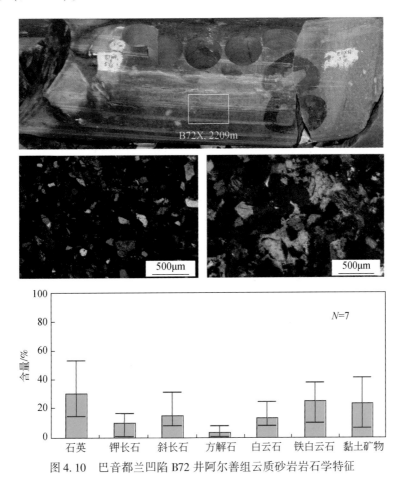

图 4.10　巴音都兰凹陷 B72 井阿尔善组云质砂岩岩石学特征

5. 钙质砂岩

研究区灰白色钙质砂岩也比较发育，分选普遍较差，磨圆为棱角–次棱角状，成分成熟度和结构成熟度均较低。方解石作为胶结物，常将砂岩中的粒间孔隙完全胶结，并且杂基含量一般很少，如 B13 井 1553.4m 深度处钙质粗砂岩样品中方解石胶结非常强烈（图 4.11）。

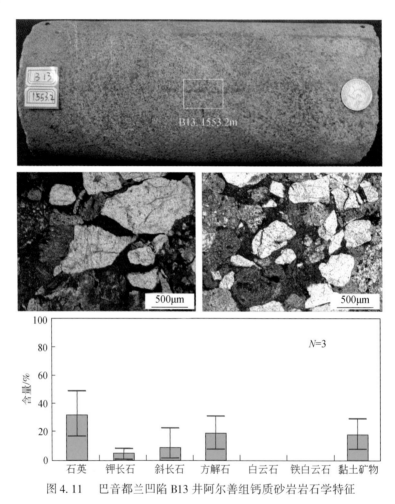

图 4.11　巴音都兰凹陷 B13 井阿尔善组钙质砂岩岩石学特征

二、特殊岩类储层分布

通过大量的岩心和薄片观察，结合 X 衍射等手段对巴音都兰凹陷阿尔善组的特殊岩类云质泥岩、云质砂岩和钙质砂、砾岩在巴I构造带和巴Ⅱ构造带的分布进行了探究。

纵向上，阿尔善组特殊岩类在巴Ⅰ构造带和巴Ⅱ构造带的分布规律不同，现选取巴Ⅰ构造带 B24 井和 B26 井和巴Ⅱ构造带的 B6、B19 井进行连井剖面对比说明。在巴Ⅰ构造带中，B24 井阿尔善组云质泥岩比较发育，且白云石以单晶形式星散状出现的云质泥岩与白云石以晶体集合体形式出现的云质泥岩互层出现，B26 井主要发育白云岩。在巴Ⅱ构造带中，B19井和B6井的阿尔善组云质泥岩不发育，普通泥岩常与云质砂岩、钙质砂、砾岩互层出现（图4.12）。

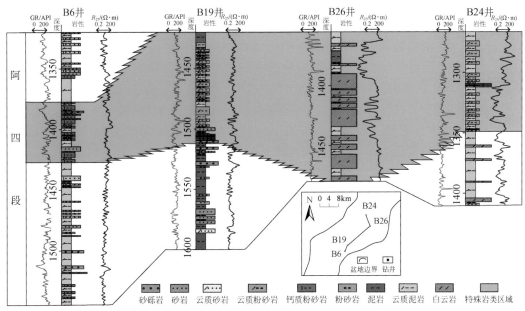

图4.12 巴音都兰凹陷阿尔善组特殊岩类储层连井剖面

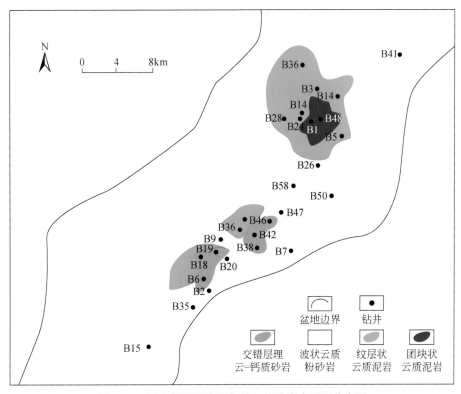

图4.13 巴音都兰凹陷阿尔善组特殊岩类平面分布图

巴音都兰凹陷阿尔善组云质泥岩主要分布于巴I构造带，在巴II构造带分布较少。其中在巴I构造带中10口取心井的阿尔善组中均发现有云质泥岩的分布（图4.13），这些井分别为B3、B5、B11、B24、B26、B28、B40、B48、B51、B54井，而在巴II构造带仅在B19井和B6井的阿尔善组发现有云质泥岩存在；云-钙质砂岩和云质粉砂岩在巴I构造带的B5、B24、B48、B54井和巴II构造带的B6、B21、B38、B44、B50、B53井和B58井均有分布（图4.13）；白云石化沉凝灰岩主要分布在巴I构造带，在B24、B48等井偶见。整体而言，巴音都兰凹陷阿尔善组云质泥岩和粉砂岩大量分布于巴I、II构造带的前扇三角洲和滨浅湖亚相；云-钙质砂岩主要分布在巴I构造带和巴II构造带的扇三角洲前缘河道微相。

平面上，阿南凹陷腾一段特殊岩类储层主要分布在阿南凹陷的中部，厚度主要处于20~60m，从深湖向湖盆边界，厚度逐渐变薄。不同特殊岩类储层的分布也不同（图4.14）。

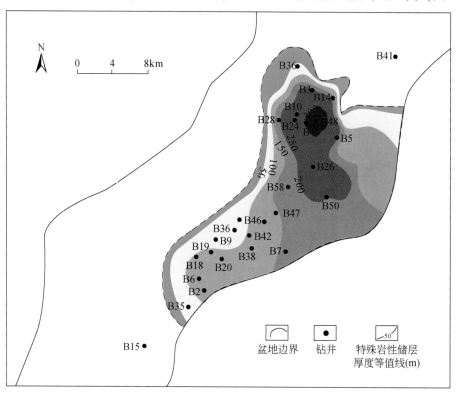

图4.14 巴音都兰凹陷阿尔善组特殊岩类厚度分布图

三、特殊岩类储层岩相分类

在确定混积岩岩石类型的基础上，考虑沉积结构、构造和沉积成因，建立了巴音都兰凹陷阿尔善组云质岩的岩相分类方案。

1. 团块状沉凝灰岩相

在岩心上团块状沉凝灰岩呈灰色，具有白色团块或条带。薄片观察表明，白云石常以晶体集合体形式呈顺层或不规则状分布在白云石化沉凝灰岩中（图4.15）。白云石集合体常发生溶蚀形成较好的储集空间，储存一定量的油气。而且这些不规则状的团块在岩心上也常近顺层不连续出现，如 B24 井 1311.24m 白云石化沉凝灰岩岩心照片中可见不规则白云石团块，一部分被溶蚀后被油侵染而显黑色，这些不规则白云石团块是不连续的，但是整体上是近顺层分布的，在显微镜下可见其晶体集合体呈不规则状出现，在扫描电镜下可见到不规则状的白云石晶体集合体（图 4.15）。

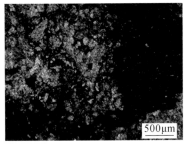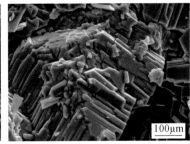

图 4.15　巴音都兰凹陷阿尔善组团块状沉凝灰岩岩石学特征

B24 井，1311.24m，K_1ba，团块状沉凝灰岩

2. 纹层状云质泥岩相

岩心呈灰白色，纹层状、波状构造，常夹薄层粉砂岩（图 4.16）。薄片观察表明，白云石晶体的大小一般为泥晶、微晶，顺泥岩纹层不均匀分布。扫描电镜观察白云石主要为他形-半自形晶体、几微米的白云石晶体。不过由于受到黏土矿物化学成分的干扰，能谱分析结果不太理想。除了大部分云质泥岩中的白云石较小之外，一部分云质泥岩中白云石较大，如 B3 井 1046.1m 深度处云质泥岩薄片中的白云石晶体可达斑状粉晶到细晶级别，大小一般为几十微米到约二百微米之间，晶体多为他形，而且部分白云石晶体核心部位可见方解石，扫描电镜下可见不规则斑状晶体。

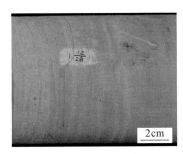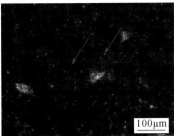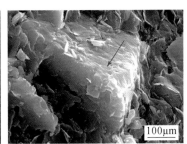

图 4.16　巴音都兰凹陷阿尔善组纹层状云质泥岩岩石学特征

B26 井，1165.96m，K_1ba

3. 波状云质粉砂岩相

岩心上波状云质粉砂岩呈灰白色，波状层理（图 4.17）。镜下片观察表明，白云石大小为几微米到几十微米不等，为微晶、粉晶到细晶级别，白云石主要呈半自形到自形晶，如 B13 井 1412m 云质粉砂岩。

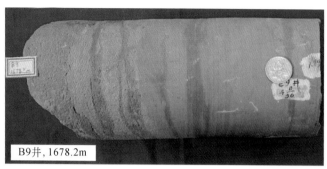

图 4.17　巴音都兰凹陷阿尔善组波状云质粉砂岩岩石学特征

4. 交错层理云-钙质砂岩相

交错层理云-钙质砂岩的方解石晶体主要为胶结物充填粒间孔隙或交代颗粒，主要为连晶胶结，晚于石英加大（图 4.18）；白云石主要为细晶胶结，零散充填粒间孔隙或交代颗粒。碳酸盐胶结物强发育区，杂基少见，指示沉积水动力较强环境，碳酸盐胶结物大量充填孔隙。相反，碳酸盐胶结物发育弱的区域，杂基较发育，指示水动力条件较弱环境，碳酸盐胶结物主要交代颗粒。

图 4.18　巴音都兰凹陷阿尔善组交错层理云-钙质砂岩岩石学特征

B21 井，1431.6m，K_1ba

四、特殊岩类储层岩相分布

通过对巴音都兰凹陷云质岩的岩心、薄片、测井等资料的综合分析，在"优势岩相"思路的指导下，总结巴音都兰凹陷云质岩岩相纵向和平面展布规律。

在纵向上，巴音都兰凹陷阿尔善组可细分为 3 个岩性段，从下到上依次为：Ⅰ组：细砂岩和云质泥岩段组合，岩石粒度较粗，灰绿、浅灰色钙质粉砂-细砂岩，以滨浅湖和扇三角洲前缘沉积为主；Ⅱ组：白云石化沉凝灰岩和云质泥岩段组合，灰绿色凝灰岩与深灰色泥质白云岩互层，主要为滨浅湖的沉积环境，局部为深湖沉积（灰黑色粉砂质泥岩发育），同时存在多期重力流形成的块状灰绿色凝灰质泥-粉砂岩；Ⅲ组：云-钙质粉、细砂岩和泥岩段组合，以灰黑色云质粉砂岩为主，夹数层浅灰色凝灰质粉砂岩，以浅湖-半深湖沉积为主，伴有滨湖沉积粉砂岩，见波状沙纹层理（图 4.19）。

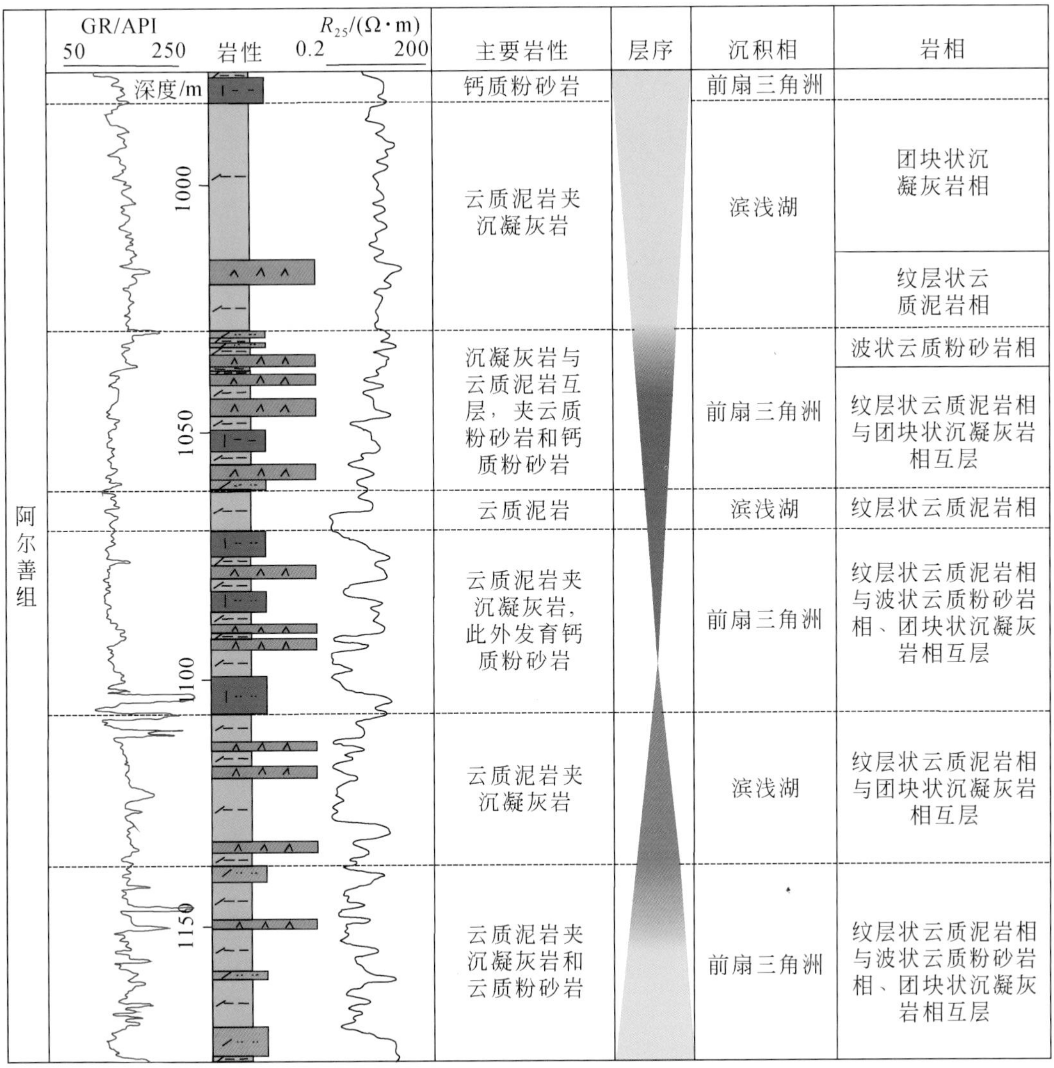

图 4.19　巴音都兰凹陷阿尔善组特殊岩性岩相纵向分布图

　　平面上，纹层状云质泥岩比团块状白云石化沉凝灰岩发育范围大。纹层状云质泥岩在巴 I 构造带广泛分布，分布于前扇三角洲和滨浅湖亚相（B3、B5、B11、B24、B26、B28、B40、B48、B54 井均可见），在巴 II 构造带发育较少，见于 B19 井和 B6 井（图 4.20）。团块状云质泥岩仅分布于巴 I 构造带前扇三角洲亚相（B3、B24、B28、B48 井和 B51 井可见，图 4.20）。波状云质粉砂岩在巴 I 构造带和巴 II 构造带的前扇三角洲亚相中发育广泛（图 4.20），而交错层理云-钙质砂岩主要分布在巴 I 构造带和巴 II 构造带的扇三角洲前缘亚相，多分布于河道微相。

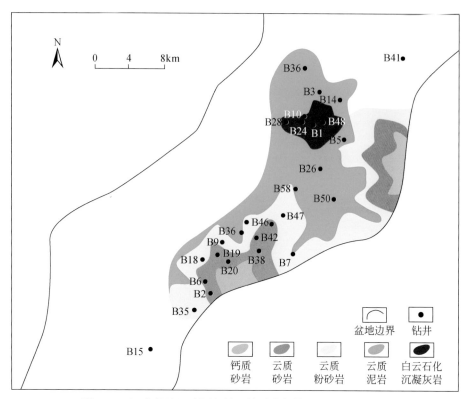

图 4.20　巴音都兰凹陷阿尔善组特殊岩性储层平面分布特征

第三节　特殊岩类储层成因分析

一、构造背景

巴音都兰凹陷阿尔善组碎屑物源分析表明，阿南凹陷善南洼陷的物源（即阿尔善断层物源）主要受基底隆升、切割型岛弧物源和过渡型岛弧的共同影响（图 4.21）。

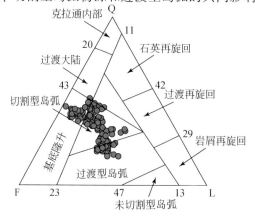

图 4.21　巴音都兰凹陷阿尔善组特殊岩类储层 QFL 三角图

二、沉积环境

用地球化学的方法推断古沉积环境是最常用的也是效果较为理想的一种方法。湖水地球化学的不稳定性导致多种指示性微量元素（如 Sr、Ba、V、Ni 等）发生大幅度变化，可用来区分沉积环境、判断古水体盐度（黄思静，2010）。

1. 古气候

Sr/Cu 值处于 1～5 指示潮湿气候，而大于 5 指示干热气候。巴音都兰凹陷阿尔善组的 Sr/Cu 值主要处于 10～20，最高达 78，平均为 18 ［图 4.22（a）］，反映阿尔善组沉积环境变化较大，潮湿-干热环境均有发育。

2. 古盐度

巴音都兰凹陷阿尔善组云质岩 Sr 含量较高，介于 164～870μg/g，平均为 393μg/g。Sr 含量频数分布直方图（图 4.22）显示研究区处于 200～400μg/g 的 Sr 含量占比重较大，说明阿尔善组形成环境以半咸水-咸水为主，成岩流体为封闭湖泊沉积咸水；其中，白云石化沉凝灰岩和云质泥岩的 Sr 含量值较低，可能是受到埋藏过程中的重结晶作用的影响，重结晶作用会对 Sr 元素起提纯作用。除此之外，方解石的白云石化过程也会造成 Sr 元素的损失（黄思静等，2006）。随着成岩强度增加，Sr 含量具有不断减少的趋势（贺训云等，2014）。此外，阿尔善组云质岩的 Sr/Ba 值范围为 0.34～2.87，由 Sr/Ba 值分布频数直方图可知 ［图4.22（c）］，巴音都兰凹陷阿尔善组云质岩形成时期湖盆高盐度的沉积特征。

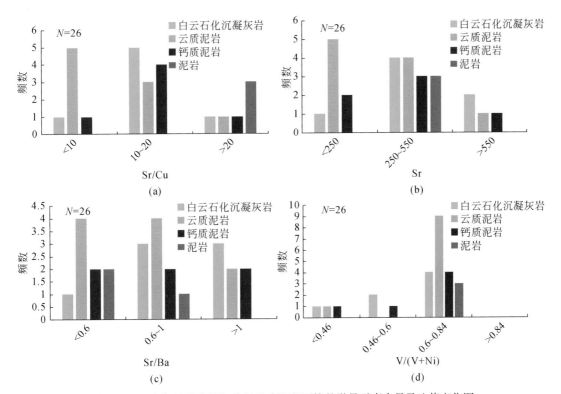

图 4.22　巴音都兰凹陷阿尔善组反映沉积环境的微量元素含量及比值变化图

3. 氧化-还原性

巴音都兰凹陷阿尔善组云质岩的 V/（V+Ni）值波动范围较大，介于 0.25～0.8。由 V/（V+Ni）值分布频数直方图［图 4.22（d）］可知，V/（V+Ni）值主要分布在 0.6～0.75，反映沉积水体为分层不强的厌氧环境，总体表明阿尔善组云质岩的形成环境相对复杂、水体盐度变化范围较大，主要形成于封闭的还原环境中。

综上所述，阿尔善组云质岩 Sr 含量较高、Sr/Ba 值较高、V/（V+Ni）值较低，表明形成环境为高盐度的封闭、厌氧还原环境。

三、白云石形成温度

数据显示（图 4.23），巴音都兰凹陷阿尔善组云质岩的 $\delta^{18}O$ 值范围为 $-18.4‰\sim -3.6‰$，平均值为 $-11.29‰$；$\delta^{13}C$ 值范围介于 $0.4‰\sim 8.7‰$，平均值为 $4.47‰$。

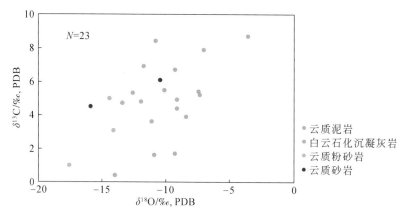

图 4.23　巴音都兰凹陷阿尔善组特殊岩类储层自生碳酸盐同位素组成

Keith 曾提出了划分海相和淡水相碳酸盐岩的经验公式（黄思静，2010）：

$$Z = 2.048\times（\delta^{13}C_{PDB}+50）+0.498\times（\delta^{18}O_{PDB}+50）\tag{4.1}$$

当 $Z>120$ 时，碳酸盐胶结物形成流体环境为海水或湖相咸水；当 $Z<120$ 时，为陆相淡水。根据阿南凹陷白云石的碳、氧同位素分析结果，全部样品的 Z 值（判别水体咸淡的指标）大于 120，处于 120.3～143.3，平均 130.8，推断为咸水的湖泊环境（图 4.24）。

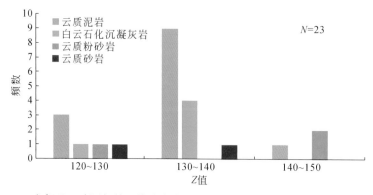

图 4.24　巴音都兰凹陷阿尔善组特殊岩类储层自生碳酸盐形沉积盐度系数分布直方图

云质泥岩主要发育微粉晶结构的白云石，氧同位素值分布于-14‰~-3.6‰。根据 Epstein 等提出的碳酸盐岩沉积温度与氧同位素组成之间的关系公式，计算其形成古温度为 60~80℃（图4.25），主要形成于成岩作用早期；其次为白云石化沉凝灰岩，主要发育半自形、微晶白云石集合体，其形成古温度为 80~110℃，处于成岩阶段中期初期；云质粉、砂岩的细晶白云石或铁白云石的氧同位素值偏负，分布于-17.6‰~-10.4‰，计算的形成古温度较高，处于 120~134℃（图4.25），明显晚于微粉晶白云石，属于埋藏成因白云石。

根据计算古温度频率分布直方图（图4.25）可以看出，云质岩形成的温度区间有三个，分别位于 60~80℃、80~120℃和大于 120℃。结合 XRD 全岩分析和薄片观察结果，零散分布在云质泥岩中他形微粉晶白云石主要形成于 60~80℃，对应成岩阶段早期，团块状分布在白云石化沉凝灰岩中的自形细晶白云石主要形成于 80~120℃，对应成岩阶段中期初期，云-钙质粉砂岩和云-钙质砂岩中的细晶白云石主要形成于 120~140℃，对应成岩阶段中晚期。

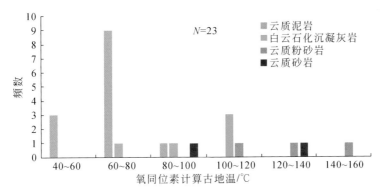

图4.25　巴音都兰凹陷阿尔善组特殊岩类储层自生碳酸盐形成温度分布直方图

四、白云石来源

巴音都兰凹陷阿尔善组云质岩 $\delta^{13}C$ 值范围介于 0.4‰~8.7‰，平均值为 4.47‰，总体为正偏的特征。将其碳、氧同位素值投在 Mazzullo（2000）"与缺氧、富有机质有关的海相沉积物中白云石的地球化学特征"图上，发现各样品值均位于产烷带微生物活动造成甲烷生成作用相关的白云石的稳定同位素值范围内。结果表明，巴音都兰凹陷云质泥岩中白云石的形成可能与产烷带微生物代谢活动引起的甲烷生成作用有关，云-钙质砂岩中的细晶白云石 $\delta^{13}C_{PDB}$ 值偏低，主要处于 3‰~5‰，结合该类白云石形成温度和期次，推测该类晚期细晶白云石可能受成岩后期有机质影响。

结合巴音都兰凹陷白云石来源分析以及巴音都兰凹陷沉积构造背景特征，Ca^{2+} 主要来源于斜长石溶解和黏土矿物转化。Mg^{2+} 可能来源于中基性火山岩风化淋滤、中基性凝灰岩蚀变。

五、白云石化作用模式及分布

巴音都兰凹陷阿尔善组沉积环境主要为半咸水-咸水湖相环境，在沉积或沉积期后的早期阶段，埋深在几厘米到几百米之间，受产甲烷菌影响或促进，减小 Mg^{2+}、Ca^{2+} 离子水合作用屏障、增加盐度及 pH，促进准同生白云石的形成。此外，阿尔善组沉积期，物源区中基性火山岩风化淋滤形成咸化流体，提供 Ca^{2+}、Mg^{2+} 离子，同时早白垩世大规模火山喷发形成大量中基性凝灰岩进入湖盆中发生蚀变，同样提供大量 Ca^{2+}、Mg^{2+} 离子，主要形成微粉晶、他形晶白云石，分布于泥岩中的泥质或凝灰物质基质；随着埋深增加，火山物质蚀变和黏土矿物转化程度增加，云质泥岩中微晶白云石晶体增大，形成了细晶白云石，主要分布在泥岩中；随着埋藏逐渐加深，地温逐渐增加，成岩作用增强，有机酸大量生成，溶蚀砂岩中的斜长石和岩屑等不稳定矿物释放 Fe^{2+}、Mg^{2+} 和 Ca^{2+} 离子等，同时黏土矿物转化释放大量 Mg^{2+} 离子，从而形成成岩晚期的细晶白云石或方解石，晶体结构较好，使研究区形成了广泛分布的钙质砂、砾岩和云质砂岩（图 4.26）。

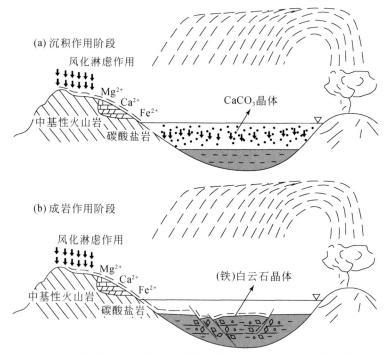

图 4.26　巴音都兰凹陷阿尔善组特殊岩类储层白云石化成因模式图

第四节　特殊岩类储层物性及储集空间特征

一、特殊岩类储层物性特征

巴音都兰凹陷阿尔善组 19 口井 223 块特殊岩类储层样品的岩心孔隙度、渗透率数据统计表明，其储层孔隙度分布在 1.5% ~ 36.4%，平均孔隙度为 14.54%；渗透率分布在 0 ~ 5136mD，平均渗透率为 93mD。纵向上，储层孔渗随着埋深增加而降低，异常高孔带分布在 1000 ~ 1500m（图 4.27）。孔隙度和渗透率相关图表明，巴音都兰阿尔善组特殊岩类储层的孔隙度和渗透率呈正相关关系（图 4.28），表明该储层物性主要受储集空间控制，裂缝影响较小。

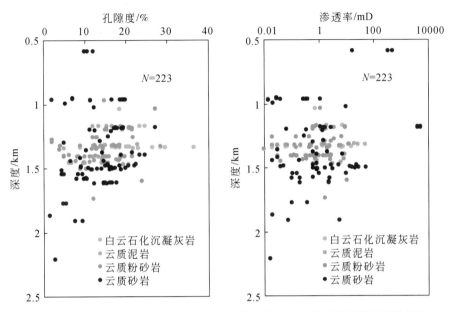

图 4.27 巴音都兰凹陷阿尔善组特殊岩类储层孔隙度和渗透率随深度的分布图

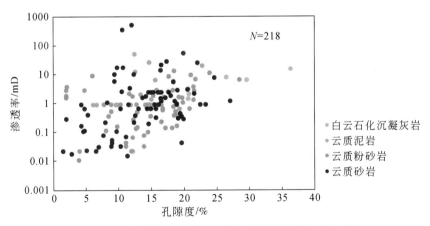

图 4.28 巴音都兰凹陷阿尔善组特殊岩类储层物性分布图

此外，不同岩相的云质岩储层，储层孔隙也不同（表 4.2）。白云石化沉凝灰岩主要分布于巴 I 构造带，常规物性测试的样品深度介于 1100 ~ 1130m，物性数据分析显示，其孔隙度值介于 12% ~ 36.4%，平均值为 20%。渗透率值介于 0 ~ 14.5mD，平均值为 2.53mD；云质泥岩平面上分布广泛，其常规物性测试的样品深度介于 1100 ~ 1470m，物性数据分析显示，其孔隙度值介于 2.03% ~ 28.5%，平均值为 12.8%。渗透率值介于 0 ~ 25.2mD，平均值为 1.6mD；云质粉砂岩平面上分布也较广泛，其常规物性测试的样品深度介于 1000～1470m，物性数据分析显示，其孔隙度值介于 2.03%～28.5%，平均值为 14.4%。渗透率值介于 0～12mD，平均值为 1.78mD；云质砂岩，其常规物性测试的样品深度分布广泛，介于 500～2300m，物性数据分析显示，其孔隙度值介于 1.5%～27.1%，平均值 13.7%。渗透率值介于 0～485mD，平均值为 1.78mD。

　　岩心观察表明，巴音都兰凹陷的纹层状云质泥岩段非常致密，但部分云质泥岩具有比较高的孔隙度。例如，岩心观察 B26 井的纹层状云质岩段非常致密，然而取样和物性测试结果表明，9 个采样点的孔隙度值范围为 16.6%～27.4%，平均值为 22.0%，渗透率平均值为 2.3mD（表 4.2），该段云质泥岩孔隙度较高，而渗透率值较低。薄片观察，主要发育白云石晶间、粒间溶蚀孔，但是由于溶蚀孔隙零散分布，连通性差造成渗透率不高。因此，纹层状云质泥岩主要靠裂缝沟通孔隙，形成有效储层。

表 4.2　阿南凹陷腾一段特殊岩类储层物性特征

岩性	孔隙度/%	渗透率/mD
白云石化沉凝灰岩	$\dfrac{12\sim36.4}{20\ (25)}$	$\dfrac{0\sim14.5}{2.53\ (25)}$
云质泥岩	$\dfrac{5\sim20.7}{12.8\ (34)}$	$\dfrac{0\sim11.3}{1.6\ (34)}$
云质粉砂岩	$\dfrac{2.03\sim28.5}{14.34\ (67)}$	$\dfrac{0\sim12}{1.82\ (67)}$
云质砂岩	$\dfrac{1.5\sim27.1}{13.74\ (91)}$	$\dfrac{0.014\sim485}{1.78\ (87)}$

二、特殊岩类储层孔隙与喉道类型

　　巴音都兰凹陷 B3、B5、B13、B21、B24 和 B26 等关键井的岩心观察、铸体薄片及扫描电镜分析发现，巴音都兰凹陷阿尔善组云质岩储层的孔隙非常发育，云质泥岩中主要发育溶蚀孔隙和裂缝，晶间孔隙也较发育；云质砂岩中主要发育溶蚀孔隙。

　　1. 晶间孔

　　晶间孔主要发育在团块状云质泥岩中，处于不规则形状白云石晶体集合体中，溶蚀孔隙大小分布在几十微米到几毫米之间，如 B28 井 1451.5m 云质泥岩，岩心上可见明显的溶蚀孔洞，最大达 2mm［图 4.29（a）］，是较好的储集空间。

　　2. 粒内溶孔

　　粒内溶孔是源于陆源碎屑颗粒溶蚀形成的粒内溶蚀孔隙，主要发育在云质泥岩中。陆源碎屑颗粒的溶蚀主要为长石和岩屑溶蚀，粒内溶孔形态多样，包括孤立出现的溶孔以及铸模孔等。薄片中可见溶蚀作用形成的长石颗粒的溶蚀残余［图 4.29（b）］，当碎屑颗粒的溶蚀作用比较强烈，整个颗粒都有可能被溶蚀掉，形成铸模孔［图 4.29（b）］。粒内溶蚀孔隙等往往与临近的粒间溶蚀孔隙相连，形成溶蚀扩大孔。

　　3. 粒间溶孔

　　粒间溶孔主要表现为碳酸盐胶结物溶蚀，在云质泥岩和云-钙质砂岩中均有发育［图 4.29（c）～（e）］。该类孔隙经常与裂缝连通，形成有效孔隙。

4. 裂缝

巴音都兰凹陷阿尔善组储层裂缝比较发育［图 4.29（f）］，主要发育在云质泥岩中，是研究区比较重要的储集空间类型。研究区的裂缝多为高角度构造裂缝，如 B54 井1218.16m 深度处的裂缝就是如此，这些裂缝在平面上常呈规律性变化，靠近断层的区域裂缝相对发育。裂缝内常充填碳酸盐矿物，碳酸盐矿物溶蚀可以形成大量的溶蚀孔隙，这些溶蚀孔隙不仅可以自身成为良好的储集空间，而且可以成为油气的良好的渗流通道（Zhu et al.，2012）。裂缝自身也可能受到溶蚀作用的改造形成复合成因的裂缝-溶蚀孔隙。云质泥岩容易形成裂缝主要是由于含有白云石而导致其脆性变大，容易在压实作用下破裂（Zhu et al.，2012），形成裂缝后其又容易遭受地下水溶蚀作用而形成溶洞，因此可以成为油藏的良好的储集空间。

图 4.29　巴音都兰凹陷阿尔善组特殊岩类储层储集空间特征（单偏光）
（a）晶间孔，B28 井，1451.5m；（b）粒间溶孔，粒内溶孔，B13 井，1410.2m；（c）方解石溶孔，B36 井，1303.08m；
（d）粒间溶孔，粒内溶孔，B51 井，1370.47m；（e）粒间溶孔，B48 井，1181.26m；（f）微裂缝，B40 井，1323.35m

三、特殊岩类储层孔隙结构特征

储集空间的分布主要受特殊岩类岩性的控制，云质泥岩主要分布于巴Ⅰ构造带，因此白云石晶间孔、白云石溶孔也主要发育于巴Ⅰ构造带；云质砂岩在巴Ⅰ构造带和巴Ⅱ构造带均有分布，因此在巴Ⅰ和巴Ⅱ构造带粒间溶孔和粒内溶孔均比较发育（图4.29）。

研究储层的孔隙结构最常用的方法有压汞毛管压力曲线方法，本次研究采用压汞毛管压力曲线法对巴音都兰凹陷云质砂岩和云质泥岩的孔隙结构展开研究。统计巴音都兰凹陷特殊岩类储层的常规毛管压力曲线特征，结果表明不同岩性的孔隙结构特征不同。

云质泥岩的孔隙结构差，毛管压力曲线具排驱压力大、进汞饱和度小、喉道半径小的特点。常规压汞测试结果表明，排驱压力大于10MPa，平均喉道半径处于0.009 ~ 0.014μm，最大进汞饱和度小于20%，退汞效率处于50% ~ 90%，储集性能差，毛细管压力曲线形态特征表现为分选差、细歪度（图4.30）。

云质粉砂岩储层的孔隙结构差，毛管压力曲线具排驱压力低、进汞饱和度小、喉道半径小的特点。常规压汞测试结果表明，排驱压力处于1 ~ 10MPa，平均喉道半径主要处于0.16 ~ 0.4μm，最大进汞饱和度大于75%，储集性能较差，毛细管压力曲线形态特征表现为分选差、略细歪度（图4.30）。

云质砂岩储层的毛管压力曲线总体上具排驱压力低、进汞饱和度较大、喉道半径较大的特点。常规压汞测试结果表明，排驱压力小，处于0.03 ~ 0.12MPa，平均喉道半径处于1.6 ~ 16μm，最大进汞饱和度大于85%，退汞效率小于20%，储集性能较好，毛细管压力曲线形态特征表现为分选好、略粗歪度（图4.30）。

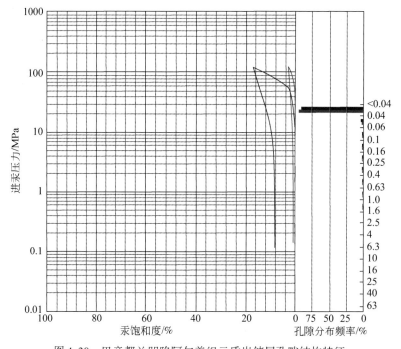

图4.30　巴音都兰凹陷阿尔善组云质岩储层孔隙结构特征

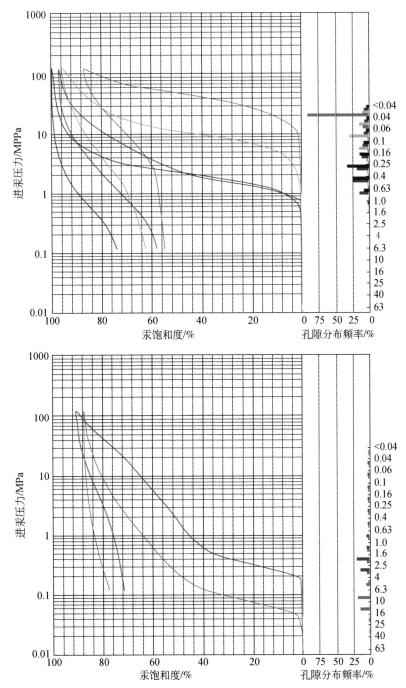

图4.30　巴音都兰凹陷阿尔善组云质岩储层孔隙结构特征（续）

依次为云质泥岩、云质粉砂岩、云质砂岩

此外，选取 B19 井 1501.6m 细砂岩做恒速压汞和核磁共振测试。恒速压汞结果表明，砂岩气测孔隙度为 14.7%，渗透率平均值为 39.36mD，喉道进汞饱和度为 37.22%，孔隙进汞饱和度为53.88%（图4.31）。核磁共振结果表明，砂岩可动流体饱和度为76%，可动流体孔隙度为10.8%，束缚水饱和度为23%。结合T2谱特征和上述研究（图4.32），结果表明，巴音都兰凹陷细砂岩储层物性好，孔隙结构好，主要发育两类孔隙，其中以粒间溶孔为主，少量发育粒间溶孔。

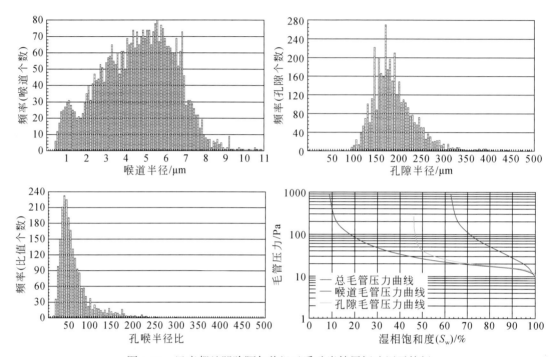

图4.31　巴音都兰凹陷阿尔善组云质砂岩储层恒速压汞特征

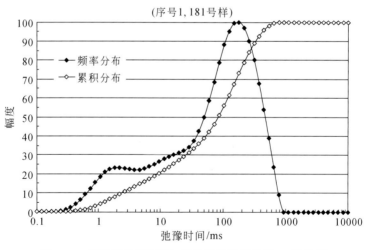

图4.32　巴音都兰凹陷阿尔善组特殊岩类砂岩T2谱特征

第五节　特殊岩类储层成岩作用研究

薄片观察扫描电镜和阴极发光分析发现，巴音都兰凹陷阿尔善组云质岩类中云质泥岩中发育的成岩作用以溶蚀作用和交代作用为主。云质砂岩发育的成岩作用类型主要有溶蚀、胶结和交代作用，压实作用不强烈，而胶结作用和溶蚀作用对砂岩储层的储集性能影响最大。

一、成岩作用类型

1. 压实作用

巴音都兰凹陷阿尔善组埋深处于 1000~1500m，高于浅埋藏环境深度下限的范围 600~1000m（黄思静，2010；王会来等，2013），因此研究区阿尔善组云质泥岩应属于中-深埋藏环境。云质泥岩的压实作用主要表现为岩屑的塑性变形等［图 4.33（a）］。薄片观察表明，巴音都兰凹陷云质砂岩普遍压实作用较弱，如 B21 井 1431.6m 处的云质砂岩中的陆源碎屑颗粒主要为点-线接触。推测由于云-钙质砂岩发育大量的碳酸盐胶结物，导致压实作用不强烈。

2. 胶结作用

巴音都兰凹陷阿尔善组云质岩的胶结作用广泛发育，主要表现为碳酸盐胶结，其次是石英次生加大和自生黏土矿物胶结。然而，不同岩性的储层，胶结物类型和分布也不同。在特殊岩类储层中发育一期微晶方解石，主要分布在云-钙质砂岩中，表现为连晶胶结或交代岩屑［图 4.33（b）］。薄片观察表明，该期方解石主要晚于石英加大，如 B19 井 1502.4m 钙质砂岩薄片广泛发育方解石胶结物包裹石英次生加大边外，判断碳酸盐胶结作用发生在石英次生加大之后［图 4.33（b）］，推测方解石胶结物形成于中成岩阶段。

薄片观察和上述白云石成因分析表明，特殊岩类储层主要发育三期白云石。第一期白云石晶粒细小，主要为微粉晶，呈半自形或他形单晶、集合体形态分布在黏土矿物基质中，阴极发光基本不发光［图 4.33（c）、（d）］，主要分布在纹层状云质泥岩中；第二期白云石主要为粉细晶，呈半自形-自形，交代早期碳酸盐晶体或充填孔隙，阴极发光呈红色［图 4.33（d）］，主要分布在团块状云质泥岩中；第三期白云石主要为细晶、自形晶，交代颗粒、石英加大边或充填孔隙，主要分布于云质砂岩中［图 4.33（d）、（e）］。

研究区云质砂岩中的石英次生加大现象也比较发育，如 B6 井的 1420m、B38 井 1475.97m、B13 井 1410.2m 及 B48 井 1181.26m 深度处的云质砂岩均可见明显的石英自生加大现象［图 4.33（e）］，加大边一般为几微米到十几微米。研究区云质砂岩中的黏土矿物胶结也有发育，自生黏土矿物常围绕陆源碎屑颗粒周围形成自生黏土矿物环边。一般而言，黏土包壳或黏土杂基发育区，碳酸盐胶结弱。

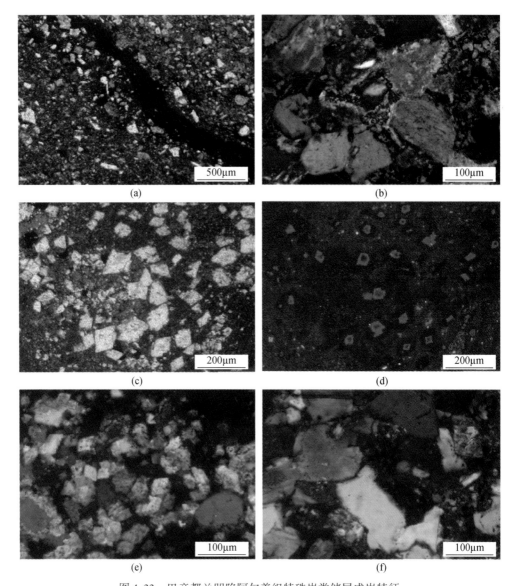

图 4.33 巴音都兰凹陷阿尔善组特殊岩类储层成岩特征

(a) B11 井，1976.6m，单偏；(b) B19 井，1502.4m，正交；(c) B3 井，1050.1m，单偏；(d) 是 (c) 的阴极发光，Ⅰ期白云石不发光，Ⅱ期白云石红色，Ⅲ期白云石不发光；(e) B6 井，1420m，正交；(f) B47 井，1509.6m，正交

3. 溶蚀作用

巴音都兰凹陷阿尔善组特殊岩类储层的溶蚀作用非常发育，其主要发育在团块状白云石化沉凝灰岩和云-钙质砂岩中。白云石化沉凝灰岩的溶蚀作用主要表现为细晶白云石晶体部分或全部溶蚀，如 B28 井 1451.5m 深度处的白云石化沉凝灰岩白云石晶体内部溶蚀孔隙非常发育。残余晶间溶孔中常见铁质或残余沥青，可见该类白云石溶蚀孔是有效的储集空间（图 4.32~图 4.34）。云-钙质砂岩的溶蚀作用主要表现为岩屑、长石颗粒和碳酸盐胶结物溶蚀，这类矿物在酸性地层水介质中常处于不稳定状态而容易被溶蚀，而在碱性介

质中常发生沉淀或者稳定存在，主要形成粒间溶孔和粒内溶孔（图4.33～图4.35）。

二、特殊岩类储层成岩演化

通过阿尔善组特殊岩类储层岩石薄片观察，根据自生矿物之间交代、切割关系以及溶解充填关系，并结合包裹体测温和埋藏史分析不同成岩作用发生的先后和时间顺序，巴音都兰凹陷阿尔善组特殊岩类储层的成岩演化序列为：压实作用→I期白云石胶结→II期白云石胶结→自生石英胶结→I期方解石胶结→晚期方解石、白云石胶结。此外，根据上述讨论的成岩作用特征，不同岩性的特殊岩类储层，其成岩演化特征也不同。云质泥岩储层主要发生I、II期白云石胶结，白云石化沉凝灰岩储层主要发育II期白云石胶结，云质砂岩主要发育III期白云石胶结和溶蚀作用，而钙质砂岩主要发生石英加大、方解石胶结和溶蚀作用。

从研究区特殊岩类储层中发生的早期大规模白云石胶结作用可以判断成岩作用早期，地下水介质应为较强的碱性环境。当埋藏达到一定深度，在合适的温压条件下，白云石发生胶结交代作用。前人研究发现巴音都兰凹陷阿尔善组的烃源岩厚度比较大，其所含有机质丰度高，并且部分烃源岩已经成熟（任战利等，2000），因此会在生烃过程中排出大量的有机酸，有机酸会对云质砂岩中的白云石和长石产生溶蚀（祝海华等，2015），形成大量的溶蚀孔隙。

三、成岩阶段划分

在明确巴音都兰凹陷阿尔善组特殊岩性储层的主要成岩指标与形成条件的基础上，根据压实作用、粒间自生矿物的充填作用和自生矿物对颗粒的交代及溶解作用等各种成岩作用特征，结合镜质组反射率（R_o）、X衍射、普通薄片、铸体薄片镜下鉴定、扫描电镜等分析化验（图4.34），依据石油行业标准（SY/T5477-2003）碎屑岩成岩阶段划分规范，巴音都兰凹陷阿尔善组特殊岩类储层成岩作用可划分为早成岩阶段A、B期，中成岩阶段A_1、A_2亚期，底界深度分别为700m、1250m、1800m（图4.34）。总体来看，阿尔善组特殊岩性储层成岩作用并不很强，主要处于中成岩B和A_1期，其次是A_2^1亚期。

1. 早成岩阶段 A 期

埋深浅于700m，镜质组反射率R_o小于0.35%，有机质处于未成熟状态。成岩成岩作用仍以机械压实作用为主，胶结作用较弱，砂岩呈半固结-固结状态，颗粒间点接触为主，孔隙类型主要为原生孔。现今，仅有巴音都兰凹陷边缘处于该阶段（图4.35）。

2. 早成岩阶段 B 期

埋深处于700～1250m，镜质组反射率（R_o）处于0.35%～0.5%，有机质处于半成熟状态。成岩作用仍以机械压实作用为主，胶结作用较弱，砂岩呈半固结-固结状态，颗粒间点接触为主，偶见点-线接触，孔隙类型主要为原生孔。黏土矿物以伊-蒙混层和伊利石为主（图4.34）。自生矿物主要为白云石和铁白云石。在该阶段有机质开始发生热降解，脱去含氧官能团，形成有机酸，溶蚀长石和岩屑形成次生孔隙。研究区大部分区域（扇三角洲前缘和滨浅湖）处于该阶段（图4.35）。

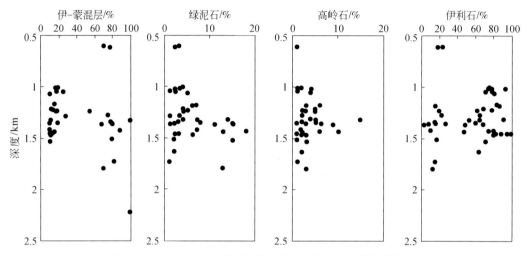

图4.34 巴音都兰凹陷阿尔善组特殊岩类黏土矿物演化特征

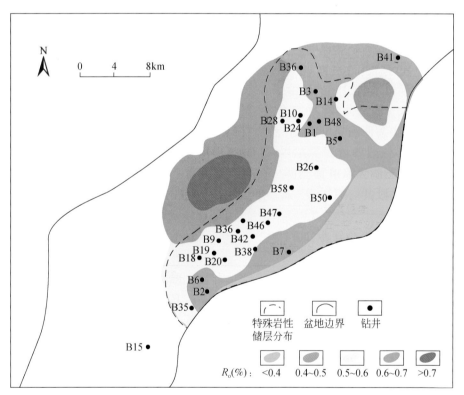

图4.35 巴音都兰凹陷阿尔善组特殊岩类储层成岩阶段平面分布图

3. 中成岩阶段 A_1 亚期

在中成岩阶段 A_1 亚期，埋藏深度 $1250 \sim 1800\text{m}$，$0.5\% \leqslant R_o < 0.7\%$，有机质处于低熟阶

段。机械压实作用明显减弱，溶蚀作用逐渐增强。特殊岩类储层中黏土矿物转化、凝灰物质继续水解蚀变，其内部白云石晶体逐渐增大，从微晶向细晶增长，并且大量白云石成集合体形式充填孔隙或交代长石等颗粒。局部可见方解石和含铁方解石晶体充填孔隙或交代长石颗粒。随着埋深和温度的增加，凝灰物质发生蚀变，主要生成自生黏土矿物，以伊–蒙混层和伊利石为主。该阶段烃源岩已进入生油门限，干酪根在热降解生烃的同时，生成大量有机酸和 CO_2，溶于水，形成酸性热流体，溶蚀储层中的铝硅酸盐矿物、碳酸盐岩胶结物，产生次生孔隙。研究区大部分区域处于该成岩阶段，主要为滨浅湖和半深湖沉积区（图 4.35）。

在中成岩阶段 A_2 亚期，埋藏深度大于 1800m，$0.7\% \leqslant R_o < 1.3\%$，有机质处于成熟阶段。该阶段油气大量生成并充注到储层中，同时释放大量的有机酸。由于特殊岩类储层致密，孔隙度和渗透率低，酸性水不易进入，溶蚀作用较弱，局部可见碳酸盐胶结物及长石、岩屑发生溶解，形成次生孔隙。此外，随着黏土矿物转化释放大量阳离子，特殊岩类储层中可见晚期铁白云石交代早期碳酸盐胶结物。研究区特殊岩类储层很少处于这个阶段，对应于深湖–半深湖沉积区（图 4.35）

第六节　特殊岩类的测井识别及评价

一、主要测井响应特征

本次研究从巴音都兰凹陷阿尔善组特殊岩类储层的重点探井入手，应用常规测井等资料分析了阿尔善组特殊岩类储层的岩性特征。

通过对巴音都兰凹陷特殊岩类的测井特征进行统计，得出白云石化沉凝灰岩的伽马值在 107~269API，电阻率在 1.8~44Ω·m，声波时差在 236~247μs/m，岩石密度在 2.37~2.5g/cm³，具有高伽马、中–高电阻、高声波、高密度的测井特征；云质泥岩的伽马值在 87~160API，电阻率在 0.3~22Ω·m，声波时差在 240~331μs/m，岩石密度在 2.3~2.5g/cm³，具有中–低伽马、低电阻、高声波、高密度的测井特征；云/钙质砂岩的伽马值在 90~144API，电阻率在 0.4~55Ω·m，声波时差在 228~291μs/m，岩石密度在 2.1~2.5g/cm³，具有低伽马、中–高电阻、低声波、低密度的测井特征（表 4.3）。

表 4.3　巴音都兰凹陷不同特殊岩类储层的测井响应特征

岩性	自然伽马/API	电阻率/(Ω·m)	声波时差/(μs/m)	岩石密度/(g/cm³)	曲线特征
白云石化沉凝灰岩	$\dfrac{107\sim269}{144.4\,(11)}$	$\dfrac{1.8\sim44}{15.1\,(11)}$	$\dfrac{236\sim247}{240.7\,(11)}$	$\dfrac{2.37\sim2.5}{2.43\,(11)}$	高伽马、中–高电阻、高声波、高密度
云质泥岩	$\dfrac{87\sim160}{117.7\,(35)}$	$\dfrac{0.3\sim22}{8.9\,(35)}$	$\dfrac{240\sim331}{269.2\,(35)}$	$\dfrac{2.3\sim2.5}{2.4\,(35)}$	中–低伽马、低电阻、高声波、高密度
云–钙质砂岩	$\dfrac{90\sim144}{109\,(39)}$	$\dfrac{0.4\sim55}{17.5\,(39)}$	$\dfrac{228\sim291}{163\,(39)}$	$\dfrac{2.1\sim2.5}{2.3\,(39)}$	低伽马、中–高电阻、低声波、低密度

二、特殊岩类储层岩性识别

从岩石成分的大类入手，分类讨论岩石类型与测井响应特征。通过综合研究与实践，针对巴音都兰凹陷阿尔善组特殊岩类储层的岩性识别，形成了可行的测井岩性识别方案，该方案主要利用自然伽马（GR）、电阻率（R_T）、声波时差（A_C）和岩石密度（DEN）4 条曲线，通过两两交会图进行岩性识别（图 4.36，表 4.4），得出不同的岩性有不同的测井响应特征。

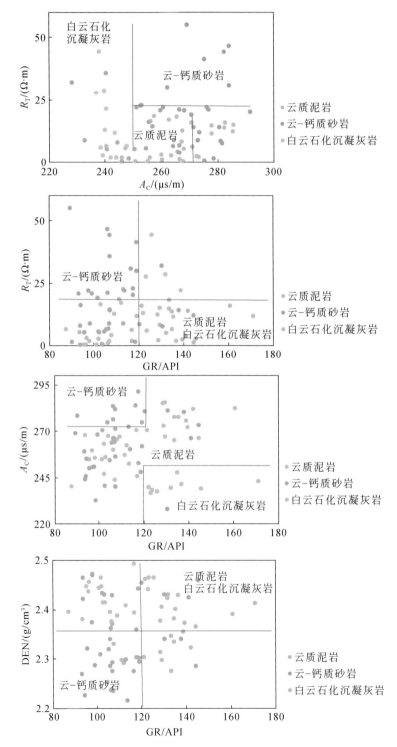

图 4.36　巴音都兰凹陷阿尔善组特殊岩类储层测井曲线识别图版

表 4.4　巴音都兰凹陷特殊岩类储层岩性与典型关系

岩性	自然伽马/API	电阻率/($\Omega \cdot m$)	声波时差/($\mu s/m$)	岩石密度/(g/cm^3)
白云石化沉凝灰岩	>120	—	<250	>2.35
云质泥岩	>120	<20	<270	
云-钙质砂岩	<120	>20	>270	<2.35

第七节　特殊岩类储层物性下限

一、特殊岩类储层岩性与含油性关系

统计录井、薄片观察的岩性和录井含油性数据，结果表明巴音都兰凹陷阿尔善组不同岩类储层，含油性不同（图4.37）。白云石化沉凝灰岩和云质砂岩含油性最好，油浸样品数量最多，其次是油斑、油迹；云质粉砂岩含油性较好，以油斑和油迹为主；云质泥岩含油性最差，几乎不含油。

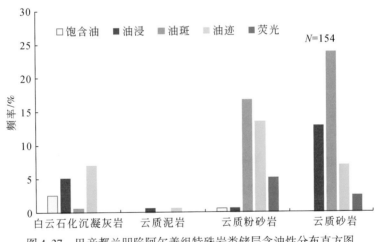

图 4.37　巴音都兰凹陷阿尔善组特殊岩类储层含油性分布直方图

二、特殊岩类含油储层物性下限

针对巴音都兰凹陷的资料状况，综合运用分布函数曲线法、物性录井资料法、岩心孔隙度–渗透率交汇图法、压汞法确定巴音都兰凹陷阿尔善组特殊岩类储层物性下限，为致密油藏高效勘探开发提供基础参数。

1. 分布函数曲线法

由于巴音都兰凹陷阿尔善组特殊岩类储层的试油数据相对较少，但录井和测井资料相对丰富，本次研究利用录井油气显示资料和岩心孔隙度、渗透率数据，分析特殊岩类储层物性下限。其中，有效储层主要包括油浸、油迹、油斑和荧光显示的储层，剩余不含油储层为非有效储层。用该方法判断有效储层下限分别为：孔隙度为5%，渗透率为0.07mD（图4.38）。

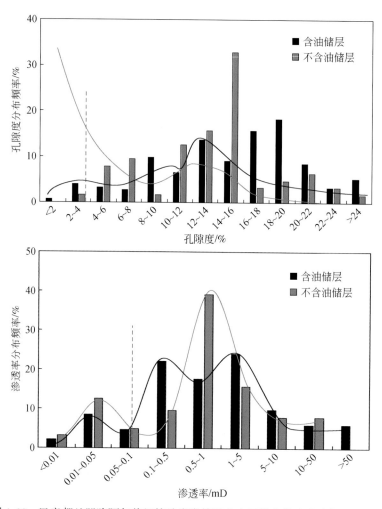

图4.38　巴音都兰凹陷阿尔善组特殊岩类储层分布函数曲线法求取物性下限图

2. 物性录井资料法

利用录井含油性数据，结合统计的岩心孔隙度、渗透率平均值建立关系确定特殊岩类储层的物性下限，即编绘油浸、油迹、油斑、荧光和不含油储层的岩心孔隙度–渗透率交会图版，并在图中标绘出含油层和不含油层的分界线，二者分界处对应的孔隙度和渗透率即为有效储层的物性下限值。结果表明，阿尔善组特殊岩类储层的孔隙度下限在6%、渗透率下限在0.02mD（图4.39）。

3. 岩心孔隙度–渗透率交汇图法

阿尔善特殊岩类储层的岩心孔隙度和渗透率交汇图表明，孔隙度和渗透率具有较好的

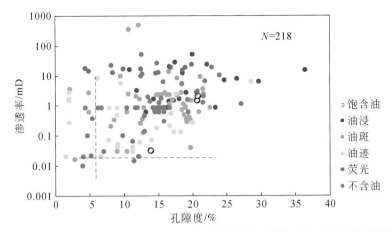

图 4.39　巴音都兰凹陷阿尔善组特殊岩类储层物性录井资料法求取物性下限图

相关关系，曲线一般呈现 3 个线段：第一线段为渗透率随孔隙度迅速增加而增加甚小，说明该段孔隙主要为无效孔隙；第二线段渗透率随孔隙度增加而明显增加，说明此段孔隙是有一定渗透能力的有效孔隙；第三线段为孔隙度增加甚小，而渗透率急剧增加，说明岩石渗流能力较强并趋于稳定。确定第一、第二线段的转折点为储集层与非储集层的物性界限，对应的孔隙度下限为 6%、渗透率下限在 0.02mD（图 4.40）。

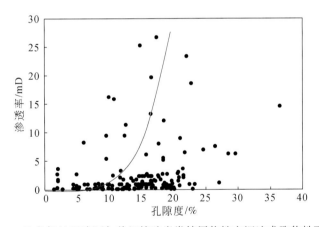

图 4.40　巴音都兰凹陷阿尔善组特殊岩类储层物性交汇法求取物性下限图

4. 最小含油喉道半径法

本书也以 0.1μm 作为巴音都兰凹陷储层的最小流动孔喉半径，认为孔喉半径大于 0.1μm 的喉道及其所连通的孔隙，才是有效的储集空间。利用储层孔隙度、渗透率与压汞实验分析的孔喉半径作相关性分析，以孔喉半径 0.1μm 为界限，从图中可得到阿尔善组特殊岩类储层渗透率下限值为 0.02mD（图 4.41，表 4.5）。

根据上述 4 种确定有效储层物性下限的方法，确定的孔隙度下限区间为 5% ~ 6%，渗透率下限区间为 0.007 ~ 0.02mD。为最大限度挖掘产能下限，取其最低值作为巴音都兰凹陷阿尔善组特殊岩类有效储层物性下限，即孔隙度为 6%，渗透率为 0.002mD。

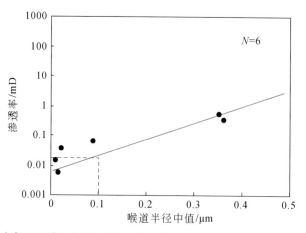

图 4.41　巴音都兰凹陷阿尔善组特殊岩类储层最小含油喉道半径法求取物性下限图

表 4.5　巴音都兰凹陷阿尔善组特殊岩类储层物性下限统计表

物性下限	分布函数曲线法	物性录井资料法	岩心孔-渗交汇图法	最小含油喉道半径法	建议下限
孔隙度/%	5	6	6	—	6
渗透率/mD	0.07	0.02	0.02	0.02	0.02

第八节　特殊岩类储层主控因素及有利区预测

一、特殊岩类储层主控因素

1. 岩性对储层物性的影响

巴音都兰凹陷阿尔善组特殊岩类储层不同岩性与物性的关系分析表明，白云石化沉凝灰岩和云质泥岩储层的孔隙含量较高，主要分布范围处于 6%～20%，渗透率较低，主要分布在 0.1～5mD；云质粉砂和云质砂岩孔隙度跨度大，从 4%～22% 均有分布，主要峰值处于10%～20%，其中云质砂岩的孔隙度较高于云质粉砂岩。两者的渗透率分布范围也较广，处于 0.01～50mD，主要峰值处于 0.1～5mD，其中云质砂岩渗透率高于云质粉砂岩（图 4.42）。

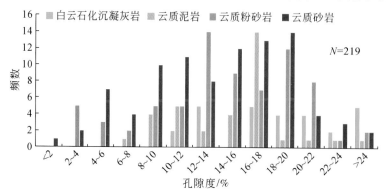

图 4.42　巴音都兰凹陷阿尔善组特殊岩类储层孔隙度和渗透率分布直方图

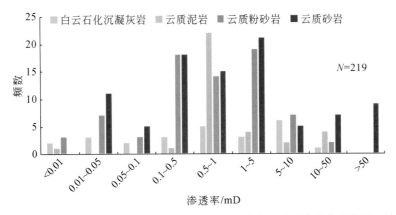

图 4.42　巴音都兰凹陷阿尔善组特殊岩类储层孔隙度和渗透率分布直方图（续）

2. 沉积环境对储层物性的影响

不同沉积相的矿物成分、颗粒结构特征、填隙物种类和含量存在差异。高能环境下形成的储层，其结构成熟度相对较高，泥质含量较低，即使经过一定程度的成岩作用，储层的物性仍相对较好。统计各沉积微、亚相样品中储层物性分布，结果表明，处于巴音都兰凹陷扇三角洲前缘水下分流河道的特殊岩类储层物性最好，其次是滨浅湖和前扇三角洲沉积（图 4.44）。

结合全岩分析和储层物性数据，建立巴音都兰凹陷阿尔善组特殊岩类储层黏土矿物含量与物性的关系图（图 4.43）。由图 4.43 可知，孔隙度与黏土矿物含量相关性较明显，呈负相关关系，然而，渗透率和黏土矿物含量的相关性较差。推测可能由于黏土矿物充填孔隙，从而破坏孔隙度，而渗透率的影响因素很多，如裂缝、孔喉特征、填隙物含量等，黏土矿物并不是主要控因素。

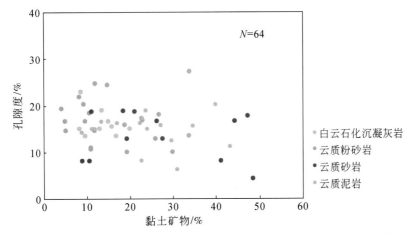

图 4.43　巴音都兰凹陷阿尔善组特殊岩类储层黏土矿物与孔隙度和渗透率关系图

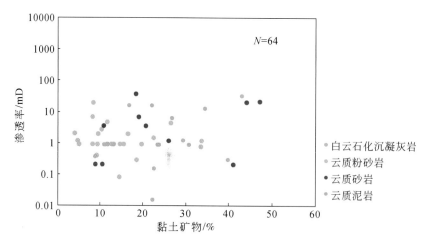

图 4.43 巴音都兰凹陷阿尔善组特殊岩类储层黏土矿物与孔隙度和渗透率关系图（续）

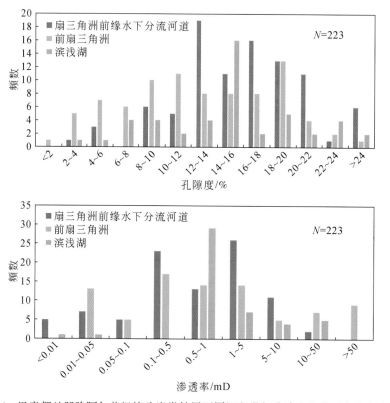

图 4.44 巴音都兰凹陷阿尔善组特殊岩类储层不同沉积微相孔隙度和渗透率分布直方图

3. 成岩作用对储层物性的影响

碳酸盐是巴音都兰凹陷阿尔善组特殊岩类储层的重要成岩矿物。统计碳酸盐胶结物和储层物性数据发现，储层的孔隙度和渗透率与胶结物含量呈负相关关系（图4.45）。然而需要注意的是，部分样品的碳酸盐胶结物含量虽然很低，但其孔隙度、渗透率仍然很低，说明控制储层孔隙度的因素多样，并不只受碳酸盐胶结物控制。

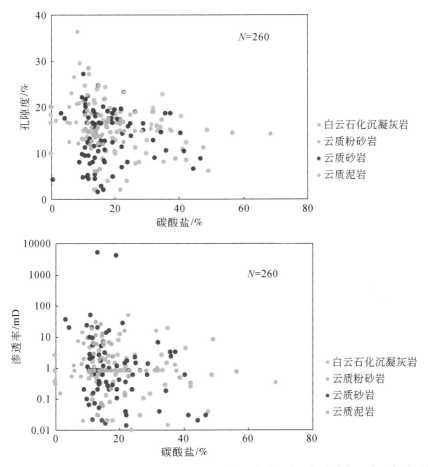

图 4.45　巴音都兰凹陷阿尔善组特殊岩类储层自生碳酸盐含量与孔隙度和渗透率关系图

不同成岩阶段的储层物性分布（图 4.46）分析结果表明，巴音都兰凹陷阿尔善组特殊岩类储层主要处于早 B 和中 A_1 阶段，然而不同成岩阶段的储层物性分布趋势相似，处

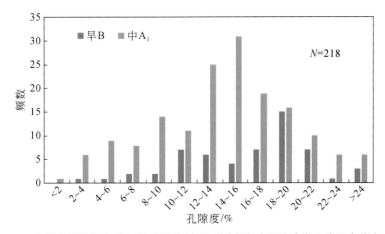

图 4.46　巴音都兰凹陷阿尔善组特殊岩类储层不同成岩阶段孔隙度和渗透率分布直方图

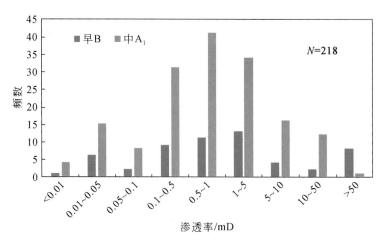

图 4.46　巴音都兰凹陷阿尔善组特殊岩类储层不同成岩阶段孔隙度和渗透率分布直方图（续）

于早 B 阶段的储层孔隙度主要为 18% ~20%，渗透率主要大于 1mD，而中成岩 A_1 阶段的储层孔隙度主要处于 12% ~18%，渗透率主要处于0.1 ~5mD。由此可见，相对中成岩 A_1 阶段的储层，早 B 阶段的储层物性相对较好。

二、特殊岩类储层综合评价标准

综上所述，结合不同控制因素与储层物性的关系，建立了巴音都兰凹陷阿尔善组特殊岩类储层分类评价标准（表 4.6）。需要说明的是，表中孔隙度、排驱压力、评价孔喉半径等界线，主要是根据它们与渗透率的相关关系计算得出的。

表 4.6　巴音都兰凹陷阿尔善组特殊岩类储层分类评价标准

类型	中孔中渗储层	低孔低渗储层	低致密储层	高致密储层	超致密储层
	I	II	IIIa	IIIb	IV
孔隙度/%	15 ~25	10 ~15	6 ~10	2 ~6	<2
渗透率/mD	1 ~10	0.1 ~1	0.02 ~0.1	0.001 ~0.02	<0.001
碳酸盐/%	<25	0 ~40		0 ~20	
黏土矿物/%	<25	25 ~35	35 ~40	>40	
岩性	白云石化沉凝灰岩 云质砂岩、云质泥-粉砂岩			云质砂岩 云质泥-粉砂岩	
沉积相	扇三角洲前缘水下分流河道 前扇三角洲			前扇三角洲、滨浅湖	
成岩阶段	早 B —中 A_1			中 A_1	
含油性	饱含油	油浸	油斑、油迹、荧光		不含油
评价	最有利储层	较有利储层		较差储层	差储层

三、特殊岩类储层有利储层预测

巴音都兰凹陷阿尔善组特殊岩类包括白云石化沉凝灰岩、云质泥岩、云质粉砂岩、云–钙质砂岩的岩石学特征、分布特征、物性特征、成岩作用特征、地球化学特征及成因的综合分析，认为阿尔善组特殊岩类普遍具有碳酸盐矿物含量较高的特征，这类高含量的碳酸盐矿物形成与其富镁钙等离子的沉积成岩环境密切相关，早白垩世形成的中基性的火山岩可能是这些钙镁离子的主要来源。成岩阶段中这些碳酸盐矿物可以发生溶蚀作用，从而形成溶蚀孔隙成为研究区非常优良的储集空间类型。因此，碳酸盐胶结物对储层物性控制很大。

同时，巴音都兰凹陷为一断陷湖盆，其断层非常发育。研究区云质泥岩、云质砂岩及钙质砂岩中的碳酸盐矿物均为埋藏成岩作用过程中形成的，这些碳酸盐矿物的成岩流体的供给需要快速流动通道，同时对这些碳酸盐矿物产生溶解作用的泥岩生烃过程中产生的有机酸也需要供给通道，而巴音都兰凹陷普遍发育的断层则恰好形成研究区非常优良的运输通道。如研究区白云石以晶体集合体形式出现的白云石化沉凝灰岩的 B3、B24、B28、B48、B51 井主要分布于大型断层发育带，其白云石化程度及后期溶蚀程度均比较强烈。因此，巴音都兰凹陷特殊岩类发育的有利区带也受到断层的控制。

此外，特殊岩类有利储层的发育也受到沉积相的控制。如研究区的云质粉砂岩主要发育于巴Ⅰ构造带的前扇三角洲及浅湖（图4.20）；云质泥岩发育广泛，在巴Ⅰ、Ⅱ构造带的前扇三角洲和滨浅湖亚相均有发育；云质砂岩主要分布于巴Ⅰ构造带的前扇三角洲及巴Ⅱ构造带的扇三角洲前缘（图4.20）；钙质砂岩则主要发育于巴Ⅱ构造带的扇三角洲前缘（图4.20）。

特殊岩类有利储层的发育还与其发育的位置有关，从研究区云质泥岩及云质砂岩的分布图（图4.13）可以看出，巴Ⅰ构造带的白云石化程度明显高于巴Ⅱ构造带，其原因可能在于巴Ⅰ构造带的物源供应中含有更多的钙镁离子或者巴Ⅰ构造带更靠近火山口而导致火山喷发形成的中基性凝灰物质更多的落在巴Ⅰ构造带。

综上，巴音都兰凹陷特殊岩类有利储层的发育主要受到岩性、碳酸盐胶结物、断层、沉积相及发育位置的控制。根据这几个因素对特殊岩类有利储层的控制作用，结合储层综合评价标准和储层物性平面分布图（图4.47），预测巴音都兰凹陷阿尔善组特殊岩类有利储层分布区（图4.48）。

最有利储层（Ⅰ）（图4.48）主要位于巴Ⅰ构造带，具有良好的白云石化条件；主要发育的沉积亚相类型为前扇三角洲和扇三角洲前缘，发育云质砂岩和云质粉砂岩；并且区带内发育大的断层，可以提供良好的运输通道，因此可以成为云质砂岩和云质粉砂岩的有利储层发育区带。

较有利储层（Ⅱ）（图4.48）主要位于巴Ⅰ构造带，具有良好的白云石化条件；主要发育的沉积亚相类型为扇三角洲前缘，砂岩发育；区带内发育两条断层；因此可以成为云质砂岩发育的有利区带。

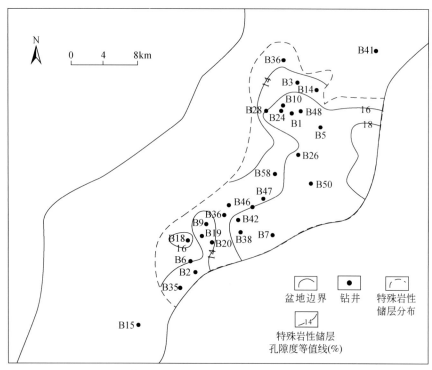

图 4.47　巴音都兰凹陷阿尔善组特殊岩类储层孔隙度等值线图

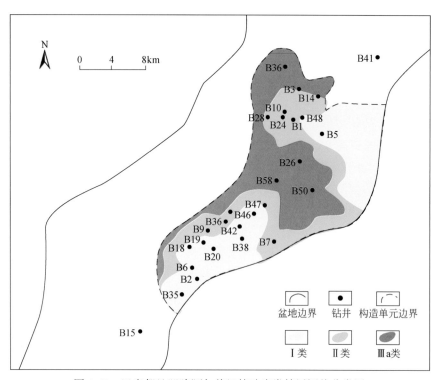

图 4.48　巴音都兰凹陷阿尔善组特殊岩类储层评价分类图

　　较差储层（Ⅲ）（图 4.48）主要靠近巴 I 构造带，具有良好的白云石化条件；主要发育的沉积（亚）相类型为前扇三角洲和浅湖，泥岩发育；区带内发育 4 条断层；因此可以成为云质泥岩发育的有利区带。

　　差储层（Ⅳ）（图 4.48）主要靠近巴 Ⅱ 构造带，主要发育的沉积亚相类型为扇三角洲前缘，砂岩发育；区带内断层较发育，可以成为钙质砂、砾岩的有利发育区带，同时由前文研究发现巴 Ⅱ 构造带 B6、B21、B38、B44 等井均有云质砂岩发育，因此巴 Ⅱ 构造带也可以成为云质砂岩发育的有利区带。

第五章 额仁淖尔凹陷特殊岩类储层研究

第一节 地 质 概 况

一、勘探背景

额仁淖尔凹陷钻探始于 1983 年，截至 2009 年年底已钻探井 101 口，发现了 Pz、K_1ba、K_1bt_1、K_1bt_2 四套含油层系；探明石油地质储量 $1886 \times 10^4 t$，建成了吉格森、包尔两个油田。吉格森油田和包尔油田从 1992 年开始逐步投入开发，1998 年最高年产量达到 $9 \times 10^4 t$，截至 2014 年 6 月已累计生产原油 $160.18 \times 10^4 t$。回顾额仁淖尔凹陷的勘探历程，经历了"1983～1985 年"和"1991～1999 年"两个勘探高峰。1983～1985 年，上交探明储量 $590 \times 10^4 t$,1991～1999 年，上交探明储量 $2267 \times 10^4 t$。二连盆地 3 次资评额仁淖尔凹陷总资源量 $6641 \times 10^4 t$。目前探明地质储量 $2048 \times 10^4 t$，控制地质储量 $108 \times 10^4 t$，预测地质储量 $363 \times 10^4 t$，剩余资源量 $4122 \times 10^4 t$。目前，环淖东洼槽，特别是吉格森油田地区，所有的探明储量都集中在腾一段和阿尔善组顶部，N14 井获工业油流。

二、凹陷地质概况

额仁淖尔凹陷位于二连盆地乌兰察布坳陷，北部紧邻巴音宝力格隆起，东南毗邻塞乌苏凸起和阿尔善凸起，凹陷面积约为 $1800km^2$（坛俊颖等，2010；图 5.1），是二连盆地中含油气凹陷之一。

额仁淖尔凹陷与二连盆地群构造背景一致，是在海西期褶皱基底上发育起来的中生代陆内裂谷湖盆。额仁淖尔凹陷是一个东西不对称双断型裂谷盆地，双断凹陷中央发育地堑式断层组合，将凹陷划分为 3 个沉积洼槽：淖东洼槽、中央地堑带和淖西洼槽（图 5.2）。主要发育古生代至新生代地层，勘探目的层系主要为下白垩统，自下而上发育阿尔善组（K_1ba）、腾格尔组（K_1bt）和赛汉塔拉组（K_1bs）（图 5.3），本次研究的目的层位是阿尔善组。

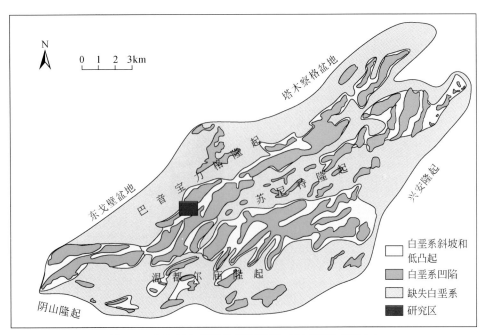

图 5.1　额仁淖尔凹陷地质概况图（据于福生①修改）

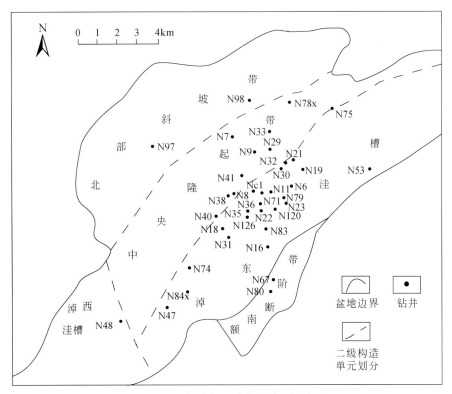

图 5.2　额仁淖尔凹陷构造单元划分图

---

① 于福生，2014，二连盆地富油凹陷构造沉积演化特征，中国石油大学（北京）内部报告。

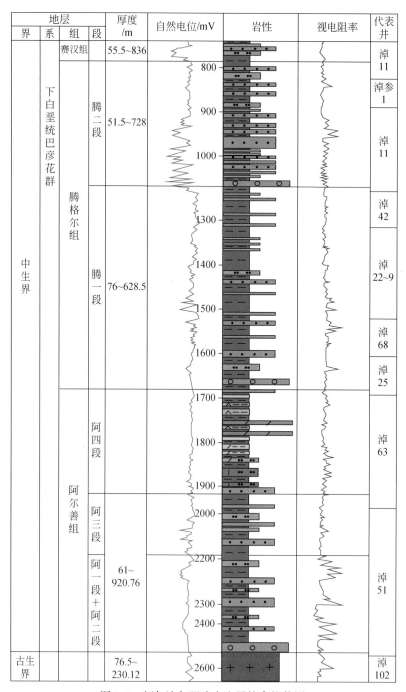

图 5.3 额仁淖尔凹陷中生界综合柱状图

三、构造特征

海西运动之后，额仁淖尔凹陷长期处于隆升剥蚀的状态，直到白垩纪才开始断陷，接受陆相沉积。受燕山运动影响，额仁淖尔凹陷经历了阿尔善组初始断陷期、腾一段强烈断陷期、腾二段断-拗转化期以及赛汉塔拉组拗陷沉降期（图5.4）。下白垩统构成一个粗一

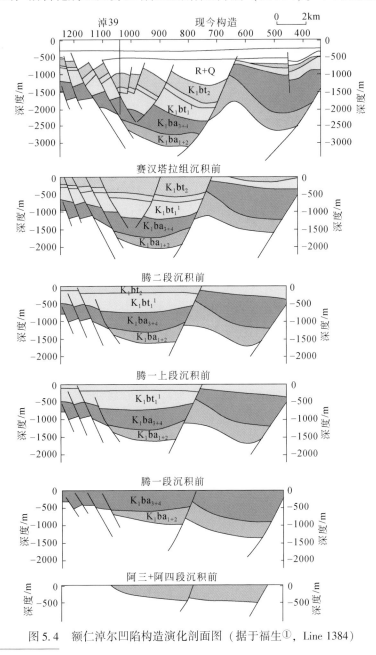

图 5.4 额仁淖尔凹陷构造演化剖面图（据于福生[①]，Line 1384）

---

① 于福生，2014，二连盆地富油凹陷构造沉积演化特征，中国石油大学（北京）内部报告。

细—粗的完整旋回，其中又可有次一级的旋回，视电阻率有高—低—高的典型特点，并在灰色调基础上反映出浅（杂）—深（灰）—浅（绿）的颜色变化。额仁淖尔凹陷中生界的具体沉积和构造特征如下：①阿尔善组沉积期，断陷开始发育，塞乌苏断裂活动使额仁淖尔凹陷初具雏形，先在淖东洼陷带发育一套砂岩夹泥岩沉积，随后湖泊不断扩大，岩性主要为深灰、灰色泥岩，偶夹砂岩、粉砂岩薄层，最大沉积厚度千余米，该时期沉积中心位于 N16 井和 N31 井区域。该时期气候比较干燥，阿一段和阿二段仅少量分布在淖东洼槽，阿三段和阿四段发育富钙岩石，如云质泥岩、泥质白云石、灰质泥岩和凝灰质泥岩等。该特殊岩性段是全区重要的油气储集层段，也是该凹陷研究重点。②腾格尔组沉积期，断陷继续发育，水体加深，湖盆扩大，是湖泊发育的极盛时期，沉积厚度达 1000～1500m，腾一段亦发育特殊岩段。腾二段凹陷回返，湖水变浅，并伴随有强烈的断裂活动，陆源碎屑变粗，直至腾格尔组结束。③赛汉塔拉组沉积期，凹陷再次接受沉积，与腾格尔组形成了不整合接触。此时湖水浅且范围小，最大沉积厚度 700m，仅限淖东洼陷带区域，在淖西洼槽也有小幅度的沉降。大片区域为河流沼泽环境，沉积浅灰色的粗碎屑沉积物。赛汉塔拉组沉积后，凹陷全部回返，湖泊消亡。下白垩统抬升遭受剥蚀，至此结束了早白垩世的断陷沉积历史。

四、沉积和层序特征

通过岩心、录井和测井资料分析，在额仁淖尔凹陷共识别出了两类沉积相，分别为湖相和扇三角洲相。阿三段和阿四段沉积时期，扇三角洲是额仁淖尔凹陷发育广泛的一种沉积体，主要分布在额仁淖尔凹陷南北两侧的断裂带，湖盆西、南、东三面主要为扇三角洲沉积；湖盆内部主要为大面积的滨浅湖沉积；以及分布在湖盆中心的半深湖–深湖沉积（图 5.5）。通过对钻井岩心、测–录井及三维地震资料的地层–沉积综合研究，特别是充分识别各种不整合面及井–震联合识别初始湖泛面和最大湖泛面，结合区域及凹陷构造演化，额仁淖尔凹陷下白垩统可划分为 5 个三级层序，共划分出 14 个体系域（图 5.6、图 5.7）。

本次研究的目的层段主要是阿尔善组 SQ1 和 SQ2。SQ1 由下白垩统底部的不整合面开始，到阿二段顶部的不整合面结束。SQ1 具有"粗—细—粗"的完整旋回，下粗段由低位体系域组成，中细段为湖侵体系域的大套暗色泥岩，上粗段为高位体系域。该套层序主要沿边界断层在淖东洼槽和淖西洼槽呈长条状分布，在中央构造带超覆缺失。SQ1 是凹陷刚刚开始裂陷成湖时形成的沉积。虽然周边地形高差较大，但由于额仁淖尔凹陷的基底为花岗岩，花岗岩致密坚硬、抗风化能力强，在刚刚遭受剥蚀的初期，物源匮乏、可容空间迅速扩张、湖水快速推进，因此形成了以泥质为主的细粒沉积物和以较深湖地层为主体的沉积格局。代表低位体系域的底砾岩，仅局限分布在吉格森、包尔构造带向淖东洼槽的下倾部位，为风化壳上的残积砾岩，由基岩风化形成的岩石碎块和残积物未经搬运就地堆积而成，致密块状、缺乏泥岩隔层。物性较差，吉格森构造带的 N23、N34、N79 等井和淖西断阶带的 N7 井钻遇该套砾岩。湖侵体系域在全区分布稳定，为厚约 80m 的深灰色泥岩。SQ2 由阿二段顶部的不整合面开始，到阿四段顶部的不整合面结束。岩性以富含钙质和云

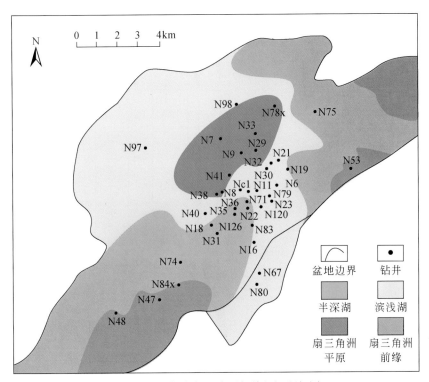

图 5.5 额仁淖尔凹陷阿尔善组沉积相图

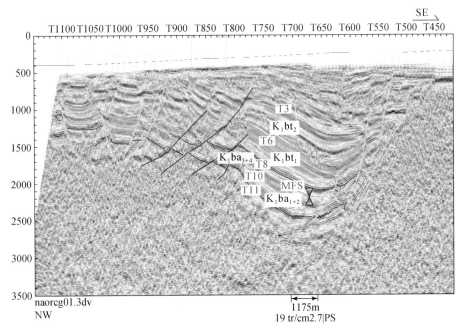

图 5.6 额仁淖尔凹陷中生界地震剖面解释

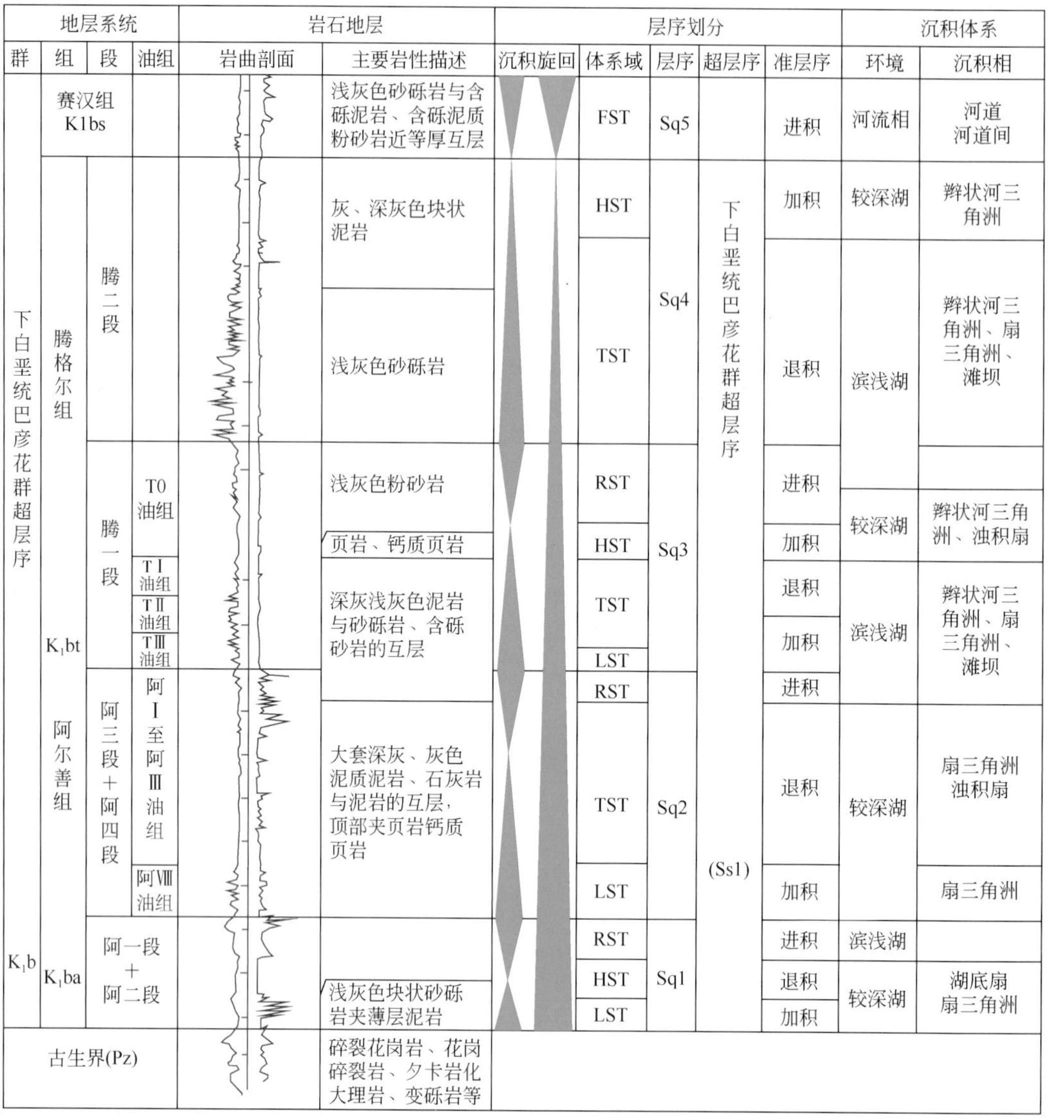

地层系统				岩石地层		层序划分					沉积体系	
群	组	段	油组	岩曲剖面	主要岩性描述	沉积旋回	体系域	层序	超层序	准层序	环境	沉积相
下白垩统巴彦花群超层序	赛汉组 K1bs				浅灰色砂砾岩与含砾泥岩、含砾泥质粉砂岩近等厚互层		FST	Sq5	下白垩统巴彦花群超层序	进积	河流相	河道 河道间
	腾格尔组 K1bt	腾二段			灰、深灰色块状泥岩		HST	Sq4		加积	较深湖	辫状河三角洲
					浅灰色砂砾岩		TST			退积	滨浅湖	辫状河三角洲、扇三角洲、滩坝
		腾一段	T0 油组		浅灰色粉砂岩		RST	Sq3		进积	较深湖	辫状河三角洲、浊积扇
			TⅠ油组		页岩、钙质页岩		HST			加积		
			TⅡ油组 TⅢ油组		深灰浅灰色泥岩与砂砾岩、含砾砂岩的互层		TST			退积	滨浅湖	辫状河三角洲、扇三角洲、滩坝
							LST			加积		
	阿尔善组 K1ba	阿三段+阿四段	阿Ⅰ至阿Ⅲ油组		大套深灰、灰色泥质泥岩、石灰岩与泥岩的互层，顶部夹页岩钙质页岩		RST	Sq2	(Ss1)	进积		扇三角洲浊积扇
							TST			退积	较深湖	
			阿Ⅷ油组				LST			加积		扇三角洲
K1b		阿一段+阿二段			浅灰色块状砂砾岩夹薄层泥岩		RST	Sq1		进积	滨浅湖	
							HST			退积	较深湖	湖底扇扇三角洲
							LST			加积		
古生界(Pz)					碎裂花岗岩、花岗碎裂岩、夕卡岩化大理岩、变砾岩等							

图 5.7 额仁淖尔凹陷下白垩统层序格架划分图

质区别于下伏的 SQl 地层。由底部的低位体系域，到中部的湖侵体系域，再到顶部的高位体系域，形成了一个“粗—细—粗”的完整次级旋回，在全凹陷稳定分布。低位体系域对应 AⅢ 和 AⅣ 油组，为区域上的阿三段和阿四段底部；湖侵体系域对应 AⅡ 油组，为区域上的阿四段中部地层；湖退体系域对应 AⅡ 油组，为区域上的阿四段上部地层。阿三段，为灰色砂砾岩和含砾泥岩、泥岩的近等厚互层，厚 80m，电位为指状高幅负异常，电阻为锯齿状低阻。总体上继承了阿一、二段的沉积特点。阿四段Ⅰ油组，岩电剖面有两类。在凹陷中部和西北部以 N6 井为代表，发育一套灰色为主的灰质泥岩、灰质粉细砂岩、灰质砂砾岩夹泥灰岩地层，泥灰岩和灰质泥岩总厚度 200m，地层总厚度 350m；电性特征表现为梳状高阻和宽缓低幅拱形自然电位。该期湖侵范围第一次扩大到了整个凹陷，储集层主要分布在东南部，以物源来自陡带和亚布根古隆起的扇三角洲砂体为主，在凹陷中部和西北部均为较深湖和滨浅湖亚相地层（图5.8）。

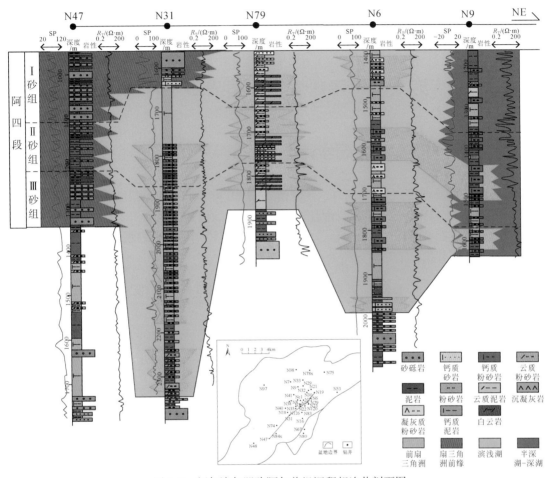

图5.8　额仁淖尔凹陷阿尔善组沉积相连井剖面图

五、含油气特征

额仁淖尔凹陷具有岩石类型多、岩矿组合复杂、储集空间复杂的特征（辛存林等，2004）。在下白垩统发育三套烃源岩，分别为阿一和二段、阿四段和腾一段的烃源岩（图5.6）。腾一段和阿尔善组是两套主力烃源层，其中阿尔善组沉积时期的烃源岩主要集中在淖东洼槽，暗色泥岩厚度在500m以上。云（灰）质岩类致密油的储集层有两大类：一类是云（灰）质岩类组成的特殊岩性段中的砂质、粉砂质类储层。另外一类是云（灰）质岩类组成的特殊岩性段中的烃源岩本身。由云（灰）质岩类组成的特殊岩性段是额仁淖尔凹陷的主力烃源岩，这些烃源岩如果发育微细裂缝其本身就成为致密油的储集层。因此，云（灰）质岩类致密油的储集层与烃源岩间互发育或本身即为烃源岩，具有"源储一体化"的特点。

　　阿尔善组有机碳平均值为 1.921% ，氯仿沥青"A"平均在 0.2647% ，有机质丰度高，有机质类型以Ⅱ型为主。总之，凹陷中暗色泥岩主要集中区，有机质较丰富，主要为含腐殖的腐泥型–过渡型母质，属于较好的生油岩，主要研究层段阿四段，发育大量的特殊岩类。

第二节　特殊岩类储层岩石学特征

一、特殊岩类储层岩石学特征

　　通过额仁淖尔凹陷 N120、N126、N29 等 34 口井的岩心观察和 21 口井 81 块薄片约 1786 张照片、7 口井 19 个阴极发光薄片的 288 张照片、扫描电镜的 19 个样品和 123 照片以及 66 个 XRD 能谱的资料综合分析，详细研究了额仁淖尔凹陷下白垩统阿尔善组特殊岩类的岩石学特征并进行了归纳分类（表 5.1）。

表 5.1　额仁淖尔凹陷阿尔善组特殊岩类储层的主要岩石类型分类

岩石类型	岩石	成分	沉积特征
凝灰岩类	钙质沉凝灰岩	火山玻屑+火山晶屑>50%，陆源碎屑<50%，方解石>10%	块状构造、波状层理，含星点状、雪花状等碳酸盐集合体
	白云石化沉凝灰岩	火山玻屑+火山晶屑>50%，陆源碎屑<50%，白云石>10%	
白云岩	泥质白云岩	白云石>50%，黏土矿物>10%	发育纹层、波状层理
陆源碎屑岩类	云（钙）质粉砂岩	陆源碎屑>50%，白云石（方解石）>10%	波状层理
	钙（云）质砂岩	陆源碎屑>50%，方解石（白云石）>10%	块状层理、小型楔状层理
	凝灰质泥岩 凝灰质粉砂岩	黏土矿物>50%，火山玻屑+火山晶屑>10%	发育纹层、波状层理、包卷层理、搅动构造、块状构造
	钙质泥岩	黏土矿物>50%，方解石>10%	
	云质泥岩	黏土矿物>50%，白云石>10%	

　　阿尔善组岩石及矿物鉴定分析测试发现额仁淖尔凹陷特殊岩类储层岩石类型以云质岩和钙质岩为主。X 衍射分析结果表明，特殊岩类储层具有复杂的矿物成分构成，包含了黏土矿物、石英、长石、碳酸盐矿物等，不同岩性的物质成分差异大，下面简述各岩性的岩石学及矿物学特征（表 5.2）：

表 5.2 额仁淖尔凹陷阿尔善组特殊岩类储层矿物成分含量

岩性	石英	钾长石	斜长石	方解石	（铁）白云石	黏土矿物
白云石化沉凝灰岩	$\dfrac{6.7 \sim 19.3}{14.0\ (6)}$	$\dfrac{0 \sim 24.4}{10.9\ (6)}$	$\dfrac{11.8 \sim 52.1}{26.3\ (6)}$	$\dfrac{0 \sim 17.1}{15.0\ (6)}$	$\dfrac{0 \sim 49.7}{18.0\ (6)}$	$\dfrac{6.7 \sim 19.3}{13.9\ (6)}$
钙质沉凝灰岩	$\dfrac{0 \sim 19.1}{9.8\ (6)}$	$\dfrac{1.0 \sim 12.3}{5.1\ (6)}$	$\dfrac{9.8 \sim 23.1}{15.7\ (6)}$	$\dfrac{29.8 \sim 38.7}{35.3\ (6)}$	$\dfrac{5.8 \sim 20.7}{18.0\ (6)}$	$\dfrac{14.4 \sim 20.3}{17.2\ (6)}$
白云岩	$\dfrac{15 \sim 15.4}{15.2\ (2)}$	$\dfrac{1.2 \sim 2.9}{2.1\ (2)}$	$\dfrac{9.4 \sim 14.1}{11.8\ (2)}$	$\dfrac{14.5 \sim 17.1}{15.8\ (2)}$	$\dfrac{36.6 \sim 45.9}{41.25\ (2)}$	$\dfrac{6.5 \sim 21.4}{14.0\ (2)}$
凝灰质泥岩	$\dfrac{29.2 \sim 40.1}{34.9\ (8)}$	$\dfrac{0.9 \sim 13.1}{3.4\ (8)}$	$\dfrac{9.7 \sim 16.7}{13.4\ (8)}$	$\dfrac{0 \sim 12.1}{5.7\ (8)}$	$\dfrac{0 \sim 29.7}{18.1\ (8)}$	$\dfrac{10.4 \sim 30.5}{24.9\ (8)}$
云质泥岩	$\dfrac{14.1 \sim 32.8}{20.6\ (7)}$	$\dfrac{3.3 \sim 14.3}{8.0\ (7)}$	$\dfrac{9.7 \sim 20.9}{16.0\ (7)}$	$\dfrac{0 \sim 10.9}{5.6\ (7)}$	$\dfrac{13.7 \sim 32.5}{24.1\ (7)}$	$\dfrac{15.2 \sim 32.5}{20.5\ (7)}$
钙质泥岩	$\dfrac{11.4 \sim 28.6}{20.0\ (4)}$	$\dfrac{3.3 \sim 7.9}{5.5\ (4)}$	$\dfrac{16.4 \sim 45.4}{29.9\ (4)}$	$\dfrac{6.9 \sim 21.7}{16.3\ (4)}$	$\dfrac{3.4 \sim 10.3}{7.4\ (4)}$	$\dfrac{17.4 \sim 32.8}{20.9\ (4)}$
云质粉砂岩	$\dfrac{11.4 \sim 28.6}{20.0\ (7)}$	$\dfrac{9.3 \sim 43}{25.7\ (7)}$		$\dfrac{0 \sim 10.4}{5.2\ (7)}$	$\dfrac{7.45 \sim 32.6}{18.7\ (7)}$	$\dfrac{4.3 \sim 43.1}{15.1\ (7)}$
钙质粉砂岩	$\dfrac{11.4 \sim 28.6}{20.0\ (3)}$	$\dfrac{32.8 \sim 44}{39.8\ (3)}$		$\dfrac{32.9 \sim 49}{41.0\ (3)}$	$\dfrac{3 \sim 10}{6.5\ (3)}$	$\dfrac{3 \sim 6}{4\ (3)}$
钙质砂岩	$\dfrac{33 \sim 58}{46.2\ (12)}$	$\dfrac{36 \sim 58}{45.8\ (12)}$		$\dfrac{10 \sim 38}{18.2\ (2)}$	$\dfrac{2 \sim 3}{2.5\ (2)}$	$\dfrac{1 \sim 6}{(9)}$

1. 凝灰质岩类

沉凝灰岩是火山碎屑岩向正常沉积岩过渡的岩类，火山碎屑物含量大于正常沉积物，火山物质占 50% ~ 90%，以凝灰物质为主，粒度亦较细，具有凝灰结构。额仁淖尔凹陷沉凝灰岩主要由火山尘组成，镜下不易分辨，主要发育岩屑、陆源碎屑和碳酸盐以及玻屑、晶屑。X 衍射分析表明，石英平均含量为 9.6%，碳酸盐平均含量为 46%，长石和黏土矿物平均含量分别 28% 和 13.9%（表 5.2）。镜下观察，沉凝灰岩碳酸盐胶结作用强，为方解石和白云石共同胶结，白云石主要为粉晶-微晶，而方解石以细晶-粗晶为主，交代多成分的岩屑或充填粒间孔隙（图 5.9）。

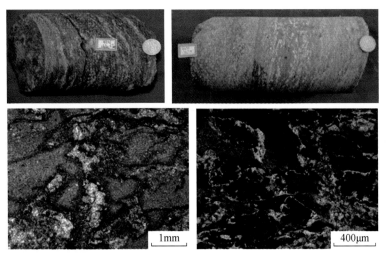

图 5.9 额仁淖尔凹陷阿尔善组沉凝灰岩岩石学特征

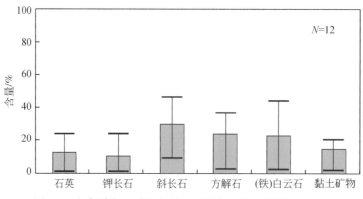

图 5.9　额仁淖尔凹陷阿尔善组沉凝灰岩岩石学特征（续）

2. 碳酸盐岩类

额仁淖尔凹陷阿尔善组的白云岩主要为颗粒含量小于 10% 或不含颗粒的白云岩，当黏土矿物含量大于 25% 时，为泥质白云岩。岩性组分主要为白云石，含量介于 37%～46%，平均为 42%，其次为石英、长石和黏土矿物。石英含量平均为 15.2%，长石平均含量为 13.9%，以斜长石为主（表 5.2）。岩石具有泥晶结构，岩石成分以白云石为主，泥质和方解石次之，粉砂颗粒较少，白云石粒度以泥粉晶为主。岩石中白云石、泥质呈不均匀分布，粉砂分散分布于薄层中，这种岩石在研究区分布较少。

3. 陆源碎屑岩类

凝灰质泥岩和凝灰质粉砂岩属于火山-沉积碎屑岩岩类，火山碎屑物含量（<50%）小于正常沉积物。X 衍射分析表明，碎屑矿物主要为石英和长石，石英平均含量为 34.9%，长石平均含量为 16.8%（表 5.2）。石英和长石颗粒呈漂浮状，大小约 10～20μm，颗粒磨圆中等，次棱角-次圆状，分选较差。碳酸盐矿物平均含量为 23.8%。薄片观察，白云石主要为泥粉晶、半自形，零散分布于凝灰质和泥质杂基中；方解石晶体从泥晶到微晶均发育，充填杂基微孔或粒间孔中，溶孔中可以充填黄铁矿（图 5.10）。

图 5.10　额仁淖尔凹陷阿尔善组凝灰质粉砂岩岩石学特征

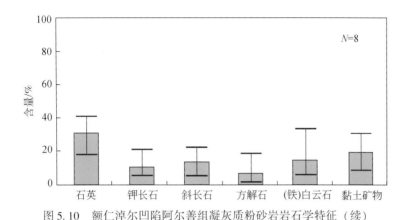

图 5.10 额仁淖尔凹陷阿尔善组凝灰质粉砂岩岩石学特征（续）

云–钙质泥岩是研究区发育的一种主要岩石类型，包括云质泥岩和灰质泥岩。碳酸盐矿物发育，泥质结构，含少量陆源碎屑，成分主要是石英、长石，平均含量分别为19.4%，26.1%等（表5.2）。偏光显微镜下，碳酸盐矿物晶粒大小约0.01μm到数毫米，粒级跨度大。晶体结构主要为泥晶纹层状，斑晶形成呈他形–半自形，且以他形为主。当碳酸盐条带纹层厚约10～30μm，碳酸盐以泥晶为主，并混有少量泥粉晶石英、长石颗粒（图5.11）。在阿尔善组中，云质泥岩和钙质泥岩发育均较广泛。

云–钙质粉砂岩的成分以白云石和方解石发育为特征，其中云质粉砂岩白云石含量7.45%～32.6%，平均为18.7%；钙质粉砂岩方解石含量32.9%～49%，平均为41.0%。薄片观察，方解石和白云石以半自形和他形为主，交代作用发育（图5.12）。

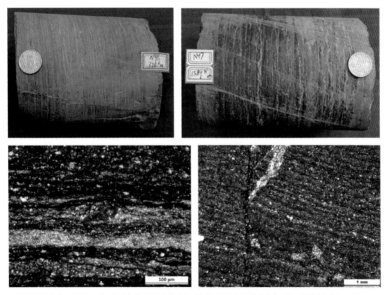

图 5.11 额仁淖尔凹陷阿尔善组云–钙质泥岩岩石学特征

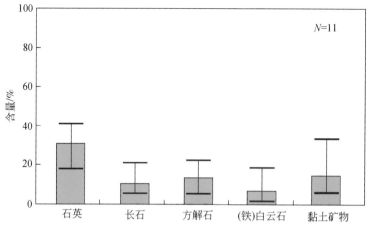

图 5.11　额仁淖尔凹陷阿尔善组云–钙质泥岩岩石学特征（续）

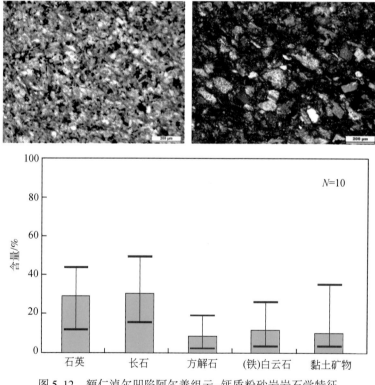

图 5.12　额仁淖尔凹陷阿尔善组云–钙质粉砂岩岩石学特征

　　钙质砂岩呈浅灰色，多具波状层理。薄片观察和 X 衍射分析表明，碎屑成分主要为石英和长石、岩屑以及一些方解石和白云石胶结物，石英平均含量为 21.7%；长石平均含量为 30%，以斜长石为主，占长石总量 90%（表 5.2）。部分钙质砂岩中的方解石常将砂岩中的粒间孔隙完全胶结，呈孔隙式胶结结构，并且在薄片中基本无杂基存在，指示沉积水动力条件较强，将杂基全部带走。在水动力条件较弱的情况下，会存在一定量的杂基，这时候白云石一般表现为大规模交代石英颗粒（图5.13）。自形程度低的泥晶、粉晶白云石交代凝灰质，方解石交代长石颗粒，钙质部分溶蚀作用发育或见胶结部分被白云石化。泥质分布欠均匀，白云石含量少，石英部分具有次生加大现象，长石部分被溶蚀或被绢云母化，少数具有次生加大现象。

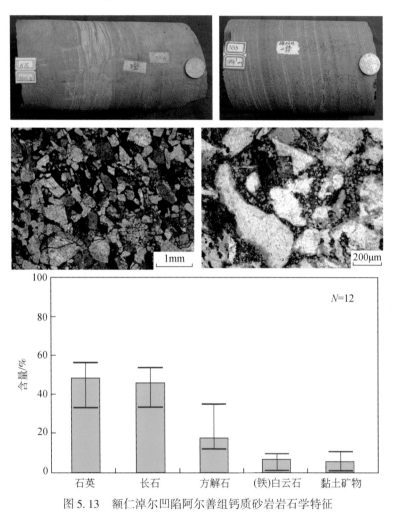

图5.13　额仁淖尔凹陷阿尔善组钙质砂岩岩石学特征

二、特殊岩类储层分布特征

根据阿尔善组重点井的岩心观察和薄片鉴定，结合测井和录井数据，确定了重点探井和评价井的沉积序列和垂向分布特征。

根据岩性变化，阿四段大致可分为三段，不同的沉积亚相对应的岩性也不尽相同。总的来说，Ⅲ砂组发育扇三角洲前缘杂色砾状砂岩与灰色泥岩互层，向上粒度变细。Ⅱ砂组发育扇三角洲前缘云质砂岩夹泥岩互层及半深-深湖云质泥岩、灰质泥岩、泥质白云岩夹凝灰岩等。Ⅰ砂组发育扇三角洲前缘含砾泥岩和灰色泥质粉砂岩、灰色云质泥岩、灰色泥岩互层（图 5.14、图 5.15）。

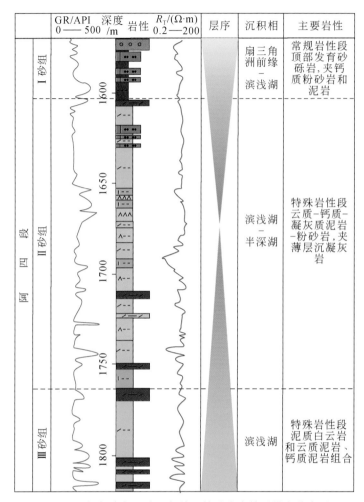

图 5.14　额仁淖尔凹陷阿尔善组特殊岩类储层纵向分布图

　　总的来说，淖东洼槽和中央地堑带的Ⅰ和Ⅱ砂组主要发育云质泥岩夹白云岩，白云石含量较高，而在淖西洼槽和中央地堑带的北部的Ⅰ和Ⅱ砂组的钙质含量较高，主要是钙质泥岩与钙质粉砂岩的互层；而在淖东洼槽Ⅰ砂组主要分布砂砾岩，而淖西洼槽区域在Ⅰ砂组则云质含量较高，云质泥岩发育。推测在额仁淖尔凹陷的南部发育火山，其火山灰由南向北飘过，加上在中央地堑带和淖东洼槽的断裂活动发育，使得凝灰质含量由南向北逐渐减少，云质含量由南向北减少，说明可能白云石的成因与火山灰蚀变有一定的关联。

　　平面上，额仁淖尔凹陷阿尔善组特殊岩类储层分布主要分布在额仁淖尔凹陷的中部，厚度主要处于 50~350m，从深湖向湖盆边界，厚度逐渐变薄。此外，不同区域，特殊岩类储层的类型、分布也不同（图 5.16）。云质泥岩和白云岩主要分布在半深湖-滨浅湖环境，而凝灰质泥岩、沉凝灰岩主要分布在滨浅湖或者扇三角洲前缘，钙质砂岩主要分布在扇三角洲平原和前缘。总之，在湖盆较深的地方，水深安静的地方更容易沉积云质泥岩、白云岩和凝灰质泥岩类，而钙质砂岩则沉积在相对动荡的扇三角洲前缘砂体中。

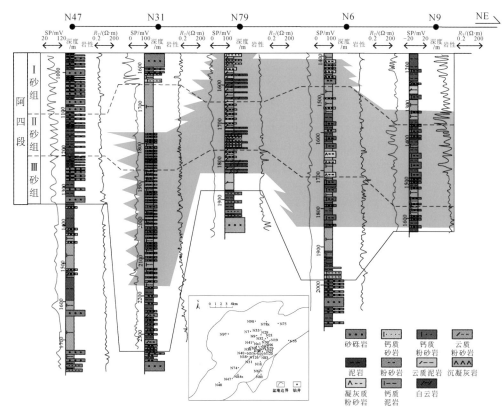

图 5.15　额仁淖尔凹陷阿尔善组特殊岩类储层连井剖面图

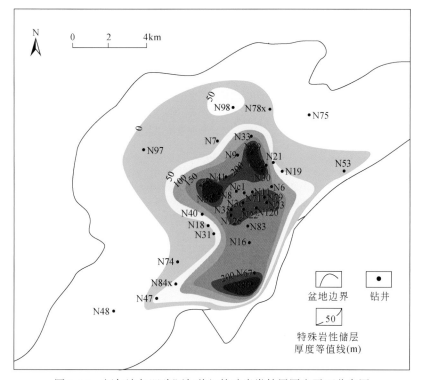

图 5.16　额仁淖尔凹陷阿尔善组特殊岩类储层厚度平面分布图

三、特殊岩类储层岩相分类及分布

通过岩心观察和薄片鉴定，分析研究区岩石的矿物组分、含量以及岩石组构（分选性、磨圆度、支撑形式等）等微观特性，结合沉积结构、构造等特征，在研究岩石类型的基础上，识别划分出7种额仁淖尔凹陷阿尔善组湖相云质岩的岩相类型：波状云-钙质泥岩相、斑点状凝灰质岩相、块状凝灰质泥岩相、雪花状凝灰质岩相、波状云-钙质粉砂岩相、交错层理块状钙质砂岩相、纹层状白云岩相（表5.3）。

（1）波层状云-钙质泥岩相，包含云质泥岩和钙质泥岩，岩心上呈深灰、灰绿色，波状层理，近水平状。单层厚度5～15cm，与深灰色泥岩相邻，薄片观察可见泥质纹层、碎屑层，也常见黄铁矿层，推测主要为静水沉积成因，主要分布在滨浅湖-半深湖亚相。

表 5.3　额仁淖尔凹陷阿尔善组特殊岩类储层岩相分类及特征

岩相类型	岩性	岩心特征	薄片特征	分布
波状云-钙质泥岩相	云质泥岩和钙质泥岩	泥岩呈水平层理，夹浅灰色云质纹层，不连续	半自形-他形、泥-粉晶白云石、方解石晶体呈纹层状（10～80μm 宽）顺层分布	水体较安静区域；滨浅湖、半深湖、深湖
斑点状凝灰质岩相	沉凝灰岩、凝灰质粉砂岩和凝灰质泥岩	白云石呈斑点状分布暗色泥岩中	白云石和方解石晶体呈集合体、不规则团块状（100～400μm）分布于黏土杂基中	水体活动较弱区；半深湖、深湖
块状凝灰质泥岩相	凝灰质泥岩	灰色块状，未见明显层理	凝灰质和黏土杂基均匀分布，偶见泥晶微晶的方解石和白云石混杂其中	水体活动较弱区；半深湖、深湖
雪花状凝灰质岩相	沉凝灰岩、钙-云质沉凝灰岩和凝灰质粉砂岩	碳酸盐呈雪花状分布暗色沉凝灰岩中，局部碳酸盐矿物呈近条带状	粉晶-细晶方解石交代晶屑或岩屑，局部交代方沸石，呈不规则状分布于凝灰质和黏土杂基中；微晶白云石晶体交代、分布于凝灰质杂基	流体交换活跃区；扇三角洲前缘、滨浅湖、半深湖
波状云-钙质粉砂岩相	钙-云质粉砂岩	灰色粉砂岩呈波状层理	微晶-细晶白云石分布在粉砂岩中，局部可见白云石和方解石间的交代作用	水体活动较弱区；扇三角洲前缘、滨浅湖、半深湖
交错层理块状钙质砂岩相	钙质砂岩	灰色块状的砂岩具有小型交错层理砂岩，滴酸起泡	钙质连晶胶结，局部有粒间溶蚀孔	水体活动较强区；扇三角洲前缘
纹层状白云岩相	泥质白云岩	土黄色的纹层状的白云岩或、明显的波状白云岩，受到同生变形，硬度较大	泥晶白云岩均匀分布或呈纹层状	水体较安静区域；半深湖、深湖

（2）斑点状凝灰质岩相，主要包括沉凝灰岩、凝灰质粉砂岩和凝灰质泥岩，岩心上呈灰色，见斑点状碳酸盐颗粒发育。纵向上，主要夹于灰、深灰色块状泥岩或块状沉凝灰岩中，主要为湖相快速堆积成因，分布在半深湖-深湖亚相，在研究区十分常见。

（3）块状凝灰质岩相，岩心上呈灰色，块状构造，薄层为主，单层厚度 3～5cm。纵向上，主要夹于灰、深灰色块状泥岩或块状沉凝灰岩中，主要为湖相快速堆积成因，分布在半深湖-深湖亚相，在研究区局部发育。

（4）雪花状凝灰质岩相，包括沉凝灰岩、钙-云化沉凝灰岩和凝灰质粉砂岩，岩心上呈灰、灰黄色。单层厚度介于 6～25cm，纵向上，常与云-钙质泥岩和粉砂岩相邻。部分块状沉凝灰岩的岩心表面呈雪花状，镜下观察，这些斑点状矿物主要为碳酸盐矿物，其次为硅质矿物，多呈集合体状不均匀分布于凝灰质杂基中，晶体边缘模糊，充填粒间孔隙，主要分布在扇三角洲前缘和滨浅湖-半深湖亚相，在研究区较发育。

（5）波状云-钙质粉砂岩相，包括钙-云质粉砂岩，岩心上呈灰色。纵向上，常与云-钙质泥岩和粉砂岩相邻，单层厚度约为 8～20cm。部分块状钙-云质粉砂岩的岩心表面见波状层理，主要分布在前扇三角洲和滨浅湖-半深湖亚相，在研究区较发育。

（6）交错层理钙质砂岩相，钙质砂岩为主，含少量凝灰质砂岩，岩心上呈灰色，发育波状层理和小型交错层理，见泥质纹层。单层厚度处于 10～30cm。纵向上，与泥岩或粉砂岩相邻，主要形成于水动力较强的沉积环境，主要分布在扇三角洲前缘亚相。

（7）纹层状白云岩相，主要为泥质白云岩，岩心上呈灰色，纹层构造或波状。单层厚度处于 15～30cm。纵向上，常与灰色云-钙质泥岩相邻。研究区发育较少，主要分布在半深湖-深湖亚相。

额仁淖尔凹陷阿尔善组特殊岩类储层的岩相组合具有一定分布规律（图 5.17）。在垂向上，由下至上，粒度由粗—细—粗，阿四段特殊岩类储层的岩性种类丰富。Ⅰ砂组岩性偏粗，西部为砂砾岩、东部为粉砂岩，发育纹层状白云岩相、波状云-钙质泥岩相、块状凝灰质岩相和块状钙质砂岩相；Ⅱ砂组西部为砂砾岩、东部为云质岩，岩性组合包括斑点状凝灰质岩相、纹层状白云岩相和波状钙质泥岩相，雪花状凝灰质岩相在一定范围内分布；Ⅲ砂组底部最大湖泛期的沉积岩性偏细，以云质岩类为主，其岩性组合有纹层状白云岩相、块状凝灰质泥岩相和波状云-钙质泥岩相，部分井可见雪花状凝灰质岩相和波状云-钙质泥岩相发育（图 5.17），主要是云质钙质和凝灰质岩组合。

平面上，研究区特殊岩类主要分布在滨浅湖和扇三角洲前缘。其中，纹层状白云岩相主要分布在深湖中央，见于 N120、N35、N36、N71、N80 井，分布范围小；雪花状凝灰质岩相和斑点状凝灰质泥岩相以薄层为主，推测为火山喷发的火山灰，通过空降和水携两种方式运移到湖盆中心沉积，主要见于 N120、N126、N29、N36 等井，平面上主要分布于滨浅湖和扇三角洲前缘；波状云-钙质泥岩分布在 N79、N126、N36 和 N98、N29、N126、N120 等井，分布范围广，云质泥岩相基本位于钙质泥岩相的区域内，主要位于扇三角洲前缘水下分流河道间、扇三角洲前缘席状砂、滨浅湖；波状云质粉砂岩相主要位于水体活动较弱的扇三角洲前缘席状砂、滨浅湖地带，分布范围较小，主要位于 N19、N21、N31 井；交错层理钙质砂岩相主要位于水体活动较强的扇三角洲的河道和前缘，见于 N47、N53 等井中（图 5.18）。

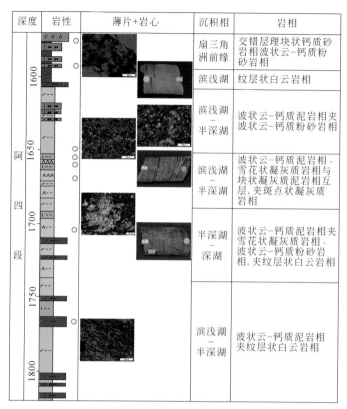

图 5.17　额仁淖尔凹陷 N126 井阿尔善组特殊岩类储层岩性岩相纵向分布图

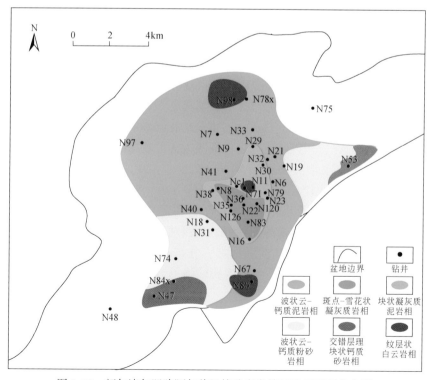

图 5.18　额仁淖尔凹陷阿尔善组特殊岩类储层岩相平面分布图

第三节　特殊岩类储层成因分析

一、构造背景

Dickinson 三角图分析可以分析母岩性质及其构造背景，是砂岩碎屑组分分析中最常用的方法（闫义等，2002）。本次选取 QFL 模式图版对额仁淖尔凹陷阿尔善组碎屑物源进行分析，结果表明，额仁淖尔凹陷淖东洼槽的物源（即塞乌苏断层物源）主要受切割型岛弧物源、基底隆起物源和过渡型岛弧的共同影响（图5.19）。

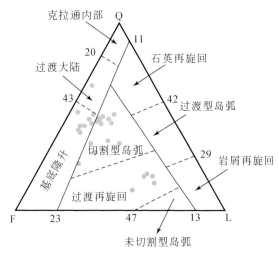

图 5.19　额仁淖尔凹陷阿尔善组 QFL 三角图

二、沉积环境

1. 古气候

本书选取了喜干型元素 Sr 和喜湿型元素 Cu 的比值作为古气候变化研究的参数。通常，Sr/Cu 值处于 1~5 指示潮湿气候，而大于 5 指示干热气候。额仁淖尔凹陷阿尔善组的 Sr/Cu 值处于 2.23~39 ［图5.20（a）］，平均为 12.53，反映阿尔善组沉积环境变化较大，主要为干热环境。

2. 古盐度

额仁淖尔凹陷阿尔善组特殊岩类储层中 Sr 含量介于 100~500μg/g 和 800~1100μg/g 两个区间，平均为 452μg/g ［图5.20（b）］，推测与陆源淡水的补给或者蒸发作用有关，说明形成环境可能以半咸水–咸水湖为主，受少量的淡水补给。此外，Sr/Ba 值可指示环境，高值反映高盐度或炎热干旱气候，低值指示低盐度或温湿气候。通常，Sr/Ba 值大于

1 指示咸水沉积，小于 1 指示淡水沉积（处于 0.6～1 指示半咸水相，小于 0.6 反映微咸水相）。额仁淖尔凹陷阿尔善组特殊岩类储层的 Sr/Ba 值为 0.12～4.58，平均为 0.62［图 5.20（c）］，反映了阿尔善组沉积期水体主要为半咸水-咸水环境。

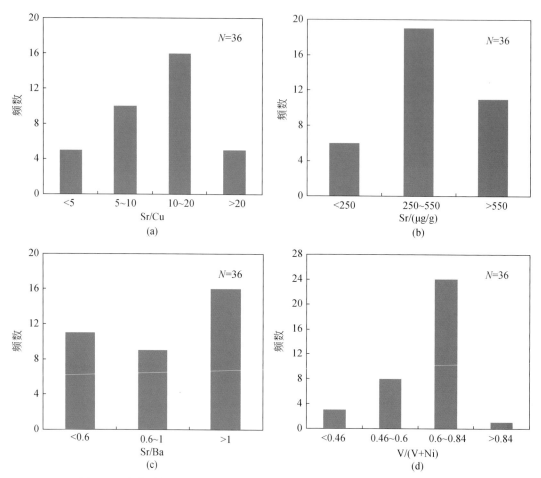

图 5.20　额仁淖尔凹陷阿尔善组反映沉积环境的微量元素含量及比值变化图

3. 氧化-还原性

额仁淖尔凹陷特殊岩类储层的 V/(V+Ni) 值变化较大，主要分布在 0.3～0.9，平均为 0.66［图 5.20（d）］，说明阿尔善组沉积环境主要为水体分层不强的厌氧环境。综上所述，额仁淖尔凹陷阿尔善组沉积环境复杂，主要为半咸湖-咸湖、半封闭-封闭还原环境。

三、白云石形成温度

白云石的碳、氧同位素值与成岩介质的盐度、温度和微生物活动等有关，对岩石的形成环境具有一定的指示意义，是研究其成因的良好示踪手段（Mazzullo et al.，1995；李波等，2010）。额仁淖尔凹陷 33 个岩石样品的碳、氧同位素值 $\delta^{13}C_{PDB}$ 值分布于 $-2.9‰$ ~ $6.4‰$，平均 $2.29‰$；$\delta^{18}O_{PDB}$ 值在 $-29.5‰$ ~ $-5.7‰$，平均 $-12.28‰$（图 5.21）。

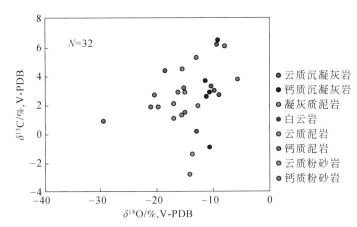

图 5.21　额仁淖尔凹陷阿尔善组特殊岩类储层自生碳酸盐同位素组成

通过对额仁淖尔凹陷阿尔善组 31 个云质岩类样品的 Z 计算，表明 88.9% 样品的 Z 值大于 120（图 5.22），说明研究区阿尔善组白云岩主要形成于咸水环境。

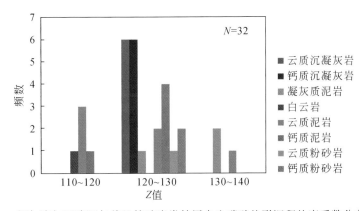

图 5.22　额仁淖尔凹陷阿尔善组特殊岩类储层自生碳酸盐形沉积盐度系数分布直方图

根据 Epstein 等提出的碳酸盐岩沉积温度与氧同位素组成之间的关系公式，不同晶形的白云石，形成的古温度也不同。云质泥岩、钙质泥岩和凝灰质泥岩中主要发育微粉晶结构的白云石，氧同位素值分布于 $-13‰$ ~ $-5.7‰$，计算其形成古温度为 28 ~ 74℃（图 5.23），主要形成于成岩作用早期；钙质沉凝灰岩、白云石化沉凝灰岩、钙质砂岩的细晶白云石或含铁方解石的氧同位素值偏负，分布于 $-21.1‰$ ~ $-17.1‰$，计算的形成古温度较高，处于 96 ~ 127℃（图 5.33），明显晚于微粉晶白云石，属于埋藏成因白云石。额仁淖尔阿尔善组特殊岩类中白云石的成因与阿南凹陷腾一段凝灰质岩和云质岩中的白云石成因类似，具体对比见第八章。

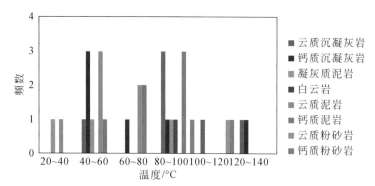

图5.23　额仁淖尔凹陷阿尔善组特殊岩类储层自生碳酸盐形成温度分布直方图

第四节　特殊岩类储层物性及储集空间特征

一、特殊岩类储层物性特征

　　储层孔隙度和渗透率是反映储层物性的两个最直观的参数，代表储存和运输流体能力。通过统计24口井的阿尔善组特殊岩类储层的岩心孔隙度、渗透率数据，阿尔善组特殊岩类储层孔隙度分布在0.1%～20.0%，平均孔隙度为8.4%；渗透率分布在0.001～50.5mD，平均渗透率为0.94mD（表5.4）。由于阿尔善组储层埋深的差异，储层物性在纵向上差异很大（图5.24）。随着深度增加，孔隙度减小，有较明显的线性关系。渗透率与深度的对应关系不如孔隙度与深度那么明显，尤其是砂岩，可能与其断裂活动发育有关。

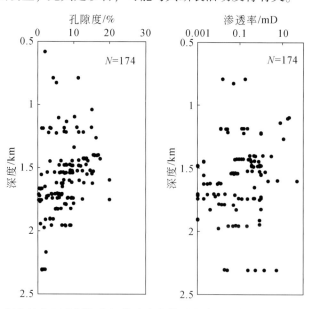

图5.24　额仁淖尔凹陷阿尔善组特殊岩类储层孔隙度和渗透率随深度的分布图

此外，不同岩石类型的物性参数统计表明，不同岩石类型的物性差异大，其中云质粉砂岩、钙质粉砂岩、钙质砂岩和白云岩孔渗相对较高，凝灰质泥岩和云质泥岩的孔渗相对较低（表5.4，图5.25）。

表5.4　额仁淖尔凹陷阿尔善组特殊岩类储层物性特征

岩性	孔隙度/%	渗透率/mD	总计	孔隙度/%	渗透率/mD
沉凝灰岩	$\dfrac{0.8\sim10}{2.35\ (8)}$	$\dfrac{0.015\sim5.42}{1.1\ (8)}$	—	—	—
凝灰质泥岩	$\dfrac{2.8\sim9.6}{6.1\ (12)}$	$\dfrac{0.001\sim0.384}{0.055\ (12)}$	特殊岩类泥岩	$\dfrac{0.1\sim9.9}{3.88\ (27)}$	$\dfrac{0.001\sim0.84}{0.07\ (27)}$
云质泥岩	$\dfrac{0.7\sim6.4}{2.55\ (8)}$	$\dfrac{0.002\sim0.84}{0.14\ (8)}$			
钙质泥岩	$\dfrac{0.1\sim4.2}{1.96\ (7)}$	$\dfrac{0.001\sim0.84}{0.071\ (7)}$			
云质粉砂岩	$\dfrac{1.7\sim16.8}{9.85\ (42)}$	$\dfrac{0.003\sim8.18}{0.88\ (42)}$	特殊岩类粉砂岩	$\dfrac{1.7\sim17.4}{9.60\ (103)}$	$\dfrac{0.001\sim8.18}{0.54\ (102)}$
钙质粉砂岩	$\dfrac{2.6\sim17.4}{9.4\ (61)}$	$\dfrac{0.001\sim3.1}{0.3\ (60)}$			
钙质砂岩	$\dfrac{1.3\sim20}{8.78\ (55)}$	$\dfrac{0.001\sim50.5}{2.48\ (55)}$	—	—	—
白云岩	$\dfrac{3.8\sim15.8}{9.36\ (14)}$	$\dfrac{0.003\sim1.2}{0.29\ (14)}$	—	—	—

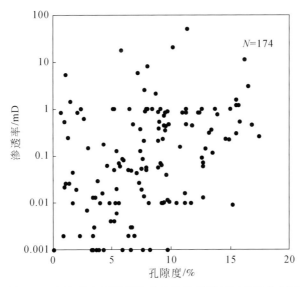

图5.25　额仁淖尔凹陷阿尔善组特殊岩类储层物性分布图

二、特殊岩类储层孔隙与喉道类型

根据岩心、薄片和扫描电镜观察，额仁淖尔阿尔善组储层储集空间有裂缝、粒间孔、铸模孔、粒内溶蚀孔、晶间孔、晶内孔、基质孔等（表5.5）。阿尔善组特殊岩类储层主要发育次生孔隙，占总孔隙度80%～90%，其中次生孔隙以粒间溶孔（碳酸盐胶结物溶蚀孔）、晶间孔和粒内溶孔（长石、岩屑颗粒溶蚀孔）为主。

1. 原生孔隙

额仁淖尔凹陷阿尔善组特殊岩类储层的原生孔隙较少，粒间孔隙主要发育与颗粒支撑岩石的碎屑颗粒之间。由于砂岩存在较强的成岩作用，大部分储层的粒间孔隙常常受到成岩作用改造，成为缩小的残余原生粒间孔。

2. 次生孔隙

晶内孔 [图5.26（a）、（b）] 和晶间孔 [图5.26（c）、（d）] 主要发育在凝灰质泥岩中。显微镜和扫描电镜下观察到晶间孔主要发育在碳酸盐矿物的晶粒之间，为晶体颗粒之间排列后留下的孔隙，其大小一般与颗粒大小成正相关，但晶间孔大多被方解石充填，因此孔隙度较低。但是，当晶间孔和微裂缝结合时或有酸性流体进入时，岩石的渗透能力会大大提高。晶间孔在研究区最为常见，占研究区致密岩储层储集空间的31.6%。研究区晶间孔中常有黄铁矿或沥青充注，说明处于还原环境。这种特殊的晶间孔可以改善储层物性、增大储集空间，对研究区致密储层贡献较大。

表5.5 额仁淖尔凹陷阿尔善组特殊岩类储层储集空间类型及其识别特征

类型		识别特征	发育情况
原生	原生粒间孔	颗粒呈点、线接触，与次生孔隙混合形成粒间孔隙	少见
	微孔	主要为杂基微晶间微孔隙	少见
次生	粒间溶孔	颗粒间的杂基、碳酸盐胶结物或颗粒边缘被溶蚀或交代	常见
	粒内溶孔	碎屑颗粒内部成分被部分溶蚀或交代后形成的孔隙，常沿长石、岩屑、晶屑较薄弱的解理面、微裂缝处溶蚀或交代，呈现蜂窝状、不规则状并常与粒间孔连通	常见
	铸模孔	碎屑颗粒全部被溶解或交代而形成，并保留原颗粒形态的孔隙。常与原生孔隙和其他次生孔隙连通形成超大孔隙	较常少见
	晶间溶孔	主要为黏土矿物、白云石或方解石的晶间溶孔	较常见
	晶内溶孔	主要为凝灰质岩类玻屑和晶屑溶孔	少见
	微裂缝	高角度裂缝为主，发育顺水平纹层裂缝	较常见

研究区致密储层中粒间孔 [图5.27（c）、（d）] 占储集空间的23.5%，多数为粒间方解石胶结物溶蚀形成的次生粒间孔隙，形状不规则，边界较为模糊，主要发育在钙质砂岩和云（钙）质粉砂岩中，分布在N35、N53井等扇三角洲前缘砂体中，其常与粒内溶孔伴生，有利于增加储层的有效储集空间。

粒内溶蚀孔 [图5.27（a）、（b）] 占研究区致密岩储层孔隙的18.3%。云（钙）质、凝灰质粉砂岩和钙质砂岩中发育粒内溶蚀孔，甚至发育铸模孔 [图5.27（e）、（f）]，主要与长石溶蚀有关，分布在N31、N36和N71等井靠近半深湖或辫状河三角洲前缘近湖端，镜下观察到含云粉砂岩中长石、石英被溶蚀，钙质砂岩中长石从解理缝开始溶蚀，当溶蚀强度和时间增加时，可以形成溶蚀孔。

3. 微裂缝

阿尔善组致密储层中，裂缝 ［图 5.26（e）、（f）］占储集空间的 22%。研究区发育塞乌苏断层、巴尔断层、吉格列断层等一系列 NE 向断裂。阿尔善组裂缝主要有构造缝、泄水缝和网状缝。在岩心中观察到研究区裂缝以高角度裂缝（>40°）为主，甚至有直立缝（近 90°），但水平缝（<10°）较少。裂缝遍布大多数井，缝宽 0.2～0.5mm 左右，而在 N31、N11、N19 等井靠近主干断层的井中观察到 1mm 左右宽的裂缝，常被方解石、白云石、黏土充填。薄片观察发现，裂缝和微裂缝在全区发育，尤其在云质岩和钙质泥岩、钙质沉凝灰岩储层中发育。裂缝增加了储层孔隙度，连通了原有孔隙，是油气运移和流体渗流的主要通道，有效地改善了储层的孔隙结构。

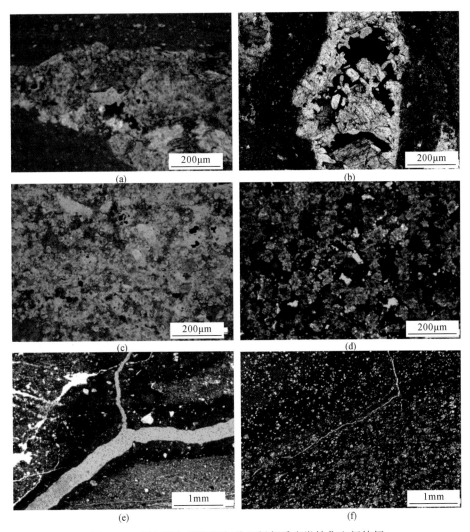

图 5.26 额仁淖尔凹陷阿尔善组凝灰质岩类储集空间特征

（a）N29 井，1242.35m，钙质凝灰岩，晶内孔，单偏光；（b）N120 井，1754.61m，白云石化凝灰岩，晶内孔，单偏光；
（c）N19 井，1474.77m，钙质凝灰岩，晶间孔，单偏光；（d）N98 井，321.4m，白云石化沉凝灰岩，晶间孔，单偏光；
（e）N75 井，917.42m，（沉）凝灰岩，裂缝，单偏光；（f）N98 井，321.4m，白云石化沉凝灰岩，裂缝，单偏光

图 5.27　额仁淖尔凹陷阿尔善组特殊岩类砂岩储层储集空间特征

（a）N35 井，1605.7m，钙质粗砂岩，粒内孔，单偏光；（b）N22 井，1545.6m，细砂岩，粒内孔，单偏光；（c）N53 井，1540.1m，含云钙质中砂岩，粒间孔，单偏光；（d）N36 井，1649.7m，凝灰质粉砂岩，粒间孔，单偏光；（e）N35 井，1616.6 m，岩屑石英砾岩，铸模孔，单偏光；（f）N98 井，321.4m，白云石化沉凝灰岩，铸模孔，单偏光

　　总体而言，额仁淖尔凹陷下白垩统阿尔善组特殊岩类储层的储集空间主要为次生孔隙，其中以粒间溶孔、晶间孔为主，其次是粒内溶孔、基质孔以及微裂缝。不同岩性储层，主要储集空间也不同。特殊岩类砂岩（包括凝灰质砂岩、云-钙质砂岩）孔隙发育，主要为粒内溶孔和粒间溶孔；特殊岩类泥岩（包括凝灰质泥岩、凝灰质粉砂岩、云-钙质泥岩和云-钙质粉砂岩）孔隙极少发育，主要发育基质溶孔和微裂缝；白云岩和白云石化沉凝灰岩储层主要发育粒间溶孔和晶间溶孔。

三、特殊岩类储层孔隙结构特征

统计额仁淖尔凹陷特殊岩类储层的常规压汞毛管压力曲线特征，结果表明不同岩性的孔隙结构特征不同。

特殊岩类砂岩储层（钙质砂岩）的孔隙结构变化快，毛管压力曲线具排驱压力低、进汞饱和度中-大、喉道半径小的特点（图5.28，表5.6）。常规压汞测试结果表明，其排驱压力约4MPa，最大喉道半径约0.1μm，最大进汞饱和度近100%，储集性能相对较好（表5.6）。

特殊岩类粉砂岩储层（包括钙质、云质和凝灰质粉砂岩）的孔隙结构较好，毛管压力曲线具排驱压力低、进汞饱和度小、中值喉道半径小的特点。常规压汞测试结果表明，排驱压力处于3~12MPa，最大喉道半径处于0.012~0.616μm，最大进汞饱和度在80%左右，退汞效率在20%左右，孔喉半径中值小于0.04μm，储集性能相对较好（图5.28，表5.6）。

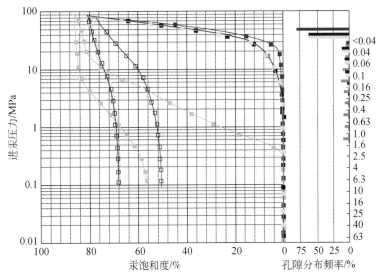

图5.28　额仁淖尔凹陷阿尔善组特殊岩类粉砂岩储层常规压汞曲线特征及孔喉半径分布

白云岩储层（包括泥质白云岩、凝灰质白云岩）的孔隙结构差，毛管压力曲线具排驱压力高、进汞饱和度小、喉道半径小的特点。压汞测试结果表明，最大进汞饱和度处于18%~20%，退汞效率处于30%~50%，孔喉半径中值小于0.08μm，平均孔喉体积比小于50%，储集性能差（图5.29，表5.6）。

沉凝灰岩储层的孔隙结构差。本次选取N126井1665.99m的钙质沉凝灰岩样品做核磁共振测试，样品的气测孔隙度为3.39%，渗透率平均值为0.023mD，可动流体饱和度为24.80%，可动流体孔隙度为0.75%，束缚水饱和度为75.20%。结果表明额仁淖尔凹陷的沉凝灰岩储层孔隙结构差，连通性差。T2谱曲线表明（图5.30），沉凝灰岩储层发育两类孔隙类型，并且两类孔隙所占总孔隙比例相似。结合上文研究，该两类孔隙主要为晶间孔和微裂缝。

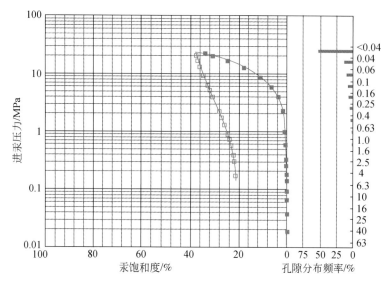

图 5.29　额仁淖尔凹陷阿尔善组白云岩储层常规压汞曲线特征及孔喉半径分布

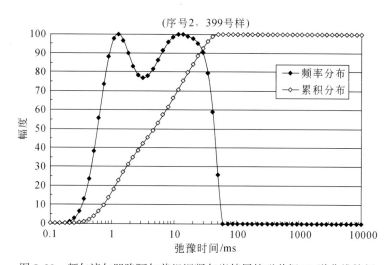

图 5.30　额仁淖尔凹陷阿尔善组沉凝灰岩储层核磁共振 T2 谱曲线特征

表 5.6　额仁淖尔凹陷特殊岩类储层孔隙结构特征

井号		N31 井	N23 井	N67 井	N75 井	N97 井	N80 井
深度/m		1957.50	1616.91	1781.30	822.82	1522.10	1825.00
岩性定名		钙质细砂岩	云质粉砂岩	云质粉砂岩	钙质粉砂岩	凝灰质泥岩	泥质白云岩
物性参数	孔隙度/%	6.7	9.4	9.9	20.8	9.0	10.7
	渗透率/mD	0.490	0.0104	0.0105	0.101	0.384	0.29
吼道大小参数	平均喉道半径/μm	0.070	0.012	0.026	0.012	0.616	0.08

续表

井号		N31 井	N23 井	N67 井	N75 井	N97 井	N80 井
喉道分选特征参数	喉道类型	微喉道	微喉道	微喉道	微喉道	微喉道	微喉道
	排驱压力/MPa	2.000	12.000	3.000	10.000	0.3	7.18
	喉道分选系数	1.12	3.48	2.77	3.12	0.300	0.08
喉道分选特征参数	歪度	0.58	1.19	1.21	1.18	2.27	—
孔喉连通性及控制流体运动特征参数	峰态	3.34	1.45	1.50	1.41	1.68	—
	退汞效率/%	47.8	18.2	16.4	35.1	3.23	44.04

1. 孔喉大小

反映孔喉大小的参数有喉道半径、排驱压力等参数。喉道半径是以能够通过喉道的最大球体半径来衡量的，半径为微米（μm），喉道半径平均值（R）越大，储层的渗透率越大。按平均喉道半径（R）将碎屑岩储层分粗喉（$R \geqslant 50 \mu m$）、中喉（$10 \leqslant R < 50 \mu m$）、较细喉（$5 \leqslant R < 10 \mu m$）、细喉（$1 \leqslant R < 5 \mu m$）、微喉（$R < 1 \mu m$）5 级。排驱压力是指汞开始进入岩样所需要的最低压力，它是汞开始进入岩样最大连通孔喉而形成连续流所需的启动压力，也称为阈压或者门槛压力。按照喉道分类标准，额仁淖尔凹陷喉道类型主要为微喉道，总的来说，云质粉砂岩的喉道半径最大，钙质砂岩次之，泥岩类最小。此外，钙质砂岩排驱压力低于 2MPa，粉砂岩平均大于 8MPa，白云岩的排驱压力则在两者之间。

2. 孔喉分选特征

压汞实验数据表明云质粉砂岩喉道分选系数在 2.77～3.48，白云岩和钙质砂岩的分选系数小于云质粉砂岩（表 5.6），反映云质粉砂岩喉道分选情况不如白云岩和钙质砂岩。从表中也可以得出二者的歪度参数和峰态参数具有类似的特征。

3. 孔喉连通性及控制流体运动特征

压汞实验数据显示，云质粉砂岩的退汞效率介于 16.4%～35.1%（表 5.6），白云岩和钙质砂岩的退汞效率比云质粉砂岩高。由于孔隙结构是影响退汞效率极其重要的因素，其中毛管束和纯裂缝型样品的退汞效率最高，而粒间孔隙样品次之。额仁淖尔凹陷阿尔善组云质泥岩为毛管束样品，因此退汞效率高，而云质粉砂岩为粒间孔隙样品，因此退汞效率低。

综合上述研究，额仁淖尔凹陷阿尔善组特殊岩类储层的常规毛管压力曲线分为三类：

Ⅰ型毛管压力曲线：曲线平台较长，呈中-细歪度状，孔喉大小分布偏向中-细孔喉，分选较好，排驱压力小于 2MPa，最大进汞饱和度较大，大于 80%，平均喉道半径主要处于 0.07μm。Ⅰ型毛管压力曲线具有好孔渗性能，在额仁淖尔凹陷阿尔善组特殊岩类储层中发育较少，主要分布在钙质砂岩储层中。

Ⅱ型毛管压力曲线：曲线平台中-长，呈细歪度状，孔喉大小分布偏向细孔喉，分选差，排驱压力介于 2～10MPa，最大进汞饱和度处于 40%～60%，平均喉道半径处于 0.01～0.07μm。Ⅱ型毛管压力曲线具有中-好孔渗性能，在额仁淖尔凹陷阿尔善组特殊岩类储层中发育较少，主要分布在特殊岩类粉砂岩储层中。

Ⅲ型毛管压力曲线：曲线基本没有平台，细歪度、细孔喉、分选差。排驱压力大于10MPa，最大进汞饱和度在20%左右，平均喉道半径小于0.01μm。Ⅲ型毛管压力曲线具有差孔渗性能，在额仁淖尔凹陷阿尔善组特殊岩类储层中发育较多，在特殊岩类泥岩、沉凝灰岩和白云岩中均有分布（表5.7）。

表5.7　额仁淖尔凹陷阿尔善组特殊岩类储层常规毛管压力曲线分类及特征

毛管压力曲线类型	Ⅰ	Ⅱ	Ⅲ
孔隙度/%	<7	>10	7~10
渗透率/mD	>0.3	0.01~0.3	<0.01
退汞效率/%	<60	20~40	>40
排驱压力/MPa	<2	2~10	>10
平均喉道半径/μm	>0.07	0.01~0.07	<0.01
曲线形态特征	曲线平台较长 呈中-细歪度状	曲线平台中-长 呈细歪度状	曲线基本没有平台 呈细歪度状
主要岩性	凝灰岩 钙质砂岩	特殊岩类粉砂岩 （云质粉砂岩、钙质 粉砂岩、凝灰质粉砂岩）	白云岩

第五节　特殊岩类储层成岩作用研究

一、成岩作用类型

阿尔善组沉积时期，火山活动剧烈且发育强烈的断裂活动，同时发育有富碳酸盐的致密岩储层，这些特殊岩类储层储集空间的发育主要受沉积作用、构造作用和成岩作用等共同影响，而在相同沉积环境的砂岩储层中，成岩作用是储层致密化的主要原因。根据34口井取心段岩心和铸体薄片的观察，结合阴极发光、X衍射、扫描电镜及电子探针等测试，在分析储集空间的基础上，研究了额仁淖尔凹陷阿尔善组特殊岩类储层的成岩作用，其成岩作用类型主要包括压实作用、胶结作用、交代作用及溶蚀作用等，具体特征如下：

1. 压实作用

阿尔善组压实作用主要表现为机械压实、压溶作用。机械压实作用表现为石英、长石等重新排列，镜下观察到云质粉砂岩中有明显的颗粒定向排列。随着颗粒受应力和时间的增加，颗粒间接触关系逐渐以点-线接触过渡为凹凸接触［图5.31（a）］，甚至发生溶蚀，石英颗粒边缘呈港湾状溶蚀边。镜下观察，云母、火山岩屑等塑性颗粒弯曲［图5.31（b）］，是由于埋深加大和静压力作用的结果。成岩作用早期，机械压实作用较强，胶结作用较弱；随着埋深增加，胶结作用增强，减缓了压实作用的效果。

2. 胶结作用

额仁淖尔凹陷阿尔善组储层的胶结物成分多样，包括黏土矿物、碳酸盐矿物、石英次生加大和长石次生加大等。不同胶结物对储层物性的影响各不相同，有破坏性的一面也有建设性的一面。根据薄片和扫描电镜观察，大量存在的丝状伊利石和晚期形成的绿泥石会堵塞孔隙；而在钙质砂岩中，早期形成绿泥石包壳 [图5.31 (c)]，使颗粒多为较松散的点接触，从而使部分原生粒间孔得以保存。

碳酸盐胶结可分为方解石胶结和白云石胶结。研究区的钙质胶结发育 [图5.31 (d)、(f)]。在云（钙）质粉砂岩中，白云石主要以胶结物形式存在，充填了原生孔隙，使储层物性变差。因此，在碳酸盐胶结作用十分发育的情况下，储层物性较差；在碳酸盐溶蚀作用较强处，储层物性较好。

3. 交代作用

通过薄片观察，阿尔善组储层交代作用较发育，包括方解石交代长石、岩屑、白云石等，白云石交代方解石、长石，其中以方解石交代长石和白云石交代方解石 [图5.31 (e)] 最为普遍。然而，也较常见去白云石化现象，主要发育在凝灰质泥岩、云质粉砂岩、钙质砂岩中。交代作用可发生在各个成岩阶段，往往造成原岩的结构和成分发生变化。交代作用往往改变孔喉结构，能产生少量溶蚀孔隙。但据观察，交代作用产生的孔隙多被晚期铁方解石所充填，所以对储层物性的影响不大。

4. 溶蚀作用

溶蚀作用对改善阿尔善组储层物性具有非常重要的作用，尤其是富含有机酸的孔隙流体能够有效地促进长石、岩屑、碳酸盐胶结物（图5.27）发生溶蚀。但是，晚期溶蚀作用产生的次生孔隙更能改善储集层储集性能。

5. 重结晶作用

重结晶作用是阿尔善组储层最普遍的成岩现象之一。镜下观察发现，与重结晶作用相关的白云石团块中央部分白云石晶体干净或较干净，Mg^{2+}/Ca^{2+}较高，而斑块边缘部位白云石晶体较脏，内含微晶白云石残余，Mg^{2+}/Ca^{2+}相对低，表明它可能是白云石多期交代、重结晶作用的产物。如果重结晶的白云石晶体较大，颗粒轮廓模糊，与周围基质界线难以辨认，则这类白云石是在较高温度条件下，富镁离子地层水渗滤、改造早期形成的泥晶云质岩并发生重结晶作用形成的。如果白云石以自形-半自形面状晶体为特征，并有残余结构，则这类白云石是在埋藏过程中，温度升高，晶体缓慢生长的结果。

6. 裂缝充填作用

阿尔善组发育构造作用产生的裂缝和层间缝。靠近主断裂的位置裂缝异常发育，远离主断裂的位置微裂缝富集程度略变差（赵海峰等，2012；周多等，2014）。裂缝的大量分布不仅仅明显改善了特殊岩类储层的孔隙度，而且富镁流体常在先期形成的裂缝中富集，交代形成白云石或硅质等自生矿物（Dou and Chang，2003；Chen et al.，2014，2016）。自生矿物呈全充填或半充填状富集在裂缝中。阿尔善组储层构造微裂缝的角度较大，后期被白云石充填常呈丝絮状；层间缝多为近水平产出，充填白云石后呈团块状（图5.26）。

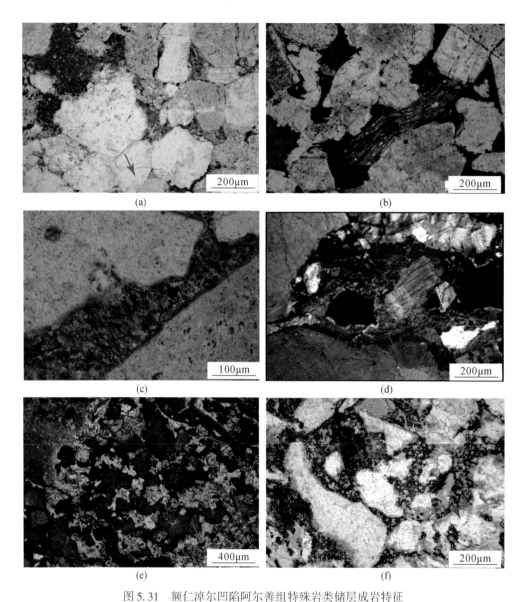

图 5.31　额仁淖尔凹陷阿尔善组特殊岩类储层成岩特征

（a）N35 井，1614.3m，中砂岩，线接触，单偏光；（b）N35 井，1605.7m，钙质粗砂岩，岩屑压弯，单偏光；
（c）N19 井，1483.36m 钙质中−粗砂岩，绿泥石包壳，单偏光；（d）N35 井，1616.16m，钙质粗砂岩，
方解石胶结，正交光；（e）N120 井，1757.21m，白云石化沉凝灰岩，白云石交代方解石，单偏光；
（f）N53 井，1540.1m，含云钙质中砂岩，胶结和交代作用，单偏光

二、特殊岩类储层成岩演化

通过阿尔善组特殊岩类储层岩石薄片观察，根据自生矿物之间交代、切割关系以及溶解充填关系，并结合包裹体测温和埋藏史分析不同成岩作用发生的先后和时间顺序，阿尔善组特殊岩类储层的成岩演化序列为：火山灰水解→凝灰岩脱玻化作用→凝灰质蚀变作用→压实

作用→Ⅰ期白云石胶结→Ⅰ期方解石胶结→大气水淋滤→有机酸溶蚀→长石溶蚀–碳酸盐胶结物溶蚀→Ⅱ期方解石、白云石胶结。此外，根据上述讨论的成岩作用特征，不同岩性的特殊岩类储层，其成岩演化特征也不同。沉凝灰岩储层主要发育压实作用、白云石化和溶蚀作用；特殊岩类泥岩主要发育压实和白云石化作用；特殊岩类砂岩储层主要发育方解石胶结作用和溶蚀作用（图5.32）。

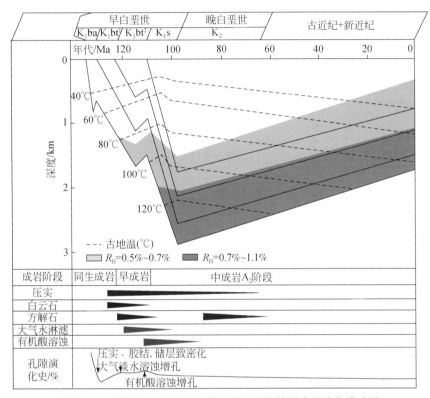

图5.32 额仁淖尔凹陷阿尔善组特殊岩类储层成岩演化模式图

三、成岩阶段划分

额仁淖尔凹陷阿尔善组特殊岩类储层成岩作用可划分为早成岩阶段 B 期，中成岩阶段 A_1 亚期和 A_2 亚期两个阶段 3 个（亚）期，底界深度分别为900m、1050m 和1500m，其中，A_2 被细分为 A_2^1 和 A_2^2 两个亚期，以 R_o = 1.0% 为界（表5.8）。总体来看，阿尔善组特殊岩性储层成岩作用并不很强，主要处于中成岩 A_1 和 A_2^1 期，其次是 A_2^2 亚期。

1. 早成岩阶段 B 期

埋深浅于800m，镜质组反射率 R_o <0.5%，有机质处于半成熟状态。成岩作用以机械压实作用为主，胶结作用较弱，砂岩呈半固结–固结状态，颗粒间点接触为主，偶见点–线接触，孔隙类型主要为原生孔。黏土矿物以伊–蒙混层和蒙皂石为主。处于早成岩阶段 B 期的地层主要发育在凹陷的边缘。

表5.8　额仁淖尔凹陷阿尔善组特殊岩类储层的成岩阶段划分表

成岩阶段		古温度/℃	有机质			泥岩 I/S中的S/%	地层水有机酸	富火山物质储层成岩作用及自生矿物															溶蚀作用			接触类型	主要孔隙类型	深度/m
阶段	期（亚期）		R_o/%	成熟度	T_{max}			水化	脱玻化	蒙皂石	伊-蒙混层	高岭石	伊利石	绿泥石	方解石	白云石	铁方解石	石英加大	长石加大	钠长石化	方沸石	黄铁矿	碳酸盐	长石	岩屑			
早成岩	A	65	0.35	未成熟	<430	70																				点状	原生孔	800
	B	85	0.5	半成熟	430	50																				状	次生-原生孔	900
中成岩	A_1	120	0.7	低成熟	435	45																				点-线		1050
	A_2^1	130	1.0	成熟	450	25																						1250
	A_2^2	140	1.3		460	20																					次生孔-裂缝	>1500

2. 中成岩阶段 A 期

在埋深 900~1500m 的深度范围内，$0.5\% \leqslant R_o < 1.3\%$，有机质处于低熟-成熟阶段。碎屑颗粒之间的接触关系以点-线为主，可见线接触关系。以 $R_o = 0.7\%$ 为界，中成岩阶段还可分为中成岩阶段 A_1、A_2 两个亚期。

在中成岩阶段 A_1 亚期，埋藏深度 900~1050m，$0.5\% \leqslant R_o < 0.7\%$，有机质处于低熟阶段。机械压实作用明显减弱，溶蚀作用逐渐增强。特殊岩类储层中黏土矿物转化、凝灰物质继续水解蚀变，其内部白云石晶体逐渐增大，从微晶向细晶增长，并且大量白云石成集合体形式充填孔隙或交代长石等颗粒。局部可见方解石和含铁方解石晶体充填孔隙或交代长石颗粒。随着埋深和温度的增加，凝灰物质发生蚀变，主要生成自生黏土矿物，以伊-蒙混层为主。然而由于凝灰质砂岩中凝灰质杂基含量高及早期绿泥石包壳的存在，石英次生加大作用发育较少，凝灰质蚀变释放的硅质主要以石英微晶的形式充填粒间孔中。此外，发育黄铁矿和方沸石等自生矿物，说明凝灰质水解形成了方沸石。自生矿物还有方解石、白云石等。在该阶段有机质开始发生热降解，形成有机酸，溶蚀长石和岩屑形成次生孔隙。

在中成岩阶段 A_2 亚期，埋藏深度 1050~1500m，$0.7\% \leqslant R_o < 1.3\%$，有机质处于低成熟-成熟阶段。该阶段油气大量生成并充注到储层中，同时释放大量的有机酸，生成大量有机酸和 CO_2，溶于水，形成酸性热流体，溶蚀储层中的铝硅酸盐矿物、碳酸盐岩胶结物，产生次生孔隙。由于特殊岩类储层致密，孔隙度和渗透率低，酸性水不易进入，溶蚀作用较弱，局部可见碳酸盐胶结物及长石、岩屑发生溶解，形成次生孔隙。随着埋深增加，有机质排酸量减少，溶蚀作用减弱，胶结作用逐渐增强。黏土矿物中，伊利石和绿泥石的含量越来越多，且呈自生形态出现，高岭石和黏土混层的含量逐渐减少。此外，随着

黏土矿物转化释放大量阳离子，特殊岩类储层中可见晚期铁白云石交代早期碳酸盐胶结物。额仁淖尔凹陷特殊岩类储层主要处于这个阶段（表5.8）。

第六节　特殊岩类的测井识别及评价

额仁淖尔凹陷阿尔善组岩性复杂，碳酸盐岩、火山岩和沉积岩均发育，为了划分该复杂岩性地层的岩性，只有通过多种测井资料配合使用才能较准确的划分岩性。因此需要选取对岩性敏感的测井曲线，充分利用这些测井曲线所包含的岩性信息进行对应分析。

一、主要测井响应特征

从额仁淖尔凹陷阿尔善组特殊岩类储层的重点探井入手，应用常规测井等资料分析了阿尔善组特殊岩类储层的岩性特征。由于额仁淖尔凹陷阿尔善组特殊岩类储层岩性复杂且种类多样，所以对岩性描述进行了简化，最终将岩性分为凝灰质岩、云-钙质砂岩、云-钙质（粉）泥岩和白云岩。

1. 自然伽马

额仁淖尔凹陷特殊岩类的自然伽马值统计表明，得出阿尔善组凝灰质岩的伽马值在94~457API，云-钙质砂岩的伽马值在92~220API，云-钙质泥岩的伽马值在117~425API，白云岩的伽马值在126~436API（表5.9）。

2. 电阻率测井

由于额仁淖尔凹陷钻井时间不同，而且钻遇特殊岩类储层的井数有限，测井类型不一致，本书选取R_{25}电阻率测井曲线进行统计，得出阿尔善组凝灰质岩的电阻率在14.96~58.04Ω·m，云-钙质砂岩的电阻率在3.338~59.894Ω·m，云-钙质泥岩的电阻率1.5~49.183Ω·m，白云岩的电阻率在1.133~38.523Ω·m（表5.9）。

3. 声波测井

通过对额仁淖尔凹陷岩石的声波时差统计表明，阿尔善组凝灰质岩的声波时差在208.317~253.369μs/m。推测由于火山碎屑岩中骨架部分含量较火山碎屑沉积岩和正常沉积岩要低，因此其声波时差表现为高值。正常情况下，火山碎屑沉积岩和正常沉积岩骨架部分含量相差不多，表现为声波时差值相近，额仁淖尔凹陷阿尔善组云-钙质砂岩的声波时差在201.599~379.152μs/m，云-钙质泥岩的声波时差在204.686~300.113μs/m，白云岩的声波时差在210.35~261.882μs/m（表5.9）。

表5.9　额仁淖尔凹陷阿尔善组不同特殊岩类储层的测井响应特征

岩性	自然伽马/API	电阻率/(Ω·m)	声波时差/(μs/m)	曲线特征
凝灰质岩	$\dfrac{117\sim457}{208.8\ (21)}$	$\dfrac{20\sim58}{37.7\ (21)}$	$\dfrac{208\sim253}{222.36\ (21)}$	中-高伽马、高电阻、中声波
特殊岩类砂岩	$\dfrac{95\sim204}{150.63\ (71)}$	$\dfrac{2.39\sim31.28}{17\ (71)}$	$\dfrac{201\sim379}{239.45\ (71)}$	低伽马、中电阻、高声波

续表

岩性	自然伽马/API	电阻率/(Ω·m)	声波时差/(μs/m)	曲线特征
特殊岩类泥岩	$\dfrac{120\sim304}{202.5\ (82)}$	$\dfrac{4.23\sim30.8}{12.44\ (82)}$	$\dfrac{207\sim270}{233.2\ (82)}$	中伽马、低电阻、中-高声波
白云岩	$\dfrac{126\sim436}{202\ (22)}$	$\dfrac{0.779\sim38.523}{13.14\ (22)}$	$\dfrac{212\sim249.57}{230.69\ (22)}$	中伽马、中-低电阻、中声波

二、特殊岩类储层岩性识别

常规测井曲线特征显示，无论哪种测井曲线，区分岩性大类时都有不确定性。归结这种不确定性，主要表现为相同岩性对应不同的测井响应，相同测井响应对应不同的岩性。额仁淖尔凹陷阿尔善组凝灰质岩具有较高的自然伽马值，在 160~350API，而白云岩具有很低的自然伽马值，在 110~240API，容易区分。然而云-钙质砂岩和云-钙质泥岩的自然伽马值分别处于 100~220API 和 120~300API，具有较大范围的交集（图 5.33，表 5.9）。

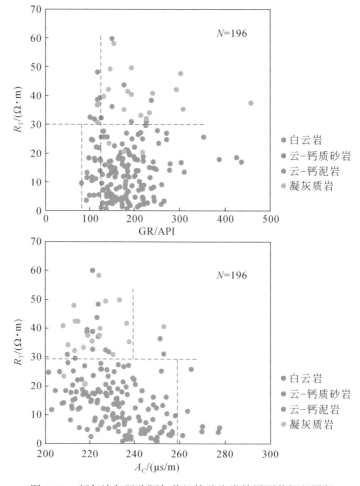

图 5.33　额仁淖尔凹陷阿尔善组特殊岩类储层测井解释图版

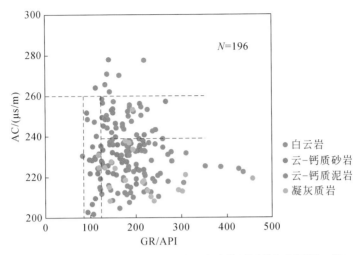

图 5.33　额仁淖尔凹陷阿尔善组特殊岩类储层测井解释图版（续）

电阻率是区分泥岩和砂岩最有效的测井曲线之一，但是由于本区泥岩电阻率数值比较平均，大部分在 $20\sim30\Omega\cdot m$，导致单一电阻率曲线区分泥岩和砂岩的实用性降低，需要其他测井曲线交汇才可用于岩性划分。

额仁淖尔凹陷阿尔善组凝灰岩声波时差相对较低，一般在 $220\sim250\mu s/m$ 左右，白云岩的声波时差更低，主要处于 $210\sim230\mu s/m$。对于云-钙质砂岩，钙质砂岩的声波时差较高于云质砂岩，推测可能是由于钙质砂岩的孔隙度较高所致。然而阿尔善组凝灰岩、钙质砂岩和云-钙质泥岩的声波时差所处区间相似，难以区分。

整体而言，凝灰质岩的测井响应表现为中-高伽马、高电阻和中声波；特殊岩类砂岩的测井响应表现为低伽马、中电阻和高声波；特殊岩类泥岩和白云岩的测井响应表现为中伽马、低电阻和中-高声波（表 5.10）。

表 5.10　额仁淖尔凹陷阿尔善组特殊岩类储层测井曲线判别表

岩性	自然伽马/API	电阻率/($\Omega\cdot m$)	声波时差/($\mu s/m$)
凝灰质岩	>110	>30	<240
云-钙质砂岩	>90	<30	<260
云-钙质泥岩、白云岩	>110		

第七节　特殊岩类含油储层物性下限

一、特殊岩类储层岩性与物性和含油性关系

统计录井、薄片观察岩性和录井含油性数据，结果表明不同岩类储层含油性不同（图 5.34）。云质粉砂岩和钙质砂岩含油性最好，主要为油斑和油迹；其次为云质泥岩和钙质粉砂

岩、凝灰质粉砂-泥岩，以油迹、荧光为主；沉凝灰岩和白云岩含油性较差，主要发育荧光。

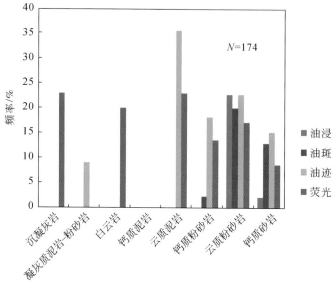

图 5.34　额仁淖尔凹陷阿尔善组特殊岩类储层含油性分布直方图

二、特殊岩类含油储层物性下限

针对额仁淖尔凹陷的资料状况，综合运用分布函数曲线法、物性录井资料法、岩心孔隙度-渗透率交汇图法、压汞法等确定额仁淖尔凹陷阿尔善组特殊岩类储层物性下限，为致密油藏高效勘探开发提供基础参数。

1. 分布函数曲线法

由于额仁淖尔凹陷阿尔善组特殊岩类储层的试油数据相对较少，录井和测井资料相对丰富，本次研究利用录井油气显示资料和岩心孔隙度、渗透率数据，分析特殊岩类储层物性下限。其中，有效储层主要包括油浸、油迹、油斑和荧光显示的储层（图 5.34），剩余不含油储层为非有效储层。用该方法判断有效储层下限分别为：孔隙度为 1%，渗透率为 0.007mD（图 5.35，表 5.11）。

2. 岩心孔隙度-渗透率交汇图法

阿尔善组特殊岩类储层的岩心孔隙度和渗透率交汇图表明，孔隙度和渗透率具有较好的相关关系，曲线一般呈现 3 个线段，其中第一、第二线段的转折点为储集层与非储集层的物性界线，对应的孔隙度下限为 4%、渗透率下限在 0.03mD（图 5.36）。

3. 物性测录井资料法

利用录井含油性数据，结合统计的岩心孔隙度、渗透率平均值建立关系确定特殊岩类储层的物性下限，即编绘不含油、干层、水层、差油层和油层储层的岩心孔隙度-渗透率交汇图版，并在图中标绘出含油层和不含油层的分界线，二者分界处对应的孔隙度和渗透

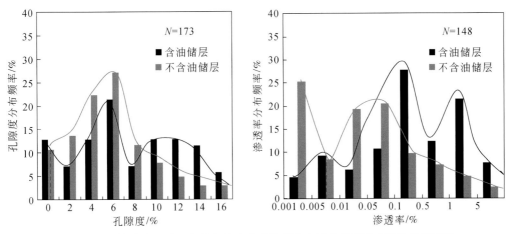

图 5.35　额仁淖尔凹陷阿尔善组特殊岩类储层分布函数曲线法求取物性下限图

率即为有效储层的物性下限值。结果表明，阿尔善组特殊岩类储层的孔隙度下限在 4% 、渗透率下限在 0.03mD（图 5.37）。

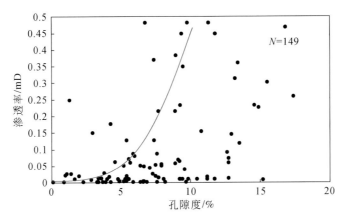

图 5.36　额仁淖尔凹陷阿尔善组特殊岩类储层物性交汇法求取物性下限图

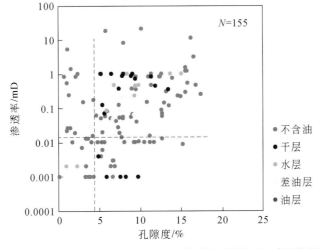

图 5.37　额仁淖尔凹陷阿尔善组特殊岩类储层测录井资料法求取物性下限图

根据上述 3 种确定有效储层物性下限的方法（表 5.11），确定的孔隙度下限区间为 1% ~4%、渗透率下限区间为 0.007 ~0.03mD。由于分布函数曲线法的数据不足，且后两种方法的下限相近，故取其作为额仁淖尔凹陷阿尔善组特殊岩类有效储层物性下限，即孔隙度为 4%、渗透率为 0.03mD。

表 5.11　额仁淖尔凹陷阿尔善组特殊岩类储层物性下限统计表

物性下限	分布函数曲线法	岩心孔-渗交汇图法	物性录井资料法	建议下限
孔隙度/%	1	4	4	4
渗透率/mD	0.007	0.03	0.03	0.03

第八节　特殊岩类储层主控因素及综合评价

一、特殊岩类储层主控因素

一般情况，碎屑岩储层的物性主要受沉积相和成岩作用的影响与控制。对于额仁淖尔凹陷特殊岩类储层，本书讨论沉积作用和成岩作用以及构造作用对其的影响。

1. 岩性对储层物性的影响

本章第四节阿尔善组特殊岩类储层物性及储集空间特征研究表明，特殊岩类储层中不同岩性储层的孔隙度不同（图 5.38）。

白云岩储层孔隙度分布在 0 ~4%、渗透率分布在 0.01 ~0.05mD；沉凝灰岩储层孔隙度分布在 0 ~4%、渗透率分布在 0.01 ~0.1mD；凝灰质泥-粉砂岩储层孔隙度分布在 6% ~10%、渗透率小于 0.01mD；云质泥岩和钙质泥岩储层孔隙度分布在 0 ~4%、渗透率分布在 0.01 ~0.05mD，云质泥岩的孔渗相对好于钙质泥岩；云质粉砂岩和钙质粉砂岩储层孔隙度分布在 6% ~14%、渗透率分布在 0.01 ~1mD，云质粉砂岩的孔隙度相对较好，钙质粉砂岩的渗透率相对较好；钙质砂岩储层孔隙度分布在 6% ~10%、渗透率分布在 0.05 ~0.1mD。

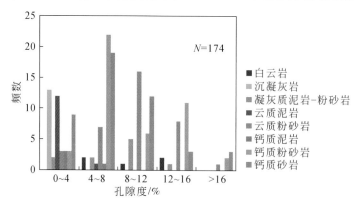

图 5.38　额仁淖尔凹陷阿尔善组特殊岩类储层孔隙度和渗透率分布直方图

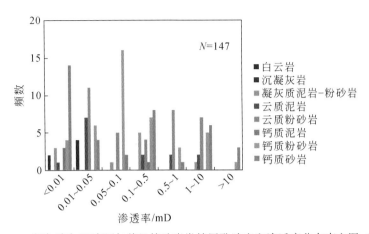

图 5.38　额仁淖尔凹陷阿尔善组特殊岩类储层孔隙度和渗透率分布直方图（续）

　　沉积环境从宏观上控制了沉积相带的展布，自然也控制了油气藏形成所必需的储集体——砂体的规模、形态、分布和储层质量（朱筱敏，2008）。下面从阿尔善组特殊岩类储层的组分、泥质含量、岩性、沉积相四方面对储集体有效性影响进行研究。

　　应用已有数据，建立额仁淖尔凹陷阿尔善组特殊岩类储层泥质含量与物性的关系图（图 5.39），由图可见，随着泥质含量的增加，储层的孔隙度和渗透率降低。

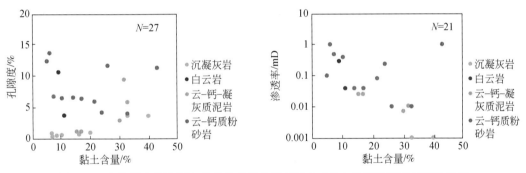

图 5.39　额仁淖尔凹陷阿尔善组特殊岩类储层黏土矿物与孔隙度和渗透率关系图

　　根据额仁淖尔凹陷阿尔善组特殊岩类储层的现有认识，这套致密油特殊岩类致密储层不仅具有孔隙度低、孔径小，以微孔隙为主的特点，同时孔隙形态多样且非均质性强，喉道细小且连通性差，部分层段脆性矿物含量高，微裂缝发育，存在岩性相同储集性能变化大的情况。因此对额仁淖尔凹陷特殊岩类储层评价时，不仅要结合不同层段储层孔隙结构差异，以孔-渗相关性为基础，寻找不同孔隙结构对应孔-渗的下限，同时也要考虑储层脆性矿物含量以及裂缝发育情况，对特殊岩类储层做出综合评价。

　　由于额仁淖尔凹陷阿尔善组特殊岩类储层主要是一套凝灰质岩和云质岩类，因此针对研究区岩性组分特殊性，以石英、长石总和占矿物总量的百分比表示阿南凹陷凝灰质岩的脆性指数：

$$\text{BRIT} = V_{石英+长石} / (V_{石英+长石} + V_{方解石+白云石} + V_{黏土}) \times 100 \tag{5.1}$$

根据对额仁淖尔凹陷阿尔善组特殊岩类储层的 X 衍射结果统计，阿尔善组岩石中石英+长石的平均含量为 56.2%，碳酸盐矿物平均含量为 31.1%，由此可以看出腾一段特殊岩类储层中脆性矿物总体含量很高，但不同层段，由于岩性差异，脆性矿物含量有所不同。脆性指数越高，孔-渗越好，尤其是云-钙质粉砂岩的脆性指数最高（图 5.40）。沉凝灰岩的脆性指数低，说明其钙质胶结严重，导致其孔-渗较低。

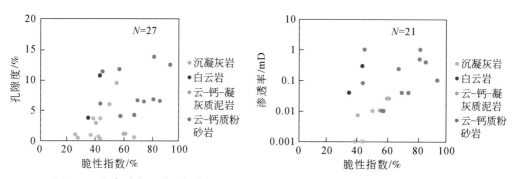

图 5.40　额仁淖尔凹陷阿尔善组特殊岩类储层脆性指数与孔隙度和渗透率关系图

不同沉积相的矿物成分、颗粒结构特征、填隙物种类和含量存在差异。高能环境下形成的储层，其结构成熟度相对较高，泥质含量较低，即使经过一定程度的成岩作用改造，储层的物性仍相对较好。额仁淖尔凹陷阿尔善组特殊岩类储层物性统计结果表明，在扇三角洲沉积体系中，储层物性从好到差的顺序为席状砂、水下分流河道、支流间湾，滨浅湖和半深湖物性次之（图 5.41）。值得注意的是，扇三角洲前缘席状砂的物性较好，可能是由于处于水道间的样品较少，平面分布不均所致。

2. 成岩作用对储层物性的影响

常见成岩作用包括压实作用、胶结作用和溶蚀作用。其中压实作用和胶结作用属于破坏性成岩作用，使储层原始物性变差；溶蚀作用是建设性成岩作用，使储层物性变好。

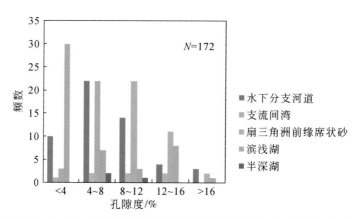

图 5.41　额仁淖尔凹陷阿尔善组特殊岩类储层不同沉积微相孔隙度和渗透率分布直方图

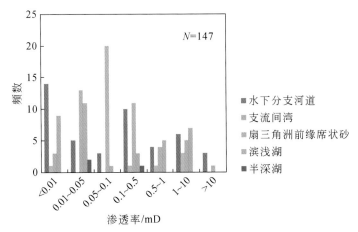

图 5.41 额仁淖尔凹陷阿尔善组特殊岩类储层不同沉积微相孔隙度和渗透率分布直方图（续）

随着埋深的增加，上覆地层压力的增加，在机械压实的作用下，物性变差，储层的孔隙度和渗透率总体上随埋深的增加而减小。而溶蚀作用可以形成次生孔隙，使储层的物性得到改善，虽然溶蚀作用对储层的孔隙度有较大的贡献，但对渗透率的影响较小。其原因是由溶蚀作用形成的次生孔隙增加了储层的储集空间，但次生孔隙的连通性差，而且溶蚀作用使喉道变得更加复杂，导致了渗透率并没有较大的增加。此外，随埋深和地温的增加，胶结作用增强，胶结物含量增加。胶结物的含量与储层的孔隙度和渗透率呈负相关关系（图 5.42）。额仁淖尔凹陷阿尔善组特殊岩类储层主要位于中成岩 A_2^2 阶段，且 A_2^2 早期较发育，孔隙度渗透率较高（图 5.43），可能与此时溶蚀作用有关。

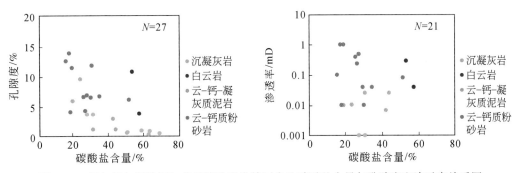

图 5.42 额仁淖尔凹陷阿尔善组特殊岩类储层自生碳酸盐含量与孔隙度和渗透率关系图

通过上文中对额仁淖尔凹陷阿尔善组特殊岩类包括沉凝灰岩、凝灰质泥-粉砂岩、云质泥-粉砂岩、钙质泥-粉砂岩和钙质砂、砾岩的岩石学特征、分布特征、物性特征、成岩作用特征、地球化学特征及成因的综合分析，认为阿尔善组特殊岩类普遍具有碳酸盐矿物含量较高的特征；物性分布规律各有不同，云-钙质粉砂岩多表现为"中孔中渗"的特征，钙质砂岩多表现为"低孔低渗"的特征，而沉凝灰岩和凝灰质泥岩物性特征也表现为高致密和超致密储层。这种差异产生的原因有三。第一，由于样品的取样位置主要位于扇三角洲前缘以及滨浅湖，主要发育粉砂岩，而砂岩类在此处发育较少，如细砂岩，所以细砂岩样品不足，导致粉砂岩的整体物性较好。第二，碳酸盐含量对不同岩性的孔-渗影响较大（图 5.42）。在碳酸盐含量较高时，云–钙质粉砂岩的孔–渗亦会下降。第三，储层埋深较深，主要处于中成岩 A 晚期，碳酸盐胶结作用发育；此外，凝灰质物质水解，释放出大量金属阳离子，促进蚀变作用的发生，最终导致胶结作用变强；蚀变成黏土矿物，部分会堵塞孔隙。因此本次研究认为，胶结作用是控制研究区特殊岩类有利储层发育的最重要的因素。

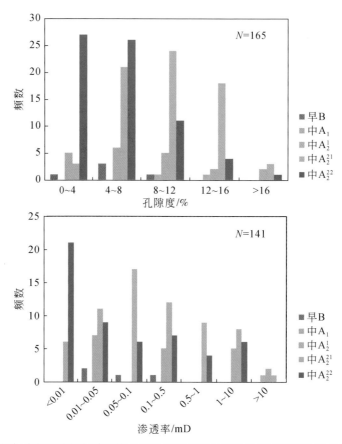

图 5.43　额仁淖尔凹陷阿尔善组特殊岩类储层不同成岩阶段孔隙度和渗透率分布直方图

二、特殊岩类储层综合评价标准

为了更加有效地指导特殊岩类储层的精细评价和勘探开发工作，本次研究在贾承造院士致密储层物性分类的基础上（图 3.73），结合额仁淖尔凹陷阿尔善组具体地质特征，分析对比特殊岩类储层孔隙度、渗透率、孔隙结构、脆性指数等参数，划分评价阿尔善组特殊岩类储层。将其分为中孔中渗层（Ⅰ类）、低孔低渗透层（Ⅱ类）、致密层（Ⅲ类）和超致密层（Ⅳ类）等，其中，中孔中渗和低孔低渗储层是主要储层类型，根据孔隙结构特征、物性特征的常用划分标准将Ⅲ类储层细分为两个亚类。Ⅳ类超致密层一般不含油或含油很差（表 5.12）。

额仁淖尔凹陷特殊岩类有利储层的发育主要受到岩性、碳酸盐胶结物、断裂、沉积相及发育位置的控制。根据这几个因素对特殊岩类有利储层的控制作用，结合储层综合评价标准和储层物性平面分布图（图 5.44、图 5.45），预测了额仁淖尔凹陷阿尔善组特殊岩类有利储层分布区（图5.46）。

表5.12 额仁淖尔凹陷阿尔善组特殊岩类储层分类评价标准

类型	中孔中渗储层	低孔低渗储层	低致密储层	高致密储层	超致密储层
	Ⅰ	Ⅱ	Ⅲa	Ⅲb	Ⅳ
孔隙度/%	15～20	10～15	7～10	2～7	<2
渗透率/mD	1～100	0.1～1	0.01～0.1	0.001～0.01	<0.001
脆性指数/%	>80	65～80	50～65	30～50	<30
碳酸盐/%	<20	15～30		30～50	>50
黏土矿物/%	<2	2～8	8～18	18～30	>30
岩性	云-钙质粉砂岩	云-钙质粉砂岩、钙质砂岩	云-钙质粉砂岩、云-钙质泥岩、钙质砂岩	白云岩、沉凝灰岩、凝灰质泥-粉砂岩、云钙质泥-粉砂-砂岩	沉凝灰岩、凝灰质泥-粉砂岩、云-钙质泥岩
沉积相	席状砂、水下分支河道	扇三角洲前缘席状砂、水下分支河道、支流间湾	席状砂、支流间湾、滨浅湖、水下分支河道	滨浅湖、半深湖-深湖	
成岩阶段	早B—中A$_2^1$	中A$_2^1$—中A$_2^{21}$	中A$_2^{21}$	中A$_2^{22}$	
评价	最有利储层		较有利储层		较差储层

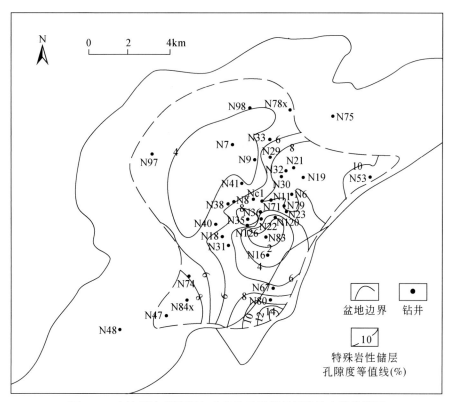

图5.44 额仁淖尔凹陷阿尔善组特殊岩类储层孔隙度等值线图

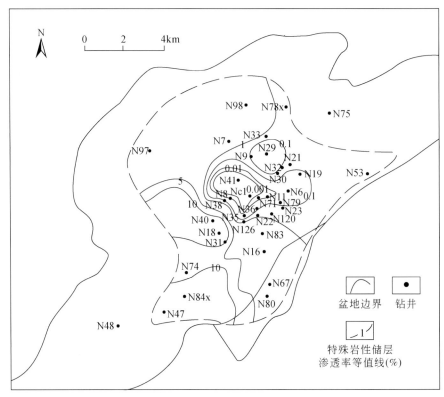

图 5.45　额仁淖尔凹陷阿尔善组特殊岩类储层渗透率等值线图

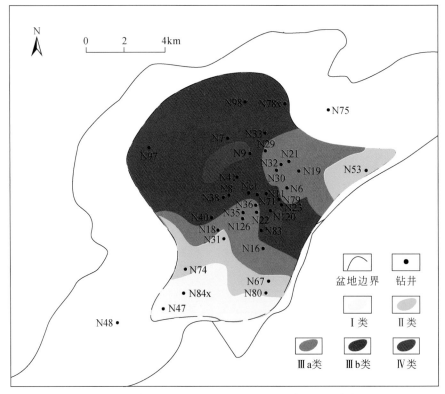

图 5.46　额仁淖尔凹陷阿尔善组特殊岩类储层评价分类图

最有利储层（Ⅰ）主要位于前扇三角洲和扇三角洲前缘中，发育云钙质粉砂岩等。较有利储层（Ⅱ）主要对应前扇三角洲和扇三角洲前缘的云-钙质粉砂岩和钙质砂岩。较差储层（Ⅲ）主要位于扇三角洲前缘席状砂水下分支河道和支流间湾，对应岩性为云-钙质粉砂岩、云-钙质泥岩和钙质砂岩；差储层（Ⅳ）对应滨浅湖-半深湖-深湖中的发育沉凝灰岩、凝灰质泥-粉砂岩和云-钙质泥岩。

第六章　吉尔嘎郎图凹陷特殊岩类储层研究

第一节　地　质　概　况

一、勘探背景

1984 年至今，吉尔嘎郎图凹陷共钻探井 120 口，获工业油流井 55 口，探井成功率 46%。1984～1993 年，主要为稠油勘探阶段，工业油流井约 20 口；1994～2001 年，进入稀油勘探阶段，工业油流井大幅度增加，约 35 口；2002 年至今，凹陷进入地层岩性油藏勘探阶段，工业油流井约 15 口。2015 年上半年，华北油田对吉尔嘎郎图凹陷进行老井复查等工作，如 J74 井在 668.6～670.6m 钻遇油斑显示 2m/1 层，测井解释为油层，691.5～718m 钻遇油斑显示 4.5m/3 层、油迹显示 3.6m/2 层，测井解释为致密层。1996 年对该井 667～671m 试油日产油 0.13t，试油结论为低产油层，而 2015 年 7 月对该井 667～718m 压裂试油获得工业油流，日产油 3.15m³，累计产油 4.93m³，试油结论为油层。其中，吉中洼槽带是目前勘探程度较好、潜力较大的区带（易士威等，1998；祝玉衡、张文朝，1999；易定红等，2005，2006，2007；于倩，2011）。目前有 9 口井见油气显示，油气显示最厚达 143.5m。并且单井产量高，有 7 口试油井，5 口井获高产工业油流，产液量均较高，如 L5 井腾一段 1501～1515m 和 1811～1837m 层段，日产油分别为 29t 和 25t（才博等，2007，2008）。

总的来说，吉尔嘎郎图凹陷经历了"发现稠油油藏，但规模较小，效益欠佳"、"突破常规构造稀油油藏，实现效益储量"、"开辟岩性油藏新战场，实现优质规模储量"这 3 个过程（降栓奇等，2004；余小林等，2013）。

二、凹陷地质概况

吉尔嘎郎图凹陷位于内蒙古自治区锡林郭勒盟，构造位置位于二连盆地乌尼特拗陷西南端（图 6.1）。北东、西南分别与包尔果吉、布朗沙尔凹陷相邻，西北与苏尼特隆起相连接，东南与大兴安岭隆起相邻，凹陷东西长 67km，南北宽 20～70km，面积约 1000km²，下白垩统最大埋深约 3500m。受贺根山断裂和达青牧场断裂的影响，基底为海西褶皱带上锡林浩特复背斜的东南翼古生界，凹陷内钻遇一套上古生界二叠系浅变质岩和花岗岩（吴孔友等，2003；孙景民等，2005；刘昌毅，2006；吴勇等，2008；石兰亭等，2008；王帅等，2015）。

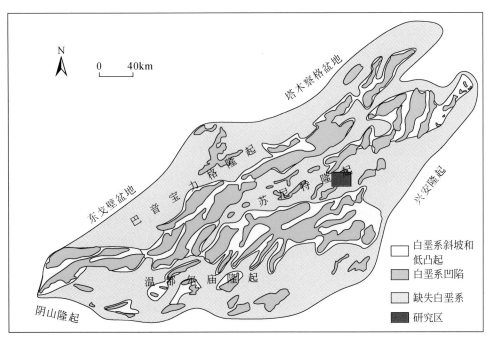

图6.1　吉尔嘎郎图凹陷地质概况图（据于福生[①]修改）

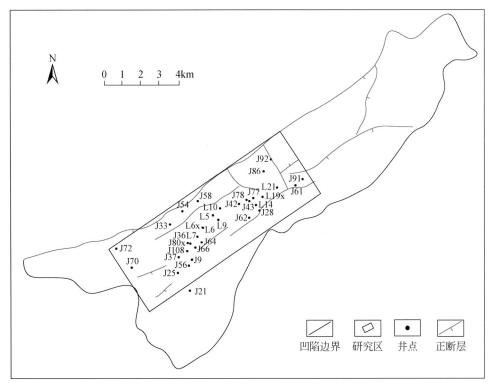

图6.2　吉尔嘎郎图构造单元划分图

① 于福生，2014，二连盆地富油凹陷构造沉积演化特征，中国石油大学（北京）内部报告。

基底埋深呈西北低、东南高、西南高、东北低的总趋势。侏罗系西洼槽以含煤碳质泥岩建造为主，中、东洼槽则以火山岩为主，探井多钻遇安山岩和凝灰岩，地层厚度变化大。盆地盖层由下白垩统和新生界组成，缺失上白垩统，本次研究的目的层位为腾格尔组腾一段。吉尔嘎郎图凹陷现今构造受两个隆起分割，形成 3 个凹陷，西北侧为陡带，东南侧为缓坡带，沿 J72 — J65 — J 地 7 井一线隆起分西洼槽和中洼槽，沿 J86 — J67 井一线分割东洼槽和中洼槽。中洼槽作为主要研究区，按构造位置分为锡林构造带、宝绕构造带、洼槽带、陡带等区带（图 6.2）。

三、构造特征

同二连盆地其他凹陷相似，吉尔嘎郎图凹陷主要经历了初期裂陷阶段、断陷阶段、断–拗转换阶段和拗陷阶段。

阿尔善组沉积前为初始断陷期，古生界由于区域性拉张应力作用形成凹陷雏形，沉积了侏罗系，之后受区域性抬升影响，沉积地层又遭受一定程度的剥蚀；阿尔善组沉积期主要是断陷期，北部断层持续活动，沉积地层在凹陷内广泛发育，呈现出北断南超的沉积格局；腾一段沉积期，凹陷经历了短暂的抬升，局部遭受剥蚀后又稳定下沉，北部控陷断裂强烈活动，沉积了以厚层泥岩为主的腾一段；腾二段沉积期，整个凹陷短暂抬升，而后北部断层又开始活动，水体开始加深；赛汉塔拉组沉积期，凹陷进入断–拗转换期和拗陷期，边界断层活动基本停止，主要受拗陷作用控制，沉积了较厚地层；在赛汉塔拉组沉积末期，湖盆遭受抬升剥蚀，到晚白垩世，燕山运动晚期，研究区仍以持续隆升为主，造成了研究区上白垩统缺失，之后接受了新生界沉积。

四、沉积和层序特征

同二连盆地其他凹陷一样，吉尔嘎郎图凹陷依次经历了侏罗纪晚期、阿尔善组末期、腾格尔组一段末期、腾格尔组二段末期和赛汉塔拉组末期共 5 次构造沉积事件，其分别对应的地震界面为 T11、T8、T6、T3 和 T2，以这 5 个不整合面或者沉积间断面为界（图 6.3）。在腾格尔组沉积期，断裂活动最强烈，派生了Ⅱ级断裂和一系列Ⅲ级断裂，凹陷可容空间最大、湖水深、面积大，湖相沉积到达了鼎盛时期，沉积了腾格尔组腾一段及腾二段两套生油层和储集层，末期凹陷抬升遭受剥蚀，并伴有火山活动，如锡林构造带，主要沉积中心从吉安地区移至中洼槽。腾一段沉积期，吉尔嘎郎图凹陷北部断坡带坡度较陡，主要发育近岸水下扇扇体，扇体面积较小，平均 $5km^2$；凹陷南部断坡带坡度较缓，主要发育扇三角洲相，扇体面积大，主要分布在 J74-J64-J28 井区域，其中前扇三角洲近湖盆区发育浊积扇（图 6.4）。

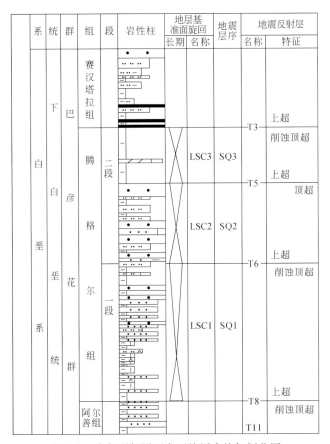

图6.3　吉尔嘎郎图下白垩统层序格架划分图

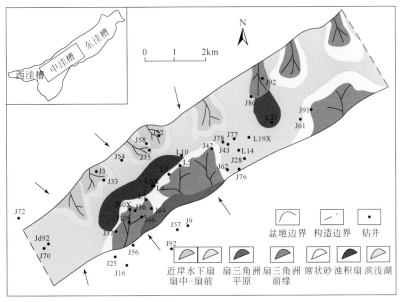

图6.4　吉尔嘎郎图腾一段沉积相平面图

第二节　特殊岩类储层岩石学特征

一、特殊岩类储层岩石学特征

吉尔嘎郎图凹陷腾一段特殊岩类可分为以下几类：沉凝灰岩、凝灰质粉砂–砂岩、钙质泥–粉砂–砂岩和石灰岩（表6.1）。

1. 沉凝灰岩

吉尔嘎郎图凹陷沉凝灰岩主要由火山尘组成，镜下不易分辨，主要发育玻屑、晶屑、岩屑、陆源碎屑和碳酸盐矿物。X 衍射分析表明，石英平均含量为18%，碳酸盐矿物平均含量为12.9%，长石和黏土矿物平均含量分别10.2%和23.6%（表6.2）。镜下观察，沉凝灰岩碳酸盐胶结作用强，为方解石和白云石胶结，白云石主要为粉晶–微晶，以集合体形式（$100\sim500\mu m$）分布在凝灰质杂基中（图6.5）；方解石以细晶为主，交代岩屑或充填粒间孔隙。

表 6.1　吉尔嘎郎图凹陷腾一段特殊岩类储层的主要岩石类型分类

岩石类型	岩石	成分	沉积特征
凝灰岩类	沉凝灰岩	火山玻屑+火山晶屑>50% 陆源碎屑<50%	块状构造、波状层理
石灰岩类	泥质灰岩	方解石>50% 黏土矿物>25%	发育纹层、波状层理
	凝灰质灰岩	方解石>50% 黏土矿物<25%	
陆源碎屑岩类	凝灰质砂岩	陆源碎屑>50% 火山玻屑+火山晶屑>10%	发育纹层、波状层理、变形构造
	凝灰质粉砂岩 凝灰质泥岩	黏土矿物>50% 火山玻屑+火山晶屑>10%	
	钙质砂岩	黏土矿物>50% 方解石>10%	
	钙质粉砂岩 钙质泥岩	陆源碎屑>50% 方解石>10%	

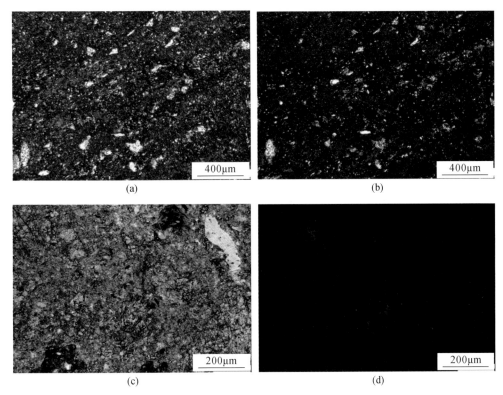

图 6.5　吉尔嘎郎图凹陷腾一段白云石化沉凝灰岩岩石学特征

2. 凝灰质粉砂岩

凝灰质粉砂岩在岩心上主要呈纹层状，夹薄层灰色泥岩。颗粒磨圆中等，次圆状，分选较差。填隙物包括不规则形玻璃质、黏土矿物和绢云母化物质。碳酸盐矿物平均含量为23.1%，主要为胶结物，以白云石为主，占总碳酸盐含量的74%。薄片观察，白云石主要为泥粉晶、半自形，零散分布于凝灰质和泥质杂基中，一般顺泥质纹层分布；方解石晶体从泥晶到微晶均发育，充填杂基微孔或粒间孔中（图6.6）。

3. 凝灰质砂岩

吉尔嘎郎图凹陷的凝灰质砂岩主要以凝灰质细砂岩为主，呈灰色，多具波状层理。薄片观察和 X 衍射分析表明，碎屑组分主要为石英、长石和岩屑，石英平均含量为25.4%；长石平均含量为12.6%，以斜长石为主，占长石总量92%（表6.2）。填隙物包括黏土矿物、泥晶碳酸盐和碳酸盐胶结物，局部可以见玻璃质（图6.7）。

4. 钙质泥-粉砂岩

钙质泥-粉砂岩主要呈纹层状，具浅灰色云质纹层或者波状层理（图6.8）。薄片观察可见，岩性中分布晶屑或岩屑，粒径大小不一，10～100μm 均有分布，主要为石英和长石，石英平均含量为23.9%，长石平均含量为12.1%（表6.2）。当碳酸盐条带较薄时，纹层厚约10μm，碳酸盐以泥晶为主，而当碳酸盐条带较厚时，纹层厚度约50μm，条带中颗粒粒度偏大，则以亮晶为主，并混有少量泥粉晶石英、长石颗粒（图6.8）。

图 6.6　吉尔嘎郎图凹陷腾一段凝灰质粉砂岩岩石学特征

图 6.7　吉尔嘎郎图凹陷腾一段凝灰质细砂岩岩石学特征

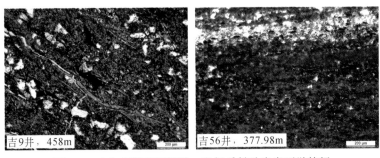

图 6.8　吉尔嘎郎图凹陷腾一段钙质粉砂岩岩石学特征

5. 钙质砂岩

吉尔嘎郎图凹陷钙质砂岩发育类型多且广泛，包括钙质细砂、中砂、粗砂及钙质砂砾岩。岩心上多呈交错层理，薄片观察和 X 衍射分析表明，碎屑组分主要为石英、长石和岩屑，石英平均含量为 27.2%；长石平均含量为 14% （表6.2）；颗粒磨圆较差，以次棱角–次圆为主。填隙物包括碳酸盐胶结物和杂基，碳酸盐主要以方解石为主，呈胶结物形式充填粒间孔隙并交代碎屑矿物 （图6.9）。杂基主要为黏土矿物充填粒间孔隙，当碳酸盐胶结物含量高时，黏土矿物含量很低。

图 6.9　吉尔嘎郎图凹陷腾一段钙质砂岩岩石学特征

二、特殊岩类储层分布

在纵向上，吉尔嘎郎图凹陷特殊岩类储层主要分布在腾一段，结合岩心、薄片和单井分析，腾一段可细分为 4 个岩性组，从下到上依次为：Ⅳ组：钙质泥岩和粉砂岩段组合，岩石粒度细，以滨浅湖和扇三角洲前缘沉积为主，局部夹石灰岩和凝灰质岩储层；Ⅲ组：粉、砂岩夹泥岩组合，粒度较细，以扇三角洲前缘和近岸水下扇前扇为主，局部发育浊积扇砂体；Ⅱ组：（钙质）砂岩和粉砂岩组合，粒度较粗，以前扇三角洲和近岸水下扇前扇为主；Ⅰ组：（钙质）砾岩、砂岩夹粉砂岩段组合，粒度较粗，以扇三角洲前缘水下分流河道和近岸水下扇中扇水道为主 （图6.10）。

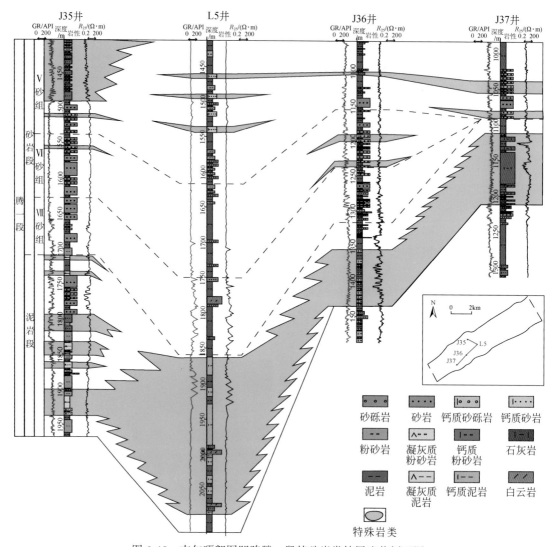

图 6.10　吉尔嘎郎图凹陷腾一段特殊岩类储层连井剖面图

平面上，吉尔嘎郎图凹陷腾一段特殊岩类储层主要分布在凹陷中部，厚度主要处于 5～30m，从深湖向湖盆边界，厚度逐渐变薄。不同特殊岩类储层的分布也不同（图 6.11）。凝灰质岩储层主要发育在 J33 井附近。

三、特殊岩类储层岩相分类及分布

综合考虑沉积结构、构造等特征，吉尔嘎郎图凹陷腾一段特殊岩类储层的岩相划分为以下几类：块状凝灰质岩相、波状凝灰质粉砂岩相、交错层理凝灰质砂岩相、波状钙质泥–粉砂岩相、交错层理钙质砂岩相和变形构造钙质砂–粉砂岩相（图 6.12）。

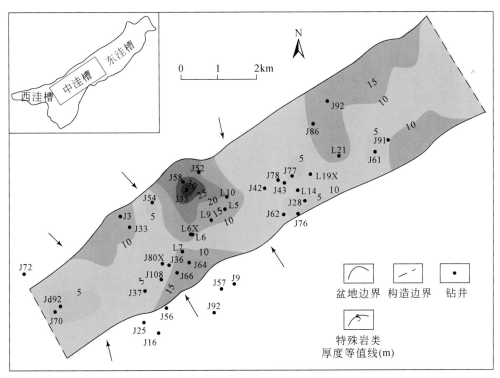

图 6.11 吉尔嘎郎图凹陷腾一段特殊岩类储层厚度平面分布图

①块状凝灰质岩相，主要包括沉凝灰岩和凝灰质泥岩，岩心呈灰色，块状构造或重力流构造，岩心上可见直立漂浮的砾石。纵向上，主要夹于灰、深灰色块状泥岩中，主要为湖相快速堆积成因，分布在半深湖-深湖亚相。②波状凝灰质粉砂岩相，岩心呈浅灰色，波状层理，常与泥岩互层沉积。镜下观察，石英和长石等碎屑矿物多呈点-线接触，不均匀分布于凝灰质和黏土杂基中。该岩相主要分布在前扇三角洲、近岸水下扇远端和滨浅湖-半深湖亚相。③交错层理凝灰质砂岩相，岩心呈灰色，交错层理。纵向上，常与灰色泥岩、粉砂岩相邻。该类岩相碳酸盐胶结物含量较高，孔隙发育较少。平面上主要分布在扇三角洲前缘和近岸水下扇中扇亚相。④波状钙质泥-粉砂岩相，岩心呈灰色，波状层理，与灰色泥岩相邻。薄片观察可见泥质纹层、碎屑层，也常见黄铁矿层，推测主要为静水沉积成因，主要分布在扇体前端和滨浅湖-半深湖亚相。⑤交错层理钙质砂岩相，包括钙质砂岩和钙质含砾砂岩，岩心呈灰色，交错层理，纵向上，常与泥岩或粉砂岩相邻，碳酸盐胶结不均匀，孔隙分布也不均匀。平面上主要分布在扇三角洲前缘水下分流河道微相和近岸水下扇中扇水道微相。⑥变形构造钙质砂-粉砂岩相，包括钙质粉砂岩、钙质砂岩和钙质含砾砂岩，岩心呈灰色，发育变形构造，如包卷构造、揉皱。平面上主要分布在浊积扇中，发育有重力流沉积。纵向上，吉尔嘎郎图凹陷腾一段特殊岩类储层的岩相组合（图6.12）。

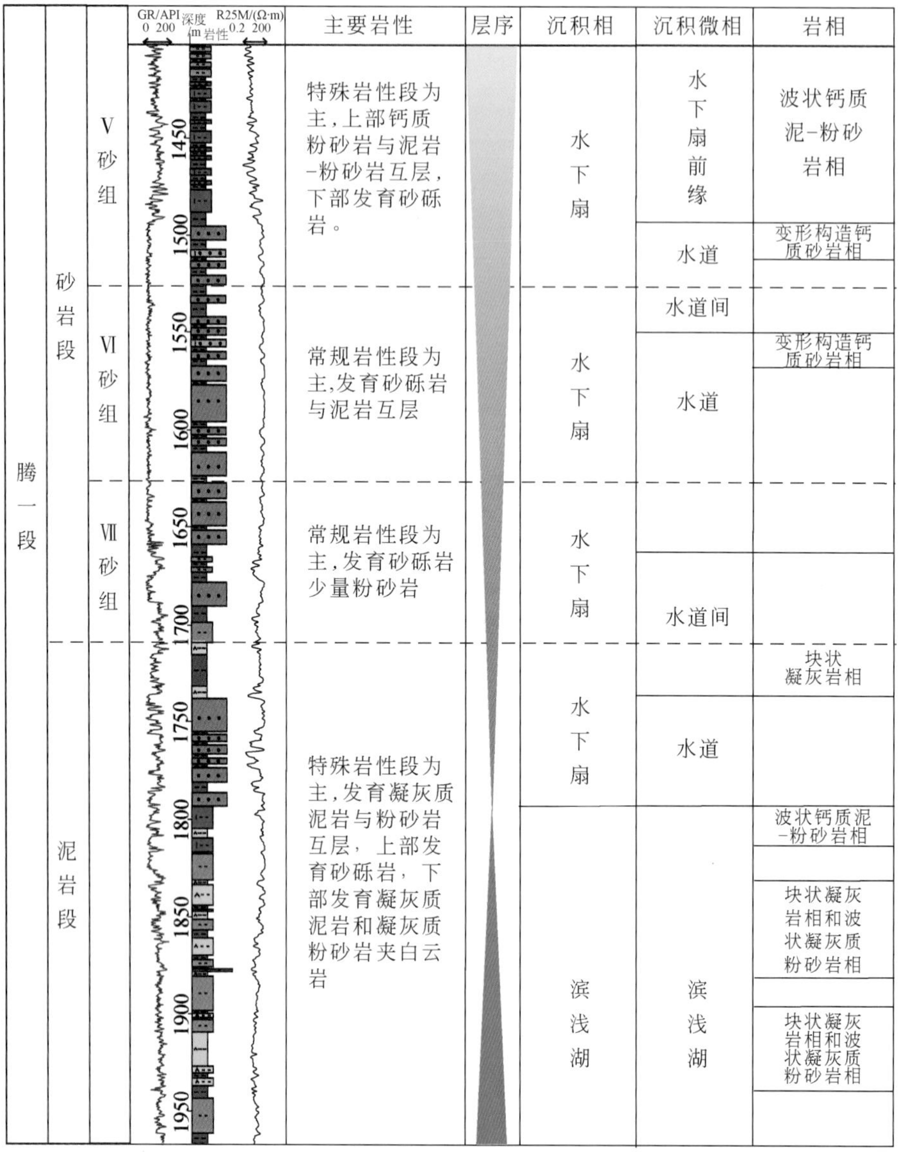

图 6.12　吉尔嘎郎图凹陷特殊岩类储层岩性岩相纵向分布图

　　平面上，吉尔嘎郎图凹陷腾一段特殊岩类储层主要分布在凹陷中部，其中块状凝灰质岩相主要夹于深灰色泥岩中，平面上主要分布于深湖亚相，推测为火山喷发的火山灰，通过空降和水携两种方式搬运到湖盆中心沉积；波状凝灰质粉砂岩相主要夹于泥岩和砂岩中，分布范围广，平面上主要分布于滨浅湖和水下扇的前缘，多见于 J33-J3-J35 区带；交错层理凝灰质砂岩相主要分布在 J58-J52 区带；波状钙质泥-粉砂岩相和交错层理钙质砂岩相岩性类型多，从钙质泥岩到钙质含砾砂岩均有发育，这类岩相在研究区广泛发育，从扇体近岸端到湖盆内部均有分布（图 6.13）。

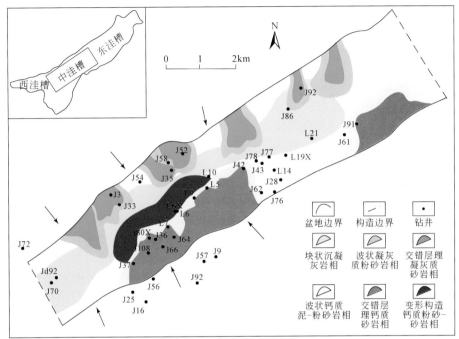

图 6.13　吉尔嘎郎图凹陷腾一段特殊岩类储层岩相平面分布图

第三节　特殊岩类储层成因分析

一、构造背景

吉尔嘎郎图凹陷中洼槽的物源主要受切割型岛弧物源和基底隆升的共同影响（图 6.14）。

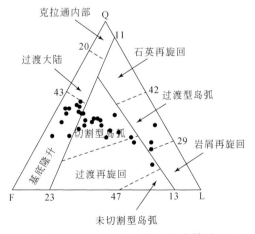

图 6.14　吉尔嘎郎图凹陷腾一段特殊岩类储层 QFL 三角图

二、沉积环境

1. 古气候

本书选取了喜干型元素 Sr 和喜湿型元素 Cu 的比值作为古气候变化研究的参数。通常，Sr/Cu 值处于 1~10 指示潮湿气候，而大于 10 指示干热气候。吉尔嘎郎图凹陷腾一段的 Sr/Cu 值处于 6.5~372.4，平均为 57 ［图 6.15（a）］，反映腾一段的沉积环境以干热环境为主。

2. 古盐度

吉尔嘎郎图凹陷腾一段特殊岩类储层中 Sr 含量介于 166~1310μg/g，平均为 492μg/g ［图 6.15（b）］，与陆源淡水的补给或者蒸发作用有关，说明形成环境可能以半咸水–咸水湖为主，受少量的淡水补给。Sr/Ba 值可指示环境，当 Sr/Ba 值大于 1 指示咸水沉积，小于 1 指示淡水沉积（处于 0.6~1 指示半咸水相，小于 0.6 反映微咸水相）。研究表明，吉尔嘎郎图凹陷腾一段特殊岩类储层的 Sr/Ba 值为 0.40~12.97，平均为 1.93 ［图 6.15（c）］，反映了腾一段沉积期水体主要为咸水环境。

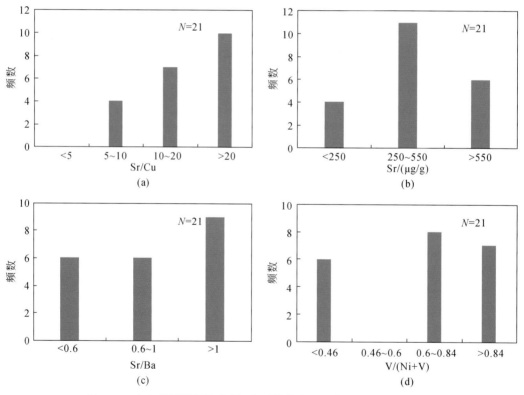

图 6.15　吉尔嘎郎图凹陷反映沉积环境的微量元素含量及比值变化图

3. 氧化-还原性

元素 V/(V+Ni) 值可以反映沉积水体的氧化还原环境，高比值（大于0.84）反映沉积水体分层及底层水体中出现 H_2S 的厌氧环境；中等比值（0.46~0.84）为水体分层不强的厌氧环境；低比值（小于0.46）为水体分层弱的贫氧环境。吉尔嘎郎图凹陷腾一段特殊岩类储层的 V/(V+Ni) 值变化较大，主要分布在0.12~6.12，平均值为1.35［图6.15(d)］，说明腾一段沉积环境复杂，主要为水体分层不强的厌氧环境，说明特殊岩类的形成环境较复杂、水体盐度变化较大，主要形成于微咸湖-咸湖封闭还原环境中。

综上所述，吉尔嘎郎图凹陷腾一段沉积环境复杂，主要为半咸水-咸水、半封闭-封闭还原环境。

第四节　特殊岩类储层物性及储集空间特征

一、特殊岩类储层物性特征

储层孔隙度和渗透率是反映储层物性的两个最直观的参数，代表储存和运输流体能力。通过统计吉尔嘎郎图凹陷18口井腾一段特殊岩类储层的岩心孔隙度、渗透率数据，特殊岩类储层孔隙度分布在1.3%~18.7%，平均孔隙度为8.17%；渗透率分布在0.008~23mD，平均渗透率为0.83mD（图6.16、图6.17，表6.2）。

不同岩石类型的物性参数统计表明，不同岩石类型的物性差异大，其中云质粉砂岩和钙质粉砂岩孔-渗相对较高，钙质砂岩和云质砂岩次之，凝灰质泥岩和云质泥岩的孔-渗也相对较低（表6.2）。部分数据出现孔隙度和渗透率演化趋势相互矛盾的现象，推测可能由于微裂缝导致储集性能增加。

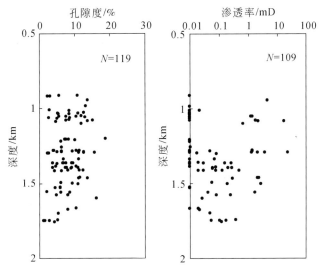

图6.16　吉尔嘎郎图凹陷腾一段特殊岩类储层孔隙度和渗透率随深度的分布图

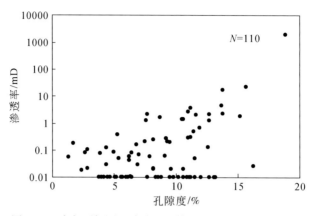

图 6.17　吉尔嘎郎图凹陷腾一段特殊岩类储层物性分布图

表 6.2　吉尔嘎郎图凹陷腾一段特殊岩类储层物性特征

岩性	孔隙度/%	渗透率/mD	总计	孔隙度/%	渗透率/mD
沉凝灰岩	$\dfrac{2.4 \sim 16.3}{6.68\ (4)}$	$\dfrac{0.01 \sim 0.05}{0.0264\ (4)}$	—	—	—
凝灰质粉砂岩	$\dfrac{2.9 \sim 7.6}{5.3\ (3)}$	$0.0214\ (1)$	特殊岩类粉砂岩	$\dfrac{2.9 \sim 13.8}{7.32\ (26)}$	$\dfrac{0.01 \sim 17.1}{0.77\ (24)}$
钙质粉砂岩	$\dfrac{3.8 \sim 13.8}{7.59\ (23)}$	$\dfrac{0.01 \sim 17.1}{0.8\ (23)}$			
凝灰质砂岩	$\dfrac{2.8 \sim 13.2}{7.75\ (10)}$	$\dfrac{0.01 \sim 0.126}{0.03\ (7)}$	特殊岩类砂岩	$\dfrac{1.3 \sim 18.9}{8.49\ (87)}$	$\dfrac{0.008 \sim 23}{0.85\ (84)}$
钙质砂岩	$\dfrac{4.5 \sim 11.5}{7.9\ (7)}$	$\dfrac{0.01 \sim 0.061}{0.03\ (7)}$			
钙质砂砾岩	$\dfrac{1.3 \sim 18.9}{8.65\ (70)}$	$\dfrac{0.008 \sim 23}{1.02\ (70)}$			

二、特殊岩类储层孔隙与喉道类型

根据岩心、薄片和扫描电镜观察，同上述 3 个凹陷的特殊岩类储层储集空间相比，吉尔嘎郎图凹陷腾一段特殊岩类储层储集空间较发育，并且储集空间较大。这些孔隙主要为次生孔隙，以粒间溶孔、铸模孔和粒内溶蚀孔为主，其中粒间溶孔主要表现为碳酸盐胶结物溶蚀孔，粒内溶孔为长石和岩屑颗粒溶蚀孔（表6.3）。

表 6.3　吉尔嘎郎图凹陷腾一段特殊岩类储层储集空间类型及其识别特征

类型		识别特征	发育情况
原生	原生粒间孔	颗粒呈点、线接触，与次生孔隙混合形成粒间孔隙	少见
	微孔	主要为杂基微晶间微孔隙	少见
次生	粒间溶孔	颗粒间的杂基、碳酸盐胶结物或颗粒边缘被溶蚀或交代	常见
	粒内溶孔	碎屑颗粒内部成分被部分溶蚀或交代后形成的孔隙，常沿长石、岩屑、晶屑较薄弱的解理面、微裂缝处溶蚀或交代，呈现蜂窝状、不规则状并常与粒间孔连通	常见
	铸模孔	碎屑颗粒全部被溶解或交代而形成，并保留原颗粒形态的孔隙。常与原生孔隙和其他次生孔隙连通形成超大孔隙	较常见
	晶间溶孔	主要为黏土矿物、白云石或方解石的晶间溶孔	少见
	晶内溶孔	主要为凝灰质岩类玻屑和晶屑溶孔	少见
	微裂缝	高角度裂缝为主，发育顺水平纹层裂缝	较常见

1. 原生孔隙

原生孔隙是碎屑颗粒原始格架间的孔隙，它们形成后没有遭受过溶蚀或胶结等重大成岩作用的改造。吉尔嘎郎图凹陷腾一段特殊岩类储层较发育原生孔隙，主要为粒间孔隙，发育于颗粒支撑岩石的碎屑颗粒之间，由于该凹陷腾一段埋藏较浅，砂岩压实作用较弱，而后期又遭受酸性溶蚀，导致大部分砂岩储层的粒间孔隙受到溶蚀改造，成为粒间溶孔，因此很难定量统计原生孔隙分布和体积比例。

2. 次生孔隙

吉尔嘎郎图凹陷腾一段特殊岩类储层次生孔隙十分发育，主要包括晶间孔、粒内溶孔、粒间溶孔。晶间孔主要发育在沉凝灰岩中，在显微镜和扫描电镜下观察到晶间孔主要发育在碳酸盐矿物的晶粒之间。当晶间孔和微裂缝结合时或有酸性流体进入时，岩石的渗透能力会大大提高。

在吉尔嘎郎图凹陷腾一段特殊岩类储层中粒内溶孔较发育，常出现在钙–凝灰质砂岩中［图 6.18（a）～（c）］，主要与长石溶蚀有关，从长石解理缝开始溶蚀，当溶蚀强度和时间增加时，甚至可以形成铸模孔［图 6.18（d）］。

粒间溶孔［图 6.18（d）、（e）］在吉尔嘎郎图凹陷腾一段特殊岩类储层中广泛发育，表现为粒间方解石胶结物溶蚀，形状不规则，边界较为模糊，主要发育在钙质砂岩和钙质粉砂岩中，分布在 J66、J64、J58 和 J62 等井扇三角洲前缘砂体或分流水道中。常与原生粒间孔和粒内溶孔伴生，有利于增加储层的有效储集空间。此外，局部样品中的粒间溶孔被残余沥青充填，说明该类碳酸盐矿物形成早于油气充注，后期酸性溶蚀形成的溶蚀孔隙为油气充注提供了储集空间。

图 6.18 吉尔嘎郎图凹陷腾一段特殊岩类储层储集空间特征

（a）粒间溶孔，J16 井，395.97m；（b）粒间溶孔，粒内溶孔，J16 井，438.46m；（c）粒间溶孔、粒内溶孔，基质孔，J78 井，1158.9m；（d）粒间溶孔、粒内溶孔，基质孔，J78 井，1158.9m；（e）粒间溶孔、粒内溶孔，L9 井，1298.9m；（f）微裂缝，J92 井，1036.62m

3. 微裂缝

薄片观察发现，微裂缝在全区发育，尤其在钙质泥-粉砂岩、沉凝灰岩储层［图 6.18（f）］中发育。主要表现为构造缝，少数为贴粒缝。这些裂缝增加了储层孔隙度，连通了粒间和粒内孔隙，是油气运移和流体渗流的主要通道，有效地改善了储层的孔隙结构。

吉尔嘎郎图凹陷腾一段特殊岩类储层的储集空间主要为次生孔隙，以粒间溶孔和粒内孔为主，其次是晶间孔以及微裂缝。不同岩性储层，主要储集空间也不同。钙质砂岩主要发育粒间溶孔，为方解石胶结物溶蚀；凝灰质砂岩主要发育粒内溶孔，为长石及岩屑溶蚀，局部溶蚀强烈，形成铸模孔；凝灰质粉砂-泥岩、钙质粉砂-泥岩和沉凝灰岩孔隙极少发育，主要有少量的晶间孔、粒内溶孔和微裂缝。

三、特殊岩类储层孔隙结构特征

吉尔嘎郎图凹陷腾一段特殊岩类储层不同岩性储层的常规压汞毛管压力曲线特征研究表明，不同岩性、不同碳酸盐胶结程度的同一岩性储层的孔隙结构特征均可不同（表6.4、表6.5）。

表6.4 吉尔嘎郎图凹陷腾一段特殊岩类储层孔隙结构特征

岩性	最大进汞饱和度/%	排驱压力/MPa	喉道半径中值/μm	退出效率/%
凝灰质岩	$\dfrac{80 \sim 98}{87（3）}$	$\dfrac{8 \sim 12}{10（3）}$	$\dfrac{0.0063 \sim 0.04}{0.01（3）}$	<40
钙质泥岩	>18	<40	<0.0063	30 ~ 40
钙质粉砂岩	$\dfrac{8 \sim 24}{16（3）}$	$\dfrac{6 \sim 20}{12（3）}$	$\dfrac{0.016 \sim 0.025}{0.02（3）}$	40 ~ 50
钙质砂岩	$\dfrac{23 \sim 36}{32（3）}$	$\dfrac{0.5 \sim 4}{1（3）}$	$\dfrac{0.025 \sim 0.04}{0.035（3）}$	15 ~ 20

凝灰质岩储层的毛管压力曲线总体上具排驱压力高、进汞饱和度小、喉道半径小的特点。常规压汞测试结果表明，排驱压力一般为10MPa，最大进汞饱和度90%，孔喉半径中值小于0.01μm，退汞效率在40%左右，储集性能差（图6.19，表6.4、表6.5）。

表6.5 吉尔嘎郎图凹陷腾一段特殊岩类储层常规毛管压力曲线分类及特征

毛管压力曲线类型	I	II	III
进汞效率/%	>50	20 ~ 50	<20
退汞效率/%	<1	20 ~ 40	>40
排驱压力/MPa	<6	6 ~ 20	>20
平均喉道半径/μm	>0.035	0.035 ~ 0.01	<0.01
曲线形态特征	曲线平台较长呈中-细歪度状	曲线平台中-长呈细歪度状	曲线基本没有平台呈细歪度状
主要岩性	钙质砂岩	钙质砂岩、钙质粉砂岩和凝灰质岩	钙质泥岩

钙质含砾砂岩储层的孔隙结构较好，毛管压力曲线具排驱压力低、进汞饱和度小、中值喉道半径小的特点。常规压汞测试结果表明，排驱压力处于0.5~4MPa，最大进汞饱和度在40%左右，退汞效率在20%左右，孔喉半径中值小于0.04μm，储集性能相对较好（图6.20，表6.4、表6.5）。

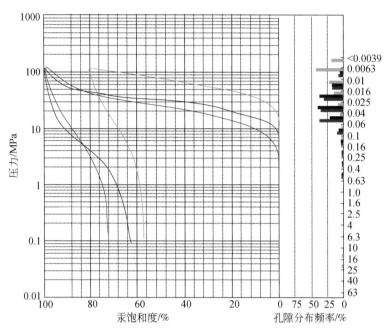

图 6.19　吉尔嘎郎图凹陷腾一段凝灰质岩储层常规压汞曲线特征及孔喉半径分布

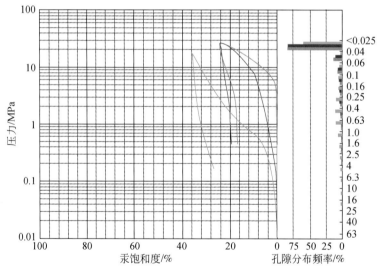

图 6.20　吉尔嘎郎图凹陷腾一段钙质砂岩储层常规压汞曲线特征及孔喉半径分布

　　钙质粉砂岩储层相比钙质砂岩储层的孔隙结构差，毛管压力曲线具排驱压力高、进汞饱和度低、喉道半径小的特点。压汞测试结果表明，最大进汞饱和度处于 8% ~24%，退汞效率处于 40% ~50%，孔喉半径中值小于 0.02μm，储集性能中等（图 6.21，表 6.4、表 6.5）。

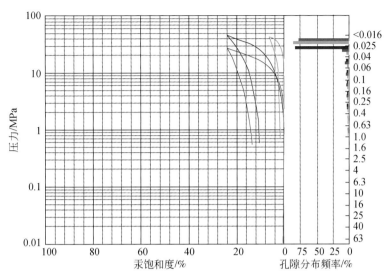

图 6.21 吉尔嘎郎图凹陷腾一段钙质粉砂岩储层常规压汞曲线特征及孔喉半径分布

钙质泥岩的孔隙结构最差,毛管压力曲线具排驱压力高、进汞饱和度小、喉道半径小的特点。压汞测试结果表明,最大进汞饱和度大于 18% ,退汞效率处于 30% ~40% ,孔喉半径中值小于 0.0063 ,储集性能差(图 6.22,表 6.4、表 6.5)。

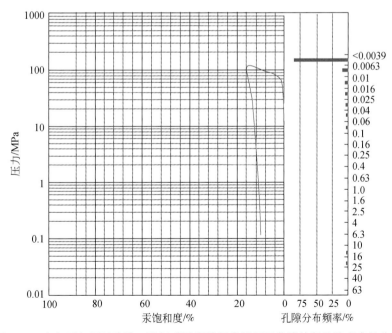

图 6.22 吉尔嘎郎图凹陷腾一段钙质泥岩储层常规压汞曲线特征及孔喉半径分布

综合上述研究,吉尔嘎郎图凹陷腾一段特殊岩类储层的常规毛管压力曲线可分为三类:

Ⅰ型毛管压力曲线:曲线平台较长,呈中-细歪度状,孔喉大小分布偏向中-细孔喉,分选较好，排驱压力小于 6MPa，最大进汞饱和度较大，大于 50%，平均喉道半径主要处于 0.035μm。Ⅰ型毛管压力曲线具有好孔-渗性能，在吉尔嘎郎图凹陷腾一段特殊岩类储层中发育较少，主要分布在钙质砂岩储层中。

Ⅱ型毛管压力曲线：曲线平台中-长，呈细歪度状，孔喉大小分布偏向细孔喉，分选差，排驱压力介于 6~20MPa，最大进汞饱和度处于 20%~50%，平均喉道半径处于 0.01~0.035μm。Ⅱ型毛管压力曲线具有中-好孔-渗性能，在吉尔嘎郎图凹陷腾一段特殊岩类储层中发育较少，主要分布在钙质砂岩、钙质粉砂岩和凝灰质岩储层中。

Ⅲ型毛管压力曲线：曲线基本没有平台，细歪度，细孔喉，分选差。排驱力大于 20MPa，最大进汞饱和度在 20% 左右，平均喉道半径小于 0.01μm。Ⅲ型毛管压力曲线具有差孔-渗性能，在吉尔嘎郎图凹陷腾一段特殊岩类储层中发育较多，在特殊岩类泥岩中均有分布。

第五节　特殊岩类储层成岩作用研究

一、成岩作用类型

通过吉尔嘎郎图凹陷 21 口井取心段岩心和铸体薄片的观察，结合阴极发光、X 衍射、扫描电镜及电子探针测试，研究了腾一段特殊岩类储层的成岩作用。研究表明，这些凝灰质岩和钙质岩的成岩作用类型主要包括压实作用、胶结作用、交代作用及溶蚀作用等，具体特征如下。

1. 压实作用

主要为机械压实作用，从浅到深逐渐增强，岩石颗粒的接触关系都很明显，伴随云母压弯压裂［图6.23（a）］。埋藏浅于 1000m 以上的储层，砂岩颗粒之间以点接触为主，含少量线接触；1000m 以下砂岩颗粒之间逐渐转为线接触为主。

2. 胶结作用

吉尔嘎郎图凹陷腾一段特殊岩类储层的胶结作用主要表现为方解石等碳酸盐矿物的化学胶结［图6.23（b）~（e）］，其次包括黏土矿物、石英次生加大等自生矿物胶结。不同胶结物对储层物性的影响各不相同，有破坏性的一面也有建设性的一面。

根据薄片和扫描电镜观察，大量存在的丝状伊利石和晚期形成的绿泥石会堵塞孔隙。碳酸盐胶结可分为方解石胶结和白云石胶结。研究区的钙质胶结发育［图6.23（d）、（f）］，且主要生成为早成岩阶段，中浅层储层的储集空间被方解石胶结物全部占据，表现为致密无孔。因此，在碳酸盐胶结作用十分发育的情况下，储层物性较差；在碳酸盐溶蚀作用较强处，储层物性较好。然而其他胶结作用对储层的破坏较弱，占据储集空间较少，其中黏土矿物和石英加大对孔隙喉道的堵塞较明显。

3. 交代作用

通过薄片观察，研究区交代作用较发育，其中以方解石交代长石、岩屑、方沸石等

［图 6.23（d）］最为普遍。交代作用可发生在各个成岩阶段，往往造成原岩的结构和成分发生变化。交代作用往往改变孔喉结构，能产生少量溶蚀孔隙。

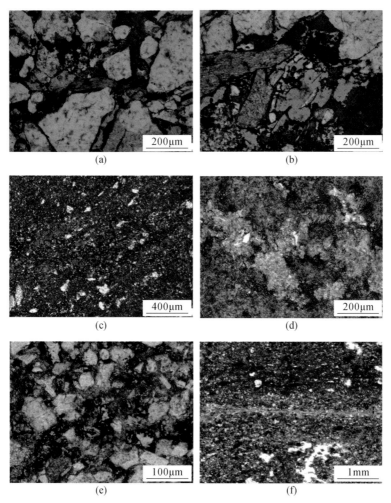

图 6.23　吉尔嘎郎图凹陷腾格尔组一段特殊岩类储层成岩特征

（a）J16 井，395.97m，单偏光；（b）J16 井，395.97m，单偏光；（c）J33 井，1365.54m，单偏光；（d）J72 井，1082.3m，单偏光；（e）L10 井，1747.6m，单偏光；（f）J92 井，1036.62m，单偏光

4. 溶蚀作用

溶蚀作用对改善研究区储层物性具有非常重要的作用，尤其是富含有机酸的孔隙流体能够有效地促进长石、岩屑、碳酸盐胶结物［图 6.23（a）、（b）］发生溶蚀。研究区碎屑岩储层中的溶蚀作用较强烈，主要作用于储层中的方解石胶结物和长石等碎屑颗粒，形成以粒间溶孔为主，长石和岩屑颗粒粒内溶孔和铸模孔为辅的有效储集空间。

二、特殊岩类储层成岩演化

通过吉尔嘎郎图凹陷腾一段特殊岩类储层岩石薄片观察，根据自生矿物之间交代、切割关系以及溶解充填关系，并结合包裹体测温和埋藏史分析不同成岩作用发生的先后和时间顺序，腾一段特殊岩类储层的成岩演化序列为：火山灰水解→凝灰质蚀变作用→压实作用→I 期方解石胶结→长石溶蚀–碳酸盐胶结物溶蚀→II 期方解石胶结→II 期白云石胶结。此外，根据上述讨论的成岩作用特征，不同岩性的特殊岩类储层，其成岩演化特征也不同。沉凝灰岩储层主要发育压实作用、白云石化和溶蚀作用；特殊岩类泥岩主要发育压实和白云石化作用；特殊岩类砂岩储层主要发育方解石胶结作用和溶蚀作用（图 6.18）。

三、成岩阶段划分

吉尔嘎郎图凹陷腾一段特殊岩类储层成岩作用可划分为早成岩阶段 B 期，中成岩阶段 A_1 亚期两个阶段，底界深度分别为 700m 和 2800m，其中，A_1 被细分为 A_1^1 和 A_1^2 两个亚期，以 $R_o = 0.6\%$ 为界（表 5.8）。

埋深浅于 800m，镜质组反射率（R_o）<0.5%，有机质处于半成熟状态。成岩作用仍以机械压实作用为主，胶结作用较弱，砂岩呈半固结–固结状态，颗粒间点接触为主，偶见点–线接触，孔隙类型主要为原生孔。黏土矿物以伊–蒙混层和蒙皂石为主。处于早成岩阶段 B 期的地层主要发育在凹陷的边缘。

在中成岩阶段 A_1 亚期，$0.5\% \leq R_o < 0.7\%$，有机质处于低熟阶段。机械压实作用明显减弱，溶蚀作用逐渐增强。特殊岩类储层中黏土矿物转化、凝灰物质继续水解蚀变，其内部白云石晶体逐渐增大，从微晶向细晶增长，并且大量白云石成集合体形式充填孔隙或交代长石等颗粒。局部可见方解石和含铁方解石晶体充填孔隙或交代长石颗粒。随着埋深和温度的增加，凝灰物质发生蚀变，主要生成自生黏土矿物，以伊–蒙混层为主。然而由于凝灰质砂岩中凝灰质杂基含量高及早期绿泥石包壳的存在，石英次生加大作用发育较少，凝灰质蚀变释放的硅质主要以石英微晶的形式充填粒间孔中。此外，发育黄铁矿和方沸石等自生矿物，说明凝灰质水解形成了方沸石。自生矿物还有方解石、白云石等。在该阶段有机质开始发生热降解，形成有机酸，溶蚀长石和岩屑形成次生孔隙。

第六节　特殊岩类的测井识别及评价

一、主要测井响应特征

基于吉尔嘎郎图腾一段特殊岩类储层的重点探井，分析了 7 口井岩性、岩心和薄片资料，应用常规测井等资料分析了腾一段特殊岩类储层的岩性特征。

通过对吉尔嘎郎图凹陷特殊岩类的测井特征进行统计，得出沉凝灰岩的伽马值在 111～

138API，电阻率在 7~14Ω·m，声波时差在 256~304μs/m，具有高伽马、中-低电阻的测井特征；钙质粉砂-泥岩的伽马值在 105~169API，电阻率在 10~74Ω·m，声波时差在 227~317μs/m，具有高伽马、高电阻、高声波的测井特征；钙质砂岩的伽马值在 95~140API，电阻率在 2.7~10.6Ω·m，声波时差在 225~309μs/m，具有中伽马、中-低电阻、较高声波的测井特征；钙质砂岩的伽马值在 88.7~153.8API，电阻率在 22.8~61.8Ω·m，声波时差在 245~274μs/m，具有中伽马、高电阻、中声波的测井特征（表6.6）。

表6.6　吉尔嘎郎图凹陷腾一段不同特殊岩类储层的测井响应特征

岩性	自然伽马/API	电阻率/(Ω·m)	声波时差/(μs/m)	曲线特征
沉凝灰岩	$\dfrac{111~138}{126～(5)}$	$\dfrac{7~14}{11～(5)}$	$\dfrac{256~304}{277～(5)}$	高伽马、中-低电阻、高声波
钙质粉砂-泥岩	$\dfrac{105~169}{139～(17)}$	$\dfrac{10~74}{43～(17)}$	$\dfrac{227~317}{266.5～(17)}$	高伽马、高电阻、高声波
钙质砂岩	$\dfrac{95~140}{117～(13)}$	$\dfrac{2.7~10.6}{5.5～(13)}$	$\dfrac{225~309}{255～(13)}$	中伽马、中-低电阻、低声波
石灰岩	$\dfrac{88.7~153.8}{112～(11)}$	$\dfrac{22.8~61.8}{48.9～(11)}$	$\dfrac{245~274}{263.～(11)}$	中伽马、高电阻、中声波

二、特殊岩类储层岩性识别

本书从岩石成分的大类入手，分类讨论岩石机理与测井响应特征。通过综合研究与实践，针对巴音都兰凹陷阿尔善组特殊岩类储层的岩性识别，形成了可行的测井岩性识别方案，该方案主要利用自然伽马（GR）、电阻率（R_T）、声波时差（A_C）和岩石密度（DEN）4 条曲线，通过两两交会图进行岩性识别（图6.24），得出不同的岩性有不同的测井响应特征（表6.7）。

表6.7　吉尔嘎郎图凹陷腾一段储层岩性与典型关系

岩性	自然伽马/API	电阻率/(Ω·m)	声波时差/(μs/m)
沉凝灰岩	>90	0~15	<320
钙质粉砂-泥岩	>110	>30	
钙质砂岩	>90	0~15	<270
石灰岩	<110	>50	

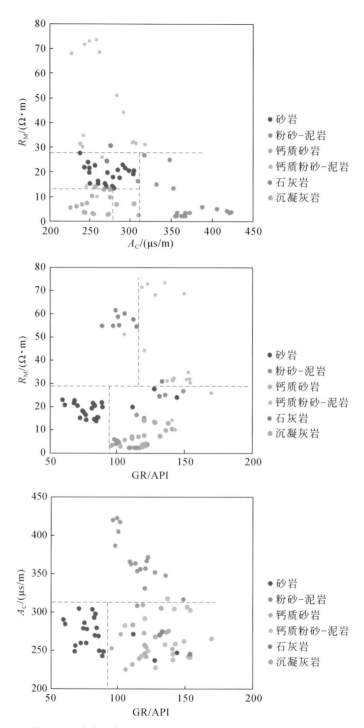

图 6.24　吉尔嘎郎图凹陷腾一段特殊岩类储层岩电关系图版

第七节　特殊岩类储层物性下限

一、特殊岩类储层岩性与含油性关系

统计录井、薄片观察岩性和录井含油性数据，结果表明吉尔嘎郎图凹陷腾一段不同岩类储层，含油性不同（图 6.25）。钙质砂砾岩含油性最好，油浸样品数量最多，其次是油斑、油迹；钙质粉砂岩以油迹为主，局部发育油斑；沉凝灰岩含油性最差。

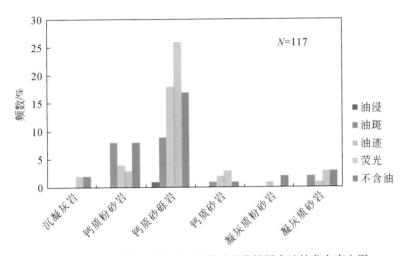

图 6.25　吉尔嘎郎图凹陷腾一段特殊岩类储层含油性分布直方图

二、特殊岩类含油储层物性下限

针对吉尔嘎郎图凹陷腾一段的资料状况，综合运用分布函数曲线法、物性录井资料法、岩心孔隙度–渗透率交汇图法、压汞法等确定特殊岩类储层物性下限，为致密油藏高效勘探开发提供基础参数。

1. 分布函数曲线法

由于吉尔嘎郎图凹陷腾一段特殊岩类储层的试油数据相对较少，但录井和测井资料相对丰富，本次研究利用录井油气显示资料和岩心孔隙度、渗透率数据，分析特殊岩类储层物性下限。其中，有效储层主要包括油浸、油迹、油斑和荧光显示的储层，剩余不含油储层为非有效储层。用该方法判断有效储层下限分别为：孔隙度为 8%、渗透率为 0.05mD（图 6.26，表 6.8）。

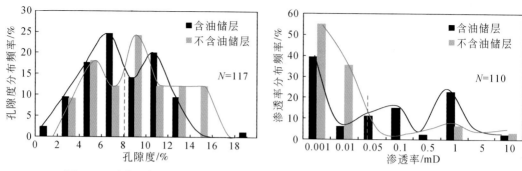

图 6.26　吉尔嘎郎图凹陷腾一段特殊岩类储层分布函数曲线法求取物性下限图

2. 岩心孔隙度–渗透率交汇图法

　　吉尔嘎郎图凹陷腾一段特殊岩类储层的岩心孔隙度和渗透率交汇图表明，孔隙度和渗透率具有较好的相关关系，曲线一般呈现 3 个线段：第一线段为渗透率随孔隙度迅速增加而增加甚小，说明该段孔隙主要为无效孔隙；第二线段渗透率随孔隙度增加而明显增加，说明此段孔隙是有一定渗透能力的有效孔隙；第三线段为孔隙度增加甚小，而渗透率急剧增加，说明岩石渗流能力较强并趋于稳定。确定第一、第二线段的转折点为储集层与非储集层的物性界线，对应的孔隙度下限为 6% 、渗透率下限在 0.05mD（图 6.27，表 6.8）。

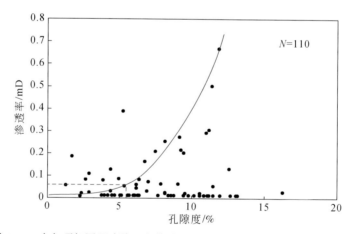

图 6.27　吉尔嘎郎图凹陷腾一段特殊岩类储层物性交汇法求取物性下限图

　　根据上述确定有效储层物性下限的 2 种方法（表 6.8），确定的孔隙度下限区间为 6% ~ 8% 、渗透率下限为 0.05mD 左右。为最大限度挖掘产能下限，取其最低值作为吉尔嘎郎图凹陷腾一段特殊岩类有效储层物性下限，即孔隙度为 6% 、渗透率为 0.05mD。

表 6.8　吉尔嘎郎图凹陷腾一段特殊岩类储层物性下限统计表

物性下限	分布函数曲线法	岩心孔-渗交汇图法	建议下限
孔隙度/%	8	6	6
渗透率/mD	0.05	0.05	0.05

第八节　特殊岩类储层主控因素及有利区预测

一、特殊岩类储层主控因素

1. 岩性对储层物性的影响

吉尔嘎郎图凹陷腾一段特殊岩类储层不同岩性与物性的关系分析表明，钙质砂砾岩储层的孔隙含量较高，主要分布范围处于6%～18%，渗透率较低，主要分布在0.1～10mD；钙质粉砂岩孔隙度含量分布广泛，从4%～20%均有分布，主要峰值处于6%～10%，其渗透率分布范围也较广，处于0.01～10mD，主要峰值处于0.01～1mD（图6.28）；凝灰质岩（包括沉凝灰岩、凝灰质粉砂岩和凝灰质砂岩）的孔隙度不高，主要处于4%～12%，其中的凝灰质砂岩的孔隙度相对高，主要在6%～12%。

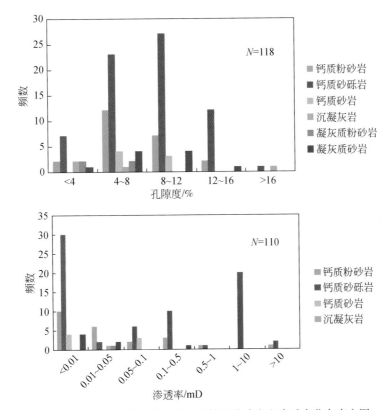

图6.28　阿南凹陷腾一段特殊岩类储层孔隙度和渗透率分布直方图

2. 沉积环境对储层物性的影响

不同沉积相的矿物成分、颗粒结构特征、填隙物种类和含量存在差异。高能环境下形成的储层，其结构成熟度相对较高，泥质含量较低，即使经过一定程度的成岩作用，储层的物性仍相对较好。统计各沉积、亚相样品储层物性，吉尔嘎郎图凹陷腾一段处于扇三角洲前缘水下分流河道的特殊岩类储层物性最好，其次是滨浅湖和前扇三角洲亚相（图6.29）。

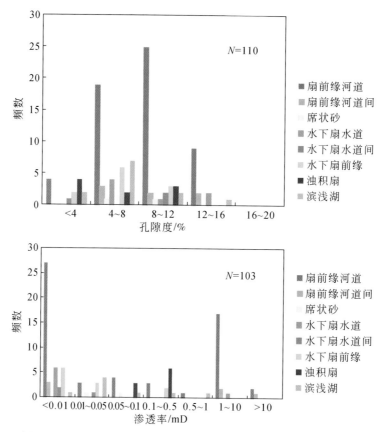

图6.29　吉尔嘎郎图凹陷腾一段特殊岩类储层不同沉积微相孔隙度和渗透率分布直方图

3. 成岩作用对储层物性的影响

常见成岩作用包括压实作用、胶结作用和溶蚀作用。其中压实作用和胶结作用属于破坏性成岩作用，使储层原始物性变差；溶蚀作用是建设性成岩作用，使储层物性变好。随着埋深的增加，上覆地层压力的增加，在机械压实的作用下，物性变差，储层的孔隙度和渗透率总体上随埋深的增加而减小。溶蚀作用可以形成次生孔隙，使储层的物性得到改善。虽然溶蚀作用对储层的孔隙度有较大的贡献，但对渗透率的影响较小。其原因是由溶蚀作用形成的次生孔隙增加了储层的储集空间，但次生孔隙的连通性差，而且溶蚀作用使喉道变得更加复杂，导致了渗透率并没有较大的增加。

碳酸盐矿物是吉尔嘎郎图凹陷腾一段特殊岩类储层的重要成岩矿物，统计碳酸盐胶结物和储层物性数据，发现储层的孔隙度和渗透率与胶结物含量呈负相关关系（图6.30）。然而需要注意的是，部分样品的碳酸盐胶结物含量虽然很低，但其孔隙度仍然很低，说明控制储层孔隙度的因素并不只受碳酸盐胶结物控制。

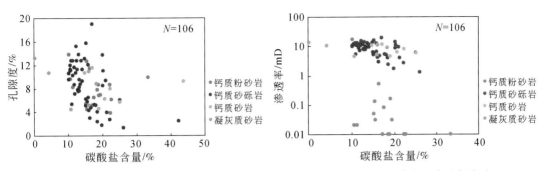

图6.30　吉尔嘎郎图凹陷腾一段特殊岩类储层自生碳酸盐含量与孔隙度和渗透率关系

二、特殊岩类储层综合评价标准

综上所述，结合不同控制因素与储层物性的关系，本书建立了吉尔嘎郎图凹陷腾一段特殊岩类储层分类评价标准（表6.9）。

表6.9　吉尔嘎郎图凹陷腾一段特殊岩类储层分类评价标准

类型	中孔中渗储层	低孔低渗储层	低致密储层	高致密储层
	I	II	IIIa	IIIb
孔隙度/%	>15	10~15	7~10	2~7
渗透率/mD	1~10	0.1~1	0.05~0.1	<0.05
碳酸盐/%	<20	20~30	\>30	
岩性	凝灰质砂岩、钙质砂岩、钙质砂砾岩		沉凝灰岩、凝灰质粉砂岩、钙质粉砂岩	
沉积相	扇三角洲前缘水下分流河道、水下扇水道、浊积扇、滨浅湖		扇三角洲前缘水下分流河道间、水下扇水道间、滨浅湖	
含油性	油浸	油浸、油斑、油迹	油斑、油迹、荧光	
评价	最有利储层	较有利储层	较差储层	

三、特殊岩类储层有利储层预测

综上，吉尔嘎郎图凹陷特殊岩类有利储层的发育主要受到岩性、碳酸盐胶结物、断层、沉积相及发育位置控制。根据这几个因素对特殊岩类有利储层的控制作用，结合储层综合评价标准和储层物性平面分布图（图6.31、图6.32），预测吉尔嘎郎图凹陷腾一段特殊岩类有利储层分布区（图6.33）。

最有利储层（I）发育在扇三角洲前缘水下分流河道、水下扇水道，发育凝灰质砂岩、钙质砂岩、钙质砂砾岩中；较有利储层（II）主要发育在扇三角洲前缘水下分流河道、浊积扇、滨浅湖凝灰质砂岩、钙质砂岩、钙质砂砾岩中；较差储层（III）主要分布在扇三角洲前缘水下分流河道间、水下扇水道间、滨浅湖沉凝灰岩、凝灰质粉砂岩、钙质粉砂岩中。

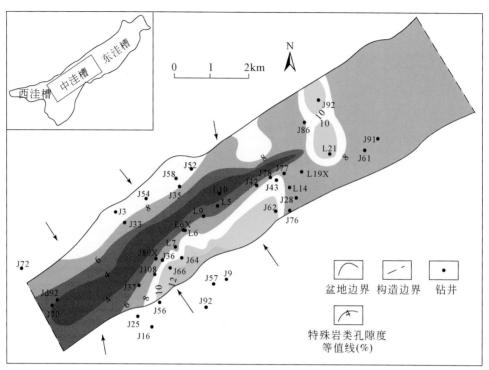

图 6.31　吉尔嘎郎图凹陷特殊岩类储层孔隙度等值线图

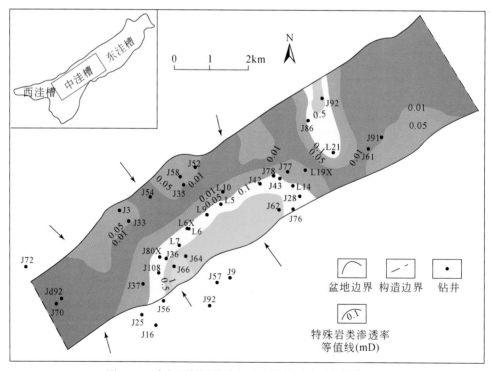

图 6.32　吉尔嘎郎图凹陷特殊岩类储层渗透率等值线图

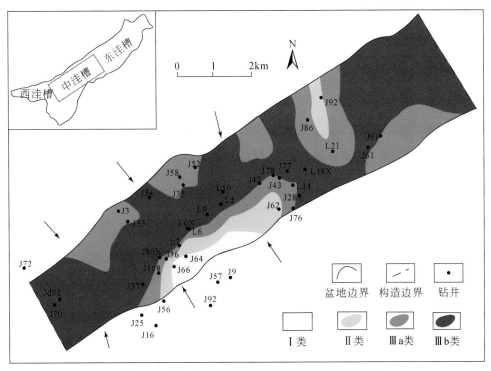

图 6.33　吉尔嘎郎图凹陷特殊岩类储层评价分类图

第七章　二连盆地重点凹陷储层特征对比

第一节　二连盆地特殊岩类岩石学特征

一、岩性分类及命名

大量的岩心、薄片观察和 X 衍射分析表明，二连盆地白垩系特殊岩类储层为陆源碎屑岩、火山碎屑岩与碳酸盐岩的过渡类型，局部夹火山岩。这套特殊岩类储层的陆源碎屑成分含量一般超过50%，因此以泥岩、粉砂和砂岩为主。此外，研究区也有极少数碳酸盐含量超过50%的可划分为碳酸盐岩类。在确定大类的基础上，进而根据碳酸盐矿物含量进

表7.1　二连盆地重点凹陷下白垩统特殊岩类储层的岩性划分方案

岩性类型		陆源碎屑/%	黏土含量/%	火山物质/%	碳酸盐/%	岩心特征	薄片特征	全岩分析特征	发育凹陷
碳酸盐岩	凝灰质白云岩	<25	<25	25~50	白云石>50	灰色，块状	—	白云石>50%，黏土<25%	均少发育
	泥质白云岩		25~50	<10			泥质杂基发育	白云石>50%，黏土<25%	
（沉）火山碎屑岩	凝灰岩	<10	<10	>90	<10	灰白色、薄层	长英质晶屑、玻屑发育脱玻化作用发育	长英质>90%	阿南
	沉凝灰岩	10~25	<10	50~90	浅灰色、灰绿色、块状	黏土杂基较发育	长英质50%~90%，黏土10%~50%		阿南，巴音都兰额，仁淖尔，吉尔嘎郎图
	钙-云质沉凝灰岩		<25		碳酸盐25~50	灰白色，含星点状、雪花状、蠕虫状、纹层状碳酸盐集合体	碳酸盐晶体、集合体顺层或呈团块聚集	长英质50%~90%，碳酸盐25%~50%	
	泥质沉凝灰岩		25~50		<25	深灰色含纹层状碳酸盐	泥质呈纹层状分布	长英质50%~90%，黏土25%~50%	

续表

岩性类型		陆源碎屑/%	黏土含量/%	火山物质/%	碳酸盐/%	岩心特征	薄片特征	全岩分析特征	发育凹陷
陆源碎屑岩	泥岩 凝灰质泥岩	<25	>50	25~50	<25	近水平、块状层理	凝灰质晶屑发育	长英质10%~50%，黏土>50%	阿南，巴音都兰，额仁淖尔
	钙-云质泥岩			<25	碳酸盐25~50	深灰色近水平、块状层理，含纹层状碳酸盐	碳酸盐晶体沿纹层分布	碳酸盐25%~50%，黏土>50%	阿南，巴音都兰，额仁淖尔
	泥岩			<25	<25	深灰色，页理不发育	黏土含量高	黏土>75%	均发育
	泥页岩			<25	<25	深灰色页理发育			阿尔
	粉砂岩 凝灰质粉砂岩	>50（0.0039~0.0625mm）	<25	<25	<25	灰色，波状层理	火山碎屑物质零散分布杂基中	长英质>50%	阿南，巴音都兰，额仁淖尔
	钙-云质粉砂岩			25~50	碳酸盐25~50		微-细晶碳酸盐胶结粒间孔隙	碳酸盐25%~50%，长英质>50%	
	粉砂岩			<25	<25		石英、长石和岩屑等碎屑含量高	长英质>50%	均发育
	砂岩 凝灰质砂岩	>50（0.0625~2mm）	<25	<25	<25	灰色，交错层理	火山碎屑物质零散分布杂基中	长英质>50%	均少发育
	钙-云质砂岩			25~50	碳酸盐25~50		微-细晶碳酸盐胶结粒间孔隙	碳酸盐25%~50%，长英质>50%	阿南，巴音都兰，额仁淖尔，吉尔嘎帝图
	砂岩			<25	<25		石英、长石和岩屑等碎屑含量高	长英质>90%	均发育

一步分类，如果白云石的相对含量为25%～50%，则定名为云质泥岩或者云质砂岩。如果白云石的相对含量为5%～25%，则定名为含云泥岩或者含云砂岩。以上的岩性分类是比较科学的，但是为了进行准确的命名，往往需要借助室内薄片鉴定甚至 X 衍射的手段来确定名称，这给操作带来了很多不便，而且对这套特殊岩类储层按照白云石矿物含量进行细致的划分意义并不大，如含云泥岩和云质泥岩可能只是白云石化程度差异导致白云石含量

不同，二者成因差别较小。因此，本书采取有利于操作和交流的分类标准对特殊岩类储层进行分类（图7.1，表7.1）。

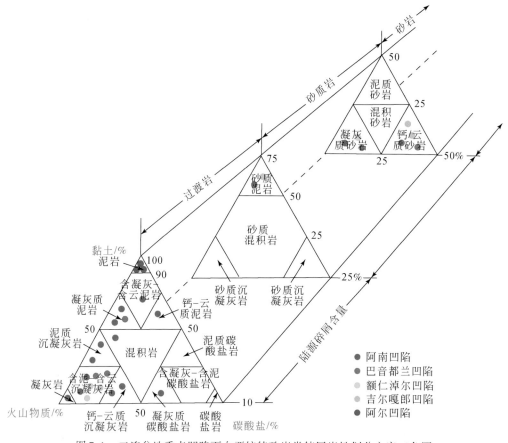

图7.1　二连盆地重点凹陷下白垩统特殊岩类储层岩性划分方案三角图

　　结合上述典型的4个凹陷的岩石学和矿物学研究（图7.2），二连盆地特殊岩类储层可以分为三大岩石类型：火山岩类、碎屑岩类和碳酸盐岩类。火山岩类可以细分为凝灰岩、（白云石化）沉凝灰岩；碎屑岩类可进一步分为砂岩、粉砂岩和泥岩，三大类可细分为云-钙质砂岩、云-钙-凝灰质粉砂岩和云-钙-凝灰质泥岩；碳酸盐岩类可细分为（凝灰-泥质）白云岩和灰岩。

　　阿南凹陷主要发育沉凝灰岩和钙质砂岩、钙质粉砂岩、钙质泥岩，其次发育凝灰岩和凝灰质泥岩、凝灰质粉砂岩；巴音都兰凹陷主要发育沉凝灰岩和云质砂岩、云质粉砂岩、云质泥岩，其次发育凝灰质泥岩、凝灰质粉砂岩和钙质泥岩、钙质粉砂岩；额仁淖尔凹陷以沉凝灰岩和钙质砂岩发育为主，凝灰质泥岩、凝灰质粉砂岩、云质泥岩、云质粉砂岩、钙质泥岩、钙质粉砂岩次之；吉尔嘎郎图凹陷以发育钙质砂岩为主，沉凝灰岩和钙质粉砂岩次之。总的来说，阿南凹陷和额仁淖尔凹陷发育（沉）凝灰岩+凝灰质岩类、巴音都兰凹陷发育云质碎屑岩、吉尔嘎郎图凹陷以钙质碎屑岩为主（表7.2）。

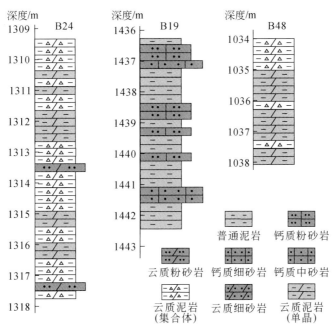

图 7.2 巴音都兰凹陷重点井段岩性剖面图

表7.2 二连盆地重点凹陷下白垩统特殊岩类储层的主要岩石类型

岩石类型	岩石类型	阿南凹陷	巴音都兰凹陷	额仁淖尔凹陷	吉尔嘎郎图凹陷
凝灰岩类	凝灰岩	●			
	(白云石化)沉凝灰岩	●	●	●	●
白云岩类	泥质白云岩	○	○	○	○
	凝灰质白云岩	○			
陆源碎屑岩类	凝灰质砂岩	○	○	○	○
	凝灰质泥岩-粉砂岩	●	●	●	
	云质砂岩	○	●	○	
	云质泥岩-粉砂岩	●	●	●	○
	钙质砂岩	●	●	●	●
	钙质粉砂岩-泥岩	●	●	●	●

二、岩石学特征

本章通过对上述 4 个典型凹陷（阿南、巴音都兰、额仁淖尔和吉尔嘎郎图凹陷）特殊岩性储层特征对比，发育该套特殊岩性特征具有"多种"特征：

1. 岩性种类多

二连盆地特殊岩类储层岩石类型复杂,特殊岩性可细分为三大类、14 个小类岩石类型,然而在不同凹陷,特殊岩类储层的岩石类型也不同。阿南凹陷凝灰质类储层较发育,含凝灰岩储层和火山碎屑沉积岩储层(如沉凝灰岩和凝灰质泥–粉砂岩);而巴音都兰、额仁淖尔和吉尔嘎郎图凹陷纯火山岩地层极少发育,以火山碎屑岩储层为主(沉凝灰岩和凝灰质泥–粉砂岩)。

2. 岩性多变

纵向上岩性变化快,多呈薄层状的互层分布。从巴音都兰凹陷 B24 井、B48 井和 B19 井上可以看出,在不足 1m 的层段内岩性纵向上变化较大,呈现出纵向上多变的互层状沉积(图 7.2)。例如,B24 井 1310.11～1310.33m 段综合鉴定为云质泥岩,发育白云石的集合体。1310.33～1310.53m 段综合鉴定为泥岩。1310.53～1311.7m 段综合鉴定为云质泥岩,1311.70～1311.11m 段为泥岩。

3. 矿物类型多样

4 个凹陷不同岩性的全岩矿物 X 射线衍射资料分析表明,机械沉积的主要颗粒成分为石英、斜长石和黏土类矿物。斜长石、碳酸盐矿物含量高(图 7.3)。黏土矿物的类型主要为绿泥石、伊利石和伊–蒙混层矿物;化学沉积的主要矿物类型为白云石和方解石。值得说明的是,黄铁矿虽然多见,但多呈团块状分布,含量相对较低,可见少量的钠长石和方沸石。

4. 多为碎屑岩和化学岩的过渡性岩类

4 个凹陷的特殊岩类的碎屑颗粒成分(图 7.3)分别为石英、斜长石、钾长石和黏土矿物等,以及化学沉积的矿物白云石、铁白云石和方解石等。从分析结果可以看出,大多分析样品均为碎屑岩和化学岩的过渡性岩类。

5. 碳酸盐矿物分布样式多变

4 个凹陷中化学沉积类型包括白云石和方解石,在特殊岩类中,它们有不同产状(表 7.3),如星散状、纹层状、团块状等,每一种产状对应有不同的成因和分布范围。例如,云质泥岩纹层或条带中白云石呈他形,晶体大小为 10～40μm,主要发育在阿南凹陷、巴音都兰凹陷和额仁淖尔凹陷;云质沉凝灰岩中白云石呈半自形–自形的团块和星散状,粒度为 10～150μm,发育在阿南凹陷、巴音都兰凹陷和额仁淖尔凹陷;云质砂岩中白云石呈半自形–自形胶结物或星散状出现,充填粒间孔,在巴音都兰凹陷最为发育。

表 7.3 二连盆地白垩系特殊岩类晶形、产状及分布特征

岩性	晶形	晶体大小/μm	分布特征	发育特征
云质泥岩	他形	10～40,粉晶	纹层条带	主要凹陷均发育
云质沉凝灰岩	半自形–自形	10～30,粉晶	星散状	
	半自形	50～150,细晶	团块状	
云质砂岩	半自形–自形	30～150,粉–细晶	充填粒间孔	仅巴音都兰常见

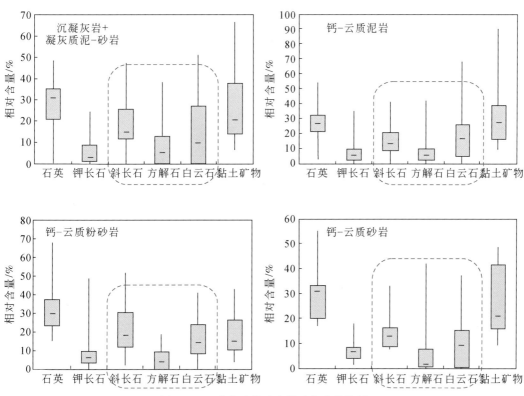

图7.3　二连盆地特殊岩类矿物成分特征

三、储层分布特征

4个凹陷储层分布对比总结表明，云质泥岩、钙质泥岩和凝灰质泥岩、沉凝灰岩发育在滨浅湖，白云岩主要发育在半深湖，凝灰岩主要发育在深湖和半深湖，云质粉砂岩、凝灰质粉砂岩和钙质粉砂岩主要分布在扇三角洲前缘和前扇三角洲，凝灰质砂岩、钙质砂岩和云质砂岩主要分布在扇三角洲前缘和水下扇前缘（图3.28、图7.4）。

阿南凹陷主要特殊岩类储层为（沉）凝灰岩、凝灰-钙-云质粉砂-泥岩，其分布范围为半深湖-深湖相和湖侵体系域；巴音都兰凹陷主要发育沉凝灰岩、云质粉砂-泥岩，其分布在半深-深湖亚相、前扇三角洲和湖侵体系域；额仁淖尔凹陷主要特殊岩类储层为沉凝灰岩、凝灰-钙-云质粉砂-泥岩，主要分布在半深湖-滨浅湖亚相的湖侵体系域；吉尔嘎郎图凹陷主要发育凝灰-钙-云质粉砂-泥岩，分布在滨浅湖亚相的湖侵体系域。

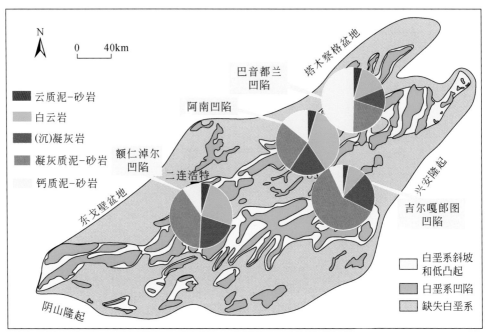

图 7.4　二连盆地重点凹陷特殊岩类储层分布模式图

第二节　二连盆地特殊岩类储层成因差异

一、凝灰质岩成因模式

阿南凹陷、巴音都兰凹陷、额仁淖尔凹陷和吉尔嘎郎图凹陷白云石成因整体可用火山作用产生的火山灰的空降、水携以及水携和空降结合 3 种方式来解释。火山灰经过远距离搬运空降到湖盆中心，直接沉积，与泥岩结合形成凝灰岩。火山灰中远距离空降和在水里水解，综合作用沉积形成沉凝灰岩、凝灰质泥岩。

水携型火山碎屑岩，如凝灰质砂岩经过火山灰近处飘落在水道中，水流作用搬运，在水流作用较弱处，卸载沉积形成。由于火山灰不稳定，易蚀变且水解作用发育，故凝灰质砂岩不易保存，在盆地中含量不高。

阿南凹陷以火山灰空降的方式形成凝灰岩，凝灰质岩在阿南凹陷较为发育。巴音都兰凹陷、额仁淖尔凹陷和吉尔嘎郎图凹陷以水携和空降结合的方式形成凝灰质岩。但每一个凹陷的发育强度不同，如额仁淖尔凹陷空降作用相对较强，吉尔嘎郎图凹陷的水携作用较强，表现为凝灰质砂岩发育。

二、白云石成因模式

二连盆地阿尔善组和腾格尔组腾一下段沉积环境主要为半咸水–咸水湖相环境，在沉积或沉积期后的早期阶段，埋深在几厘米到几百米之间，受到了产甲烷菌影响或促进。综合白云石的岩石学、地球化学特征分析，认为二连盆地阿尔善组和腾一下段储层半自形微粉晶白云石的沉淀很可能与产烷带产甲烷菌的代谢活动引起的甲烷生成作用有密切的关系。与微粉晶白云石成因不同，自形粉细晶白云石主要分布在云质砂岩中，其形成温度更高，分布于 $110 \sim 150℃$，对应深埋藏阶段，结合其晶体特征，推测该类白云石主要为埋藏成因，受成岩作用后期有机质影响较大。随着埋深增加、温度升高，成岩作用增强，有机酸大量生成，溶蚀砂岩中的斜长石和岩屑等不稳定矿物释放 Fe^{2+}、Mg^{2+} 和 Ca^{2+} 离子等，同时黏土矿物转化释放大量 Mg^{2+} 离子，从而形成成岩晚期的细晶白云石或铁白云石，晶体结构较好（图3.35）。

由于白云石成因不同，形成的白云石晶体特征和类型不同，白云石的分布也不同。从盆地边缘向盆地中心，白云石赋存的岩石类型从云质砂岩向云质粉砂岩、白云石化沉凝灰岩、云质泥岩和白云岩过渡。盆地中心主要发育云质泥岩、白云石化沉凝灰岩和白云岩。由于构造运动的影响，导致细粒云质岩产状不同，即岩相分布不同。在盆地边部，河流作用为主区域，主要发育交错层理云质岩；扇体边部，入湖区域，由于重力滑塌作用等影响，主要形成团块状凝灰质岩；而在盆地中心，由于构造活动较弱，主要发育波状和块状云质岩（图3.35，表7.4）。

表7.4　二连盆地重点凹陷云质岩产状、分布及成因特征

岩性	晶形	晶体大小 /μm	分布特征	发育凹陷	物质来源	成因	形成时期
云质泥岩	他形	10～40，粉晶	纹层条带	研究凹陷均发育	咸化湖	同沉积作用	同沉积期
云质沉凝灰岩	半自形–自形	10～30，粉晶	星散状	研究凹陷均发育	凝灰质蚀变	早期早烷作用+晚期有机质热催化	早成岩期
	半自形	50～150，细晶	团块状				
云质砂岩	半自形–自形	30～150，粉–细晶	充填粒间孔	巴音都兰常见	碎屑颗粒溶蚀+黏土矿物转化	晚期有机质热催化	中成岩期

三、白云石差异性对比

阿南凹陷凝灰岩较为发育，可能与火山强烈喷发且火山距离阿南凹陷较近有关；巴音

都兰凹陷云质岩发育，同时伴随少量沉凝灰岩，且白云石颗粒较大，晶形较好，表明其在火山作用下，发生了一定强度的热液作用；额仁淖尔凹陷白云石化沉凝灰岩和凝灰质泥岩较发育，说明在额仁淖尔凹陷的降落的火山灰不如阿南凹陷丰富；吉尔嘎郎图凹陷主要有凝灰质粉砂岩和钙质砂岩，整体受火山灰影响最小。阿南、额仁淖尔和吉尔嘎郎图凹陷的云质泥岩和白云岩，主要是准同生白云石化成因，其白云石晶体细小、泥微晶为主，零散分布没有环带受控于准同生作用，形成于同沉积期；而巴音都兰白云石为淡水，非准同生白云石，推测为埋藏白云石化成因。

第三节　二连盆地特殊岩类储层物性差异

一、储层物性及储集空间特征

二连盆地特殊岩性主要发育凝灰岩类、白云岩类和陆源碎屑岩类。其中，凝灰岩孔隙度范围在 $0.62\% \sim 22.6\%$，渗透率范围为 $0.0053 \sim 8.48\text{mD}$，孔隙类型主要为脱玻化孔和晶间溶孔，孔隙分选较好，喉道较细，喉道半径在 $1\mu\text{m}$ 以下，CT 扫描重构表明，基质孔隙发育，分布广泛，连通性好，主要发育在阿南凹陷，其压汞曲线平台较长呈中-细歪度状。主要发育于阿南凹陷（表 7.5）。

沉凝灰岩孔隙度范围在 $0.2\% \sim 36.4\%$、渗透率范围为 $0 \sim 14.52\text{mD}$，孔隙类型主要为晶间溶孔和微裂缝，孤立状分散分布，连通性较差，孔隙分选差，喉道细，喉道半径在 $0.04\mu\text{m}$ 以下。CT 扫描重构表明，基质孔隙较少发育，分布不均匀。主要发育在阿南凹陷、巴音都兰凹陷和额仁淖尔凹陷，其压汞曲线基本没有平台呈细歪度状。

白云岩孔隙度范围在 $0.4\% \sim 15.2\%$、渗透率范围为 $0.0006 \sim 0.63\text{mD}$，孔隙类型主要为特低-中孔、特低渗储层，孔-渗相关性差，孔隙分选差，进汞饱和度低，喉道细，喉道半径在 $0.04\mu\text{m}$ 以下，主要发育在阿南凹陷和额仁淖尔凹陷。

特殊岩类泥岩（包括凝灰质泥岩、云质泥岩、钙质泥岩）孔隙类型主要为基质溶孔和微裂缝，主要发育在阿南凹陷、额仁淖尔凹陷和巴音都兰凹陷，其压汞曲线基本没有平台呈细歪度状，孔隙分选差，进汞饱和度低，喉道细，喉道半径在 $0.04\mu\text{m}$ 以下。

特殊岩类粉砂岩（包括凝灰质粉砂岩、云质粉砂岩、钙质粉砂岩），孔隙类型主要为基质溶孔和微裂缝，4 个凹陷均有分布，其压汞曲线基本没有平台，呈细歪度状，曲线平台中-长呈细歪度状两种类型。

特殊岩类砂岩（包括凝灰质砂岩、云质砂岩、钙质砂岩），孔隙类型主要为基质溶孔和微裂缝，其压汞曲线平台中-长呈细歪度状和平台较长呈中-细歪度状两种类型，孔隙分选较好，喉道较细，喉道半径在 $1\mu\text{m}$ 以下。主要发育在阿南凹陷、吉尔嘎郎图凹陷，额仁淖尔凹陷和巴音都兰凹陷，其中巴音都兰发育云质砂岩，额仁淖尔凹陷和吉尔嘎郎图凹陷发育钙质砂岩。

表7.5　二连盆地特殊岩类储层物性及储集空间特征

岩石类型	岩石类型	孔隙度/%	渗透率/mD	孔隙类型	主要凹陷	压汞曲线
凝灰岩类	凝灰岩	0.62~22.6	0.0053~8.48	脱玻化孔、晶间溶孔	阿南	
	沉凝灰岩	0.2~36.4	0~14.52	晶间溶孔	阿南、巴音都兰、额仁淖尔	
白云岩类	白云岩	0.4~15.2	0.0006~0.63	粒间溶孔、晶间溶孔	额仁淖尔>阿南	
陆源碎屑岩类	凝灰质泥岩	0.4~5.6	0.001~2.86	基质溶孔、微裂缝	巴音都兰>额仁淖尔>阿南	
	云质泥岩	0.2~22.8	0~48.6			
	钙质泥岩	0.1~6.8	0.001~0.177			
	凝灰质粉砂岩	0.4~15	0~24.6	基质溶孔、微裂缝	巴音都兰>额仁淖尔、阿南、吉尔嘎郎图	
	云质粉砂岩	1.1~28.5	0~12			
	钙质粉砂岩	0.9~17.4	0~24.6			
	凝灰质砂岩	2.8~13.95	0.0054~48.6	粒内溶孔、粒间溶孔		
	云质砂岩	1.5~27.1	0.014~5163			
	钙质砂岩	2~20	0.01~50.5			

二、储层物性差异分布

在阿南凹陷特殊岩类岩性中，就孔隙度而言，凝灰岩最好，凝灰质粉砂岩和凝灰质砂岩次之；巴音都兰凹陷特殊岩类岩性中，云质粉砂岩和云质砂岩孔隙度最好，沉凝灰岩和云质泥岩次之；额仁淖尔凹陷特殊岩类岩性中，钙质粉砂岩和白云岩孔隙度最好，凝灰质粉砂岩、凝灰质粉砂岩和钙质砂岩次之；吉尔嘎郎图凹陷特殊岩类岩性中，钙质砂岩和凝灰质砂岩孔隙度最好，凝灰质粉砂岩和钙质砂岩次之（图7.5）。

阿南凹陷特殊岩类岩性中，钙质砂岩、凝灰质砂岩、凝灰岩渗透率最好，凝灰质粉砂岩、云质粉砂岩、钙质粉砂岩次之；巴音都兰凹陷特殊岩类岩性中，沉凝灰岩渗透率最好，云质粉砂岩次之；额仁淖尔凹陷特殊岩类岩性中，云质粉砂岩、凝灰质泥岩和钙质粉砂岩渗透率最好，钙质砂岩次之；吉尔嘎郎图凹陷特殊岩类岩性中，钙质砂岩渗透率最好，钙质粉砂岩次之（图7.6）。

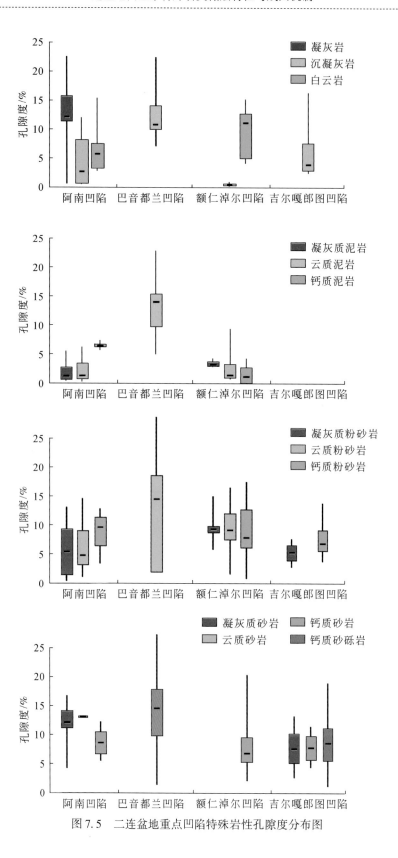

图 7.5　二连盆地重点凹陷特殊岩性孔隙度分布图

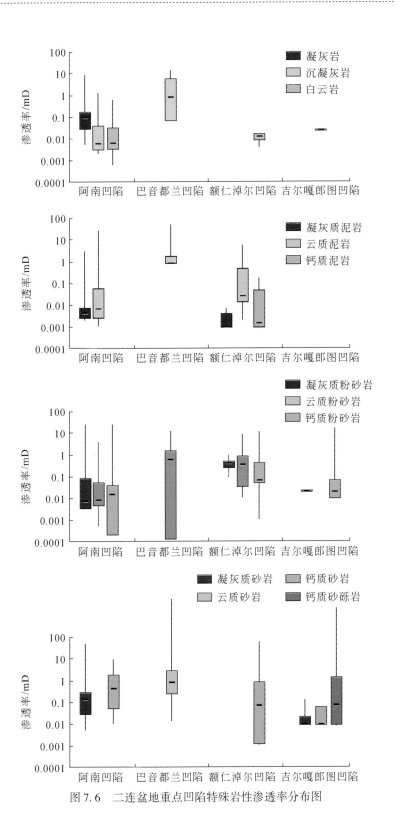

图 7.6　二连盆地重点凹陷特殊岩性渗透率分布图

第四节　二连盆地特殊岩类储层主控因素差异分析

二连盆地白垩系特殊岩类储层主控因素包括沉积相、成岩作用、构造作用和火山作用（表7.6）。

阿南凹陷储层主要受火山作用控制，沉积相、成岩作用和构造作用次之。特殊岩类储层不同岩性储层的孔隙度不同。凝灰岩、钙质泥粉砂岩和钙质砂岩储层的孔隙度较高，主要分布在8%～15%，然而，两者的渗透率相对较低，主要分布在0.001～0.01mD；沉凝灰岩、凝灰质泥粉砂岩、云质泥粉砂岩孔隙度和渗透率较差（图3.67）。阿南凹陷主要发育扇三角洲-湖泊沉积，储层物性从好到差的顺序为前扇三角洲、扇三角洲前缘水下分流河道、浊积扇、滨浅湖和半深-深湖（图3.70）。成岩作用方面，阿南凹陷储层成岩阶段处于早成岩B阶段—中成岩A_2阶段，处于早成岩B阶段的储层物性较好，其次是处于中成岩A_1和中A_2^{11}阶段的储层（图3.72）。阿尔善组构造作用较强，断层活动强度为160m/Ma[①]。在火山作用下，阿南凹陷腾一下段发育凝灰岩和沉凝灰岩。

表7.6　二连盆地重点凹陷特殊岩类储层主控因素

凹陷	沉积相	成岩作用	构造(裂缝)	火山作用
阿南凹陷	◐	◐	◐	●
巴音都兰凹陷	◐	●	◐	○
额仁淖尔凹陷	◐	◐	◐	○
吉尔嘎郎图凹陷	●	●	◐	○

巴音都兰凹陷储层主要受成岩作用影响，沉积相和构造作用的影响次之。巴音都兰凹陷白云石化沉凝灰岩和云质泥岩储层的孔隙度较高，主要分布范围处于6%～20%，渗透率较低，主要分布在0.1～5mD。云质粉砂和云质砂岩孔隙度分布广泛，从4%～22%均有分布，主要峰值处于10%～20%，其中云质砂岩的孔隙度较高于云质粉砂岩。两者的渗透率分布范围也较广，主要峰值处于0.1～5mD（图4.41）。巴音都兰凹陷主要发育扇三角洲-湖泊沉积，处于扇三角洲前缘水下分流河道的特殊岩类储层物性最好，其次是滨浅湖和前扇三角洲亚相（图4.43）。巴音都兰凹陷特殊岩类储层主要处于早成岩B和中成岩A_1阶段，其中早成岩B阶段的储层物性相对较好（图4.45）。阿尔善组构造作用较强，断层活动强度为110m/Ma[①]。巴音都兰凹陷储层质量受火山作用影响较弱。

额仁淖尔凹陷储层受沉积、成岩作用和构造作用影响为主，其次受到火山作用影响。沉凝灰岩储层、云质泥岩和钙质泥岩孔隙度分布在0～4%，凝灰质泥岩/粉砂岩储层孔隙度分布在6%～10%，渗透率分布在0.01～0.1mD，但是凝灰质岩的渗透率均不高，小于0.05mD；云质粉砂岩和钙质粉砂岩、钙质砂岩储层孔隙度分布在6%～14%，渗透率分布

---

① 于福生，2014，二连盆地富油凹陷构造沉积演化特征，中国石油大学（北京）内部报告。

在 0.05 ~ 1mD（图 5.38）。额仁淖尔凹陷主要发育扇三角洲相和滨浅湖亚相，其储层物性从好到差的顺序为席状砂、水下分流河道、支流间湾，滨浅湖和半深湖成因储层（图 5.41）。储层成岩作用阶段主要处于早成岩 B 阶段—中成岩 A_2 阶段，阿尔善组特殊岩类储层主要位于中成岩 A_2^2 时期，孔隙度渗透率较高（图 5.43）。阿尔善组构造作用较强，断层活动强度为 80m/Ma。

吉尔嘎郎图凹陷储层主要受沉积相和成岩作用影响，其次受构造作用影响。凝灰质岩（包括沉凝灰岩、凝灰质粉砂岩和凝灰质砂岩）的孔隙度不高，主要处于 4% ~ 12%，其中的凝灰质砂岩的孔隙度相对高，主要在 6% ~ 12%，凝灰质砂砾岩储层的孔隙含量较高，主要分布范围处于 6% ~ 18%，渗透率较低，主要分布在 0.1 ~ 10mD。钙质粉砂岩孔隙度含量主要峰值处于 6% ~ 10%，其渗透率分布范围也较广，处于 0.01 ~ 10mD，主要峰值处于 0.01 ~ 1mD（图 6.17）。吉尔嘎郎图凹陷中，处于扇三角洲前缘水下分流河道的腾一段特殊岩类储层物性最好，其次是滨浅湖和前扇三角洲储层。

不同岩性对应的储层甜点主控因素不同，有利储集空间不同，其分布凹陷也不尽相同（表 7.7）。凝灰岩主要发育在阿南凹陷，脱玻化作用是增孔主要因素，而蚀变成黏土矿物充填粒间孔、堵塞孔隙、降低孔-渗，所以，蚀变作用对凝灰岩储层有积极和消极的一面。沉凝灰岩在研究区均发育，储集空间为自生碳酸盐集合体内部的晶间孔，其"甜点"主要受白云石化和大气水淋滤共同作用，成岩后期有机酸溶蚀也增孔，但由于渗透率较差，有机酸溶蚀作用相对较弱。特殊岩类砂岩储层的碳酸盐化现象普遍，以方解石连晶胶结和交代为主，是破坏储层物性的主要因素，但在巴音都兰凹陷溶蚀作用发育，是改善云质砂岩储层的主控因素。

表 7.7 二连盆地重点凹陷特殊岩类储层"甜点"主控因素

岩性	分布凹陷	"甜点"主控因素	有利储集空间
凝灰岩	阿南	脱玻化作用	脱玻化孔
沉凝灰岩	阿南、巴音都兰、额仁淖尔	白云石化作用+大气水淋滤	晶间孔
凝灰-钙质砂岩	阿南、额仁淖尔、吉尔嘎郎图	有机酸溶蚀	粒间溶孔+粒内溶孔
凝灰-云质砂岩	巴音都兰		粒内溶孔+残余原生孔

参 考 文 献

才博，蒋廷学，许泽君等．2007．二连盆地第一口煤成气井压裂技术研究．天然气技术，1（4）：35～37

才博，马方明，蒋廷学．2008．林19x井低温浅层煤层气井压裂技术研究．中国煤层气，5（2）：35～38

陈兆荣，侯明才，董桂玉等．2009．苏里格气田北部下石盒子组盒8段沉积微相研究．沉积与特提斯地质，29（2）：39～47

陈哲龙，柳广弟，卢学军等．2015．二连盆地反转构造反转程度定量研究及对油气成藏的影响．中南大学学报（自然科学版），46（11）：4136～4145

崔周旗，吴健平，李莉等．2001．二连盆地巴音都兰凹陷早白垩世构造岩相带特征及含油性．古地理学报，3（1）：25～34

丁文龙，金之钧，张义杰等．2011．准噶尔盆地腹部断裂控油的物理模拟实验及其成藏意义．地球科学（中国地质大学学报），36（1）：73～82

董桂玉，陈洪德，何幼斌等．2007．陆源碎屑与碳酸盐混合沉积研究中的几点思考．地球科学进展，22（9）：931～939

杜金虎．2003．二连盆地隐蔽油藏勘探．北京：石油工业出版社

方杰．2005．二连盆地下白垩统油气运移特征．石油实验地质，27（2）：181～187

方杰，赵文智，苗顺德．2006．二连盆地下白垩统层序地层及砂体分布垂向序列．中国石油勘探，11（4）：42～45

冯有良，张义杰，王瑞菊等．2011．准噶尔盆地西北缘风城组白云岩成因及油气富集因素．石油勘探与开发，38（6）：685～692

宫清顺，倪国辉，芦淑萍等．2010．准噶尔盆地乌尔禾油田凝灰质岩成因及储层特征．石油与天然气地质，31（4）：481～485

贺训云，寿建峰，沈安江等．2014．白云岩地球化学特征及成因——以鄂尔多斯盆地靖西马五段中组合为例．石油勘探与开发，41（3）：375～384

赫云兰，刘波，秦善．2010．白云石化机理与白云岩成因问题研究．北京大学学报：自然科学版，46（6）：1010～1020

黄思静．2010．碳酸盐岩的成岩作用．北京：地质出版社

黄思静，Hairuo Q，裴昌蓉等．2006．川东三叠系飞仙关组白云岩锶含量、锶同位素组成与白云石化流体．岩石学报，22（8）：2123～2132

贾承造，邹才能，李建忠等．2012．中国致密油评价标准、主要类型、基本特征及资源前景．石油学报，33（3）：343～350

降栓奇，司继伟，赵安军等．2004．二连盆地吉尔嘎朗图凹陷岩性油藏勘探．中国石油勘探，9（3）：46～53

焦立新，刘俊田，张宏等．2014．三塘湖盆地沉凝灰岩致密储集层特征及其形成条件．天然气地球科学，25（11）：1697～1705

匡立春，唐勇，雷德文等．2012．准噶尔盆地二叠系咸化湖相云质岩致密油形成条件与勘探潜力．石油勘探与开发，39（6）：657～667

兰德．1985．白云化作用．北京：石油工业出版社．1～12

雷川，李红，杨锐等．2012．新疆乌鲁木齐地区中二叠统芦草沟组湖相微生物成因白云石特征．古地理学报，14（6）：767～775

李波，颜佳新，刘喜停等．2010．白云岩有机成因模式：机制、进展与意义．古地理学报，12（6）：699～710

李红，柳益群，李文厚等．2013. 新疆乌鲁木齐二叠系湖相微生物白云岩成因．地质通报，32（4）：661～670

李秀英，肖阳，杨全凤．2013. 二连盆地阿南洼槽岩性油藏及致密油勘探潜力．中国石油勘探，18（6）：56～61

梁宏斌，崔周旗，董雄英等．2011. 断陷湖盆缓坡带高位三角洲体系与油气成藏组合特征分析——以二连盆地吉尔嘎朗图凹陷为例．沉积学报，29（4）：783～792

刘昌毅．2006. 二连盆地吉尔嘎朗图凹陷宝饶构造带构造特征及其控藏作用．油气地质与采收率，（3）：35～38

龙鹏宇，张金川，唐玄等．2011. 泥页岩裂缝发育特征及其对页岩气勘探和开发的影响．天然气地球科学，22（3）：525～532

罗蛰潭．1986. 油气储集层的孔隙结构．北京：科学出版社

漆家福，赵贤正，李先平等．2015. 二连盆地白垩世断陷分布及其与基底构造的关系．地学前缘，22（3）：118～128

任战利，冯建辉，刘池洋等．2000. 巴音都兰凹陷烃源岩有机地球化学特征．西北大学学报：自然科学版，30（4）：328～331

石兰亭．2012. 二连盆地吉尔嘎朗图凹陷隐蔽油气藏研究．成都理工大学博士研究生学位论文

石兰亭，马龙，巩固等．2008. 低渗透储层"四性"关系综合研究——以二连盆地吉尔嘎朗图凹陷为例．石油物探，47（2）：191～194

史基安，邹妞妞，鲁新川等．2013. 准噶尔盆地西北缘二叠系云质碎屑岩地球化学特征及成因机理研究．沉积学报，60（5）：898～906

孙景民，庞雄奇，申军山等．2005. 二连盆地吉尔嘎朗图凹陷非构造油气藏勘探．新疆石油地质，26（4）：380～382.

孙龙德，方朝亮，李峰等．2015. 油气勘探开发中的沉积学创新与挑战．石油勘探与开发，42（2）：129～136

孙书洋，朱筱敏，朱世发等．2015. 二连盆地巴音都兰凹陷下白垩统湖相云质岩岩石学特征及成因机制研究．2015 年全国沉积学大会

孙振孟，钱铮，陆现彩等．2017. 内蒙古二连盆地阿南凹陷腾格尔组一段下部特殊岩性段储集性能．地质通报，36（4）：644～653

坛俊颖，王文龙，王延斌等．2010. 额仁淖尔凹陷下白垩统腾格尔组沉积特征及沉积模式．内蒙古石油化工，36（24）：185～187

万玲，孙岩，魏国齐．1999. 确定储集层物性参数下限的一种新方法及其应用——以鄂尔多斯盆地中部气田为例．沉积学报，17（3）：454～457

王宏语，樊太亮，肖莹莹等．2010. 凝灰质成分对砂岩储集性能的影响．石油学报，31（3）：432～439

王会来，高先志，杨德相等．2013. 二连盆地烃源岩层内云质岩油气成藏研究．地球学报，34（6）：723～730

王会来，高先志，杨德相等．2014a. 二连盆地巴音都兰凹陷下白垩统湖相云质岩成因研究．沉积学报，32（3）：560～567

王会来，高先志，杨德相等．2014b. 二连盆地下白垩统湖相云质岩分布及控制因素．现代地质，28（1）：143～172

王剑波．2015. 巴音都兰凹陷北洼槽阿尔善组、腾格尔组构造及沉积相研究．西南石油大学硕士研究生学位论文

王璞珺，郑常青，舒萍等．2007. 松辽盆地深层火山岩岩性分类方案．大庆石油地质与开发，26（4）：17～22

王帅，邵龙义，闫志明等．2015. 二连盆地吉尔嘎朗图凹陷下白垩统赛汉塔拉组层序地层及聚煤特征．古

地理学报，17 (3)：393~403

魏巍，朱筱敏，国殿斌等.2015.查干凹陷下白垩统砂岩储层碳酸盐胶结物成岩期次及形成机理.地球化学，44 (6)：590~599

魏巍，朱筱敏，朱世发等.2017.二连盆地阿南凹陷下白垩统腾格尔组湖相云质岩成因.地球科学，42 (2)：258~272

魏颖，李文厚，郝松立等.2013.鄂尔多斯盆地子洲气田北部盒8段储层特征研究.长江大学学报（自科版），10 (20)：7~11

吴孔友，郭志强，田辉等.2003.吉尔嘎朗图凹陷宝饶断层的构造特征及其控油作用.新疆石油学院学报，15 (1)：16~20

吴勇，周路，张以明等.2008.吉尔嘎朗图凹陷吉东地区腾二段地震储层预测.天然气工业，28 (11)：53~55

谢全民，王泽海，李锋等.2002.青西油田裂缝-孔隙型致密油层保护.石油勘探与开发，29 (6)：97~99

辛存林，侯宏斌，孙柏年等.2004.内蒙古二连地区额仁淖尔凹陷油气化探找矿模式研究.有色矿冶，20 (2)：4~6

闫义，林舸，王岳军等.2002.盆地陆源碎屑沉积物对源区构造背景的指示意义.地球科学进展，17 (1)：85~90

杨朝青，沙庆安.1990.云南曲靖中泥盆统曲靖组的沉积环境：一种陆源碎屑与海相碳酸盐的混合沉积.沉积学报，8 (2)：59~66

杨威，王清华，刘效曾.2000.塔里木盆地和田河气田下奥陶统白云岩成因.沉积学报，18 (4)：544~547

易定红，贾义蓉，石兰亭.2005.吉尔嘎朗图凹陷宝饶洼槽腾格尔组层序地层研究.河南石油，19 (5)：9~12

易定红，石兰亭，曹正林等.2006.吉尔嘎朗图凹陷宝饶洼槽下白垩统层序地层与沉积体系.东华理工学院学报，29 (1)：22~26

易定红，石兰亭，贾义蓉.2007.吉尔嘎朗图凹陷宝饶洼槽阿尔善组层序地层与隐蔽油藏.岩性油气藏，19 (1)：68~72

易士威，李正文，焦贵浩.1998.二连盆地凹陷结构与成藏模式.石油勘探与开发，25 (2)：24~28

于炳松，董海良，蒋宏忱等.2007.青海湖底沉积物中球状白云石集合体的发现及其地质意义.现代地质，21 (1)：66~70

于倩.2011.吉尔嘎朗图凹陷宝饶洼槽斜坡带油气富集规律研究.中国石油大学（北京）硕士研究生学位论文

于英太.1990.二连盆地演化特征及油气分布.石油学报，11 (3)：12~20

余小林，杨会丽，祖志勇等.2013.二连盆地吉尔嘎朗图凹陷勘探实践及勘探方向.中国石油勘探，18 (6)：51~55

张杰，何周，徐怀宝等.2012.乌尔禾-风城地区二叠系白云质岩类岩石学特征及成因分析.沉积学报，30 (5)：859~867

张锦泉，叶红专.1989.论碳酸盐与陆源碎屑的混合沉积.成都地质学院学报，16 (2)：87~92

张琳琳，周路，张以明等.2007.吉尔嘎朗图凹陷下白垩统断裂特征分析.西南石油大学学报，29 (S2)：5~8

张绍槐，罗平亚.1993.保护储集层技术.北京：石油工业出版社

张文朝，雷怀玉，姜冬华等.1998.二连盆地阿南凹陷的演化与油气聚集规律.河南石油，12 (2)：1~5

张文朝，王洪生，王元杰等.2000.二连盆地辫状河三角洲沉积特征及含油性.西安石油学院学报（自然科学版），15（5）：3～6

张晓宝，王志勇，徐永昌.2000.特殊碳同位素组成白云岩的发现及其意义.沉积学报，18（3）：449～452

张雄华.2000.混积岩的分类和成因.地质科技情报，19（4）：31～34

赵澄林，胡爱梅，陈碧珏等.1997.油气储层评价方法（中华人民共和国石油与天然气行业标准SY/T 6285-1997）.北京：石油工业出版社

赵海峰，陈勉，金衍等.2012.页岩气藏网状裂缝系统的岩石断裂动力学.石油勘探与开发，39（4）：465～470

赵贤正，金凤鸣，漆家福等.2015.二连盆地早白垩世复式断陷构造类型及其石油地质意义.天然气地球科学，26（7）：1289～1298

赵志刚，史原鹏，贾继荣等.2002.二连盆地腾二段高产油藏成藏模式.大庆石油地质与开发，21（2）：5，6

郑荣才，王成善，朱利东等.2003.酒西盆地首例湖相"白烟型"喷流岩——热水沉积白云岩的发现及其意义.成都理工大学学报（自然科学版），30（1）：1～8

周多，陈安霞，张彬等.2014.内蒙古二连盆地额仁淖尔凹陷断裂系统特征.地质与资源，23（S1）：83～87

朱国华，张杰，姚根顺等.2014.沉火山尘凝灰岩：一种赋存油气资源的重要岩类——以新疆北部中二叠统芦草沟组为例.海相油气地质，19（1）：1～7

朱世发，朱筱敏，刘英辉等.2014.准噶尔盆地西北缘北东段下二叠统风城组白云质岩岩石学和岩石地球化学特征.地质论评，60（5）：1113～1122

朱世发，朱筱敏，陶文芳等.2013.准噶尔盆地乌夏地区二叠系风城组云质岩类成因研究.高校地质学报，19（1）：38～45

朱筱敏.2008.沉积岩石学.北京：石油工业出版社

朱筱敏，康安，王贵文.2003.陆相拗陷型和断陷型湖盆层序地层样式探讨.沉积学报，21（2）：283～287

朱筱敏，杨俊生，张喜林.2004.岩相古地理研究与油气勘探.古地理学报，6（1）：101～109

朱玉双，柳益群，周鼎武.2009.三塘湖盆地中二叠统芦草沟组白云岩成因.西北地质，42（2）：95～99

祝海华，钟大康，姚泾利等.2015.碱性环境成岩作用及对储集层孔隙的影响.石油勘探与开发，42（1）：51～59

祝玉衡，张文朝.1999.二连盆地层序地层样式及油气意义.石油勘探与开发，26（4）：49～53

祝玉衡，张文朝.2000.二连盆地下白垩统沉积相及含油性.北京：科学出版社

邹才能，朱如凯，吴松涛等.2012.常规与非常规油气聚集类型、特征、机理及展望——以中国致密油和致密气为例.石油学报，33（2）：173～187

Alperin M J，Reeburgh W S，Whiticar M J.1988.Carbon and hydrogen isotope fractionation resulting from anaerobic methane oxidation.Global Biogeochemical Cycles，2（3）：279～288

Badiozamani K.1973.The Dorag dolomitization model-application to the middle Ordovician of Wisconsin.Journal of Sedimentary Petrology，43（4）：965～984

Boetius A，Ravenschlag K，Schubert C J，et al.2000.A marine microbial consortium apparently mediating anaerobic oxidation of methane.Nature，407（6804）：623～626

Cervato C.1990.Hydrothermal dolomitization of Jurassic—Cretaceous limestones in the southern Alps（Italy）：relation to tectonics and volcanism.Geology，18（5）：458～461

Chen Z，Liu G，Huang Z，et al.2014.Controls of oil family distribution and composition in nonmarine petroleum systems: a case study from Inner Mongolia Erlian basin, Northern China. Journal of Asian Earth Sciences, 92: 36 ~ 52

Chen Z, Liu G, Wang X, et al. 2016. Origin and mixing of crude oils in Triassic reservoirs of Mahu slope area in Junggar Basin, NW China: implication for control on oil distribution in basin having multiple source rocks. Marine and Petroleum Geology, 78: 373 ~ 389

Davies G R, Smith Jr L B. 2006. Structurally controlled hydrothermal dolomite reservoir facies: an overview. AAPG Bulletin, 90 (11): 1641 ~ 1690

Dickinson W R, Renzo V. 1980. Plate settings and provenance of sands in modern ocean basins. Geology, 8: 82 ~ 86

Dickinson W R, Suczek C A. 1979. Plate tectonics and sandstone compositions. AAPG Bulletin, 63 (2): 2164 ~ 2182

Dickinson W R, Berad L S, Brakenridge G R, et al. 1983. Provenance of North American Phanerozoic sandstones in relation to tectonic setting. Geological Society of America Bulletin, 94: 222 ~ 235

Dou L, Chang L. 2003. Fault linkage patterns and their control on the formation of the petroleum systems of the Erlian Basin, Eastern China. Marine and Petroleum Geology, 20 (10): 1213 ~ 1224

Epstein S, Buchsbaum H A, Lowenstam H, et al. 1953. Revised carbonate- water isotopic temperature scale. Geological Society of America Bulletin, 64 (11): 1315 ~ 1326

Feng Z. 2008. Volcanic rocks as prolific gas reservoir: a case study from the Qingshen gas field in the Songliao Basin, NE China. Marine and Petroleum Geology, 25 (4-5): 416 ~ 432

Fronval T, Jensen N B, Buchardt B. 1995. Oxygen isotope disequilibrium precipitation of calcite in Lake Arresø, Denmark. Geology, 23 (5): 463 ~ 466

Games L M, Hayes J M, Gunsalus R P. 1978. Methane producing bacteria: natural fractionations of the stable carbon isotopes. Geochimica et Cosmochimica Acta, 42 (8): 1295 ~ 1297

Gao P, Liu G, Jia C, et al. 2015. Evaluating rare earth elements as a proxy for oil-source correlation: a case study from Aer Sag, Erlian Basin, northern China. Organic Geochemistry, 87: 5 ~ 54

Garrels R M, Mackenzie F T. 1967. Origin of the chemical compositions of some springs and lakes. American Chemical Society, 67: 222 ~ 242

Gasse F, Fontes J C, Plaziat J C, et al. 1987. Biological remains, geochemistry and stable isotopes for the reconstruction of environmental and hydrological changes in the Holocene lakes from North Sahara. Palaeogeography, Palaeoclimatology, Palaeoecology, 60: 1 ~ 46

Hanshaw B B, Back W, Deike R G. 1971. A geochemical hypothesis for dolomitization by ground water. Economic Geology, 66 (5): 710 ~ 724

Hardie L A. 1987. Dolomitization: a critical view of some current views. Journal of Sedimentary Research, 57 (1): 166 ~ 183

Higgs K E, Arnot M J, Brindle S. 2015. Advances in grain-size, mineral, and pore-scale haracterization of lithic and clay-rich reservoirs. AAPG Bulletin, 99 (7): 1315 ~ 1348

Jansa L F, Noguera Urrea V H. 1990. Geology and diagenetic history of overpressured sandstone reservoirs, venture gas field, offshore Nova Scotia, Canada. AAPG Bulletin, 74 (10): 1640 ~ 1658

Keith M L, Weber J N. 1964. Carbon and oxygen isotopic composition of selected limestones and fossils. Geochimica et Cosmochimica Acta, 28 (10): 1786 ~ 1816

Kenward P A, Goldstein R H, Gonzlez L A, et al. 2009. Precipitation of low- temperature dolomite from an anaerobic microbial consortium: the role of methanogenic Archaea. Geobiology, 7 (5): 556 ~ 565

Lin C, Eriksson K, Li S, et al. 2001. Sequence architecture, depositional systems, and controls on development of Lacustrine Basin fills in part of the Erlian Basin, Northeast China. AAPG Bulletin, 85 (11): 268~269

Macquaker J, Davies S. 2008. Lithofacies variability in fine-grained mixed clastic carbonate successions: implications for identifying shale-gas reservoirs. San Antonio, Texas: AAPG Annual Convention, 20~23

Mazzullo S J. 2000. Organogenic dolomitization in peritidal to deep-sea sediments. Journal of Sedimentary Research, 70 (1): 10~23

Mazzullo S J, Bischoff W D, Teal C S. 1995. Holocene shallow subtidal dolomitization by near normal seawater, northern Belize. Geology, 23 (4): 341~344

Mckinley J M, Worden R H, Ruffel A H. 2003. Smectite in sandstones: a review of the controls on occurrence and behavior during diagenesis. International Association of Sedimentologists, 34: 109~128

Mount J F. 1985. Mixing of siliciclastics and carbonate sediments: a propose first-order textural and compositional classification. Sedimentology, 32: 435~442

Mountjoy E W, Halim-Dihardja M K. 1991. Multiple phase fracture and fault-controlled burial dolomitization, Upper Devonian Wabamun Group, Alberta. Journal of Sedimentary Petrology, 61 (4): 590~612

Qing H, Bosence D W J, Rose E P F, et al. 2001. Dolomitization by penesaline sea water in Early Jurassic peritidal platform carbonates, Gibraltar, western Mediterranean. Sedimentology, 48 (1): 153~163

Roberts J A, Bennett P C, González L A, et al. 2004. Microbial precipitation of dolomite in methanogenic groundwater. Geology, 32 (4): 277~280

Sánchez-Román M, Vasconcelos C, Schmid T, et al. 2008. Aerobic microbial dolomite at the nanometer scale: implications for the geologic record. Geology, 36 (11): 879~882

Teranes J L, McKenzie J A, Lotter A F, et al. 1999. Stable isotope response to lake eutrophication: calibration of a high resolution lacustrine sequence from Baldeggerse, Switzerland. Limnology and Oceanography, 44 (2): 320~333

van Lith Y, Warthmann R, Vasconcelos C, et al. 2003. Microbial fossilization in carbonate sediments: a result of the bacterial surface involvement in dolomite precipitation. Sedimentology, 50: 237~245

Vasconcelos C, Mckenzie J A, Bernasconi S, et al. 1995. Microbial mediation as a possible mechanism for natural dolomite formation at low temperatures. Nature, 377: 220~222

Vasconcelos C, Mckenzie J A, Warthmann R, et al. 2005. Calibration of the $\delta^{18}O$ paleo thermometer for dolomite in microbial cultures and natural environments. Geology, 33: 317~320

Wang P, Chen C, Zhang Y, et al. 2015. Characteristics of volcanic reservoirs and distribution rules of effective reservoirs in the Changling fault depression, Songliao Basin. Natural Gas Industry B, 2 (5): 440~448

Warthmann R, Van L Y, Vasconcelos C, et al. 2000. Bacterially induced dolomite precipitation in anoxic culture experiments. Geology, 28 (12): 1091

Wei W, Zhu X M, Meng Y L, et al. 2016. Porosity model and its application in tight gas sandstone reservoir in the southern part of West Depression, Liaohe Basin, China. Journal of Petroleum Science and Engineering, 141: 24~37

Whiticar M J. 1999. Carbon and hydrogen isotope systematics of bacterial formation and oxidation of methane. Chemical Geology, 161: 291~314

William D R, Silverman S R. 1965. Carbon isotope fractionation in bacterial production of methane. Science, 130: 1658~1659

Zhu S, Zhu X, Niu H, et al. 2012. Genetic mechanism of dolomitization in Fengcheng Formation in the Wu-Xia area of Junggar Basin, China. Acta Geologica Simica, 86 (2): 447~461